“十四五”时期国家重点出版物出版专项规划项目

新一代人工智能理论、技术及应用丛书

意图驱动自智网络

杨春刚 著

科学出版社

北京

内 容 简 介

本书详细阐述意图驱动自智网络的关键技术与应用实例。内容涵盖意图驱动自主智能网络的基础概念与背景，以及意图智能转译、意图闭环验证、自主策略生成、意图态势感知等意图环路技术。此外，探讨针对意图驱动智能运维、意图驱动网络负载均衡、意图驱动 6G 编排和意图驱动卫星网络管控等典型应用案例。

本书旨在为信息与通信工程、计算机网络、下一代通信网络等相关学科的科研人员和研究生，以及通信网络设备商、运营商、网络建设及运维和管理人员等提供技术指导和实践参考。

图书在版编目（CIP）数据

意图驱动自智网络 / 杨春刚著. -- 北京 ：科学出版社, 2024. 9. --（新一代人工智能理论、技术及应用丛书）. -- ISBN 978-7-03-079391-1

Ⅰ. TP183

中国国家版本馆CIP数据核字第2024P7B025号

责任编辑：孙伯元 / 责任校对：崔向琳
责任印制：师艳茹 / 封面设计：陈　敬

科 学 出 版 社 出版
北京东黄城根北街 16 号
邮政编码: 100717
http://www.sciencep.com
北京建宏印刷有限公司印刷
科学出版社发行　各地新华书店经销
*
2024 年 9 月第　一　版　开本：720 × 1000　1/16
2024 年 9 月第一次印刷　印张：17 1/4
字数：345 000

定价：150.00 元

（如有印装质量问题，我社负责调换）

“新一代人工智能理论、技术及应用丛书”编委会

“新一代人工智能理论、技术及应用丛书”序

科学技术发展的历史就是一部不断模拟和扩展人类能力的历史。按照人类能力复杂的程度和科技发展成熟的程度，科学技术最早聚焦于模拟和扩展人类的体质能力，这就是从古代就启动的材料科学技术。在此基础上，模拟和扩展人类的体力能力是近代才蓬勃兴起的能量科学技术。有了上述的成就做基础，科学技术便进展到模拟和扩展人类的智力能力。这便是20世纪中叶迅速崛起的现代信息科学技术，包括它的高端产物——智能科学技术。

人工智能，是以自然智能(特别是人类智能)为原型、以扩展人类的智能为目的、以相关的现代科学技术为手段而发展起来的一门科学技术。这是有史以来科学技术最高级、最复杂、最精彩、最有意义的篇章。人工智能对于人类进步和人类社会发展的重要性，已是不言而喻。

有鉴于此，世界各主要国家都高度重视人工智能的发展，纷纷把发展人工智能作为战略国策。越来越多的国家也在陆续跟进。可以预料，人工智能的发展和应用必将成为推动世界发展和改变世界面貌的世纪大潮。

我国的人工智能研究与应用，已经获得可喜的发展与长足的进步：涌现了一批具有世界水平的理论研究成果，造就了一批朝气蓬勃的龙头企业，培育了大批富有创新意识和创新能力的人才，实现了越来越多的实际应用，为公众提供了越来越好、越来越多的人工智能惠益。我国的人工智能事业正在开足马力，向世界强国的目标努力奋进。

“新一代人工智能理论、技术及应用丛书”是科学出版社在长期跟踪我国科技发展前沿、广泛征求专家意见的基础上，经过长期考察、反复论证后组织出版的。人工智能是众多学科交叉互促的结晶，因此丛书高度重视与人工智能紧密交叉的相关学科的优秀研究成果，包括脑神经科学、认知科学、信息科学、逻辑科学、数学、人文科学、人类学、社会学和相关哲学等研究成果。特别鼓励创造性的研究成果，着重出版我国的人工智能创新著作，同时介绍一些优秀的国外人工智能成果。

尤其值得注意的是，我们所处的时代是工业时代向信息时代转变的时代，也是传统科学向信息科学转变的时代，是传统科学的科学观和方法论向信息科学的科学观和方法论转变的时代。因此，丛书将以极大的热情期待与欢迎具有开创性的跨越时代的科学研究成果。

“新一代人工智能理论、技术及应用丛书”是一个开放的出版平台，将长期为我国人工智能的发展提供交流平台和出版服务。我们相信，这个正在朝着“两个一百年”目标奋力前进的英雄时代，必将是一个人才辈出百业繁荣的时代。

希望这套丛书的出版，能为我国一代又一代科技工作者不断为人工智能的发展做出引领性的积极贡献带来一些启迪和帮助。

李衍达

前　　言

网络软件可定义、网络功能服务化、网络管控智能化正成为未来网络关键特征。为垂直行业等用户提供业务定制化、运维自动化、接口标准化、管控智简化等全场景按需服务成为必然趋势。面对全场景按需服务需求，传统网络手段无法有效保障跨域端到端性能。针对网络运维无人值守等新的诉求，需要摆脱对专家的依赖，弱化对领域知识的要求等，实现人在环路外的全栈智能化。然而，全域网络具有异质资源多样、拓扑动态、规模庞大等特点，因此迫切需要智简网络新架构和新技术，实现网络服务需求的快速部署，采用高级意图抽象解决复杂的物理逻辑问题，给用户带来智简的网络服务。

意图驱动网络具备即插即用、灵活按需部署等智简网络特性。随着软件定义网络、网络功能虚拟化、人工智能等技术的飞速发展，意图驱动网络已广泛应用于移动通信网络、互联网、数据中心网络和车联网等新场景，为未来网络个性化服务和网络自主化管理提供了新思路。意图驱动自智网络代表智能网络的最高级阶段，通过分析用户意图和业务需求，自动调整网络配置和策略，实现真正的智能化管理。

学术界、工业界和标准界等针对意图驱动自智网络开展了大量初步研究，尚缺乏对意图驱动自智网络的全生命周期的技术归纳、结构整理和技术凝练，尤其缺少针对意图驱动自智网络技术细节与典型用例等的书籍。本书旨在提供一种意图驱动网络的方法论，帮助读者了解和掌握意图驱动自智网络的原理、核心技术和应用场景，同时通过实践经验和案例分析，帮助读者更好地理解和掌握相关知识，进一步拓展意图驱动自智网络的应用。

本书首先介绍意图驱动自智网络的由来、定义与发展，结合标准界、产业界、学术界等研究重点，总结意图驱动自智网络的通用化定义与实现方法。其次，详细介绍意图驱动自智网络的意图转译技术、意图验证技术、策略生成技术和意图态势感知技术等关键技术，并对各类技术的实现进行总结分析。再次，针对意图驱动智能运维、意图驱动网络负载均衡、意图驱动网络编排等典型场景，介绍意图驱动自智网络的实现细节。最后，对意图驱动自智网络的发展趋势进行总结展望。

本书编撰团队在意图驱动自智网络方面已形成系列研究成果，是国内外较早开展意图驱动网络研究的团队。特别感谢宋延博博士、欧阳颖博士，李彤、黄姣蕊、寇世文等在读博士生，以及宋睿涛、李鹏程、刘祥林、张静雯、姬泽阳、庞磊、申倞宇等 GUIDE 团队成员给予的支持和帮助，感谢他们贡献的智慧。本书相关成果得到国家重点研发计划“宽带通信和新型网络”重点专项(2020YFB1807700)与预研专用技术项目(JZX6Y202207010351)资助。

限于作者水平，书中难免存在不妥之处，恳请读者批评指正。

目　　录

第 1 章　研究背景及概念界定

随着人工智能(artificial intelligence，AI)和机器学习技术的迅猛发展，网络自动化、自主化和智能化水平不断提高，网络服务正经历深刻变革。传统的静态、被动服务模式逐渐被动态、主动模式所替代，在此背景下，意图驱动网络(intent-driven network/intent-based network，IDN/IBN)日益受到重视[1-4]。

意图驱动网络尚处于初期发展阶段，然而，其巨大的潜力已引发广泛关注和深入研究。学术界和工业界的许多研究团队正在探索该领域的关键技术，如意图转译和意图验证。同时，标准化组织也在积极推进相关标准的制定和实施，以期在未来网络服务中广泛应用意图驱动网络技术。尽管欧洲电信标准组织(European Telecommunications Standards Institute，ETSI)和第三代合作伙伴计划(3rd Generation Partnership Project，3GPP)等标准化组织对意图驱动网络表现出浓厚兴趣，但是目前对其的命名尚未统一，存在如基于意图的网络、意图驱动网络、面向意图的网络等不同命名。

本书在探讨意图驱动网络关键技术及其应用之前，有必要明确其基本概念。意图驱动网络是一种以用户意图为核心的新型网络架构，通过人工智能和机器学习技术精确识别并快速响应用户需求。其关键特性包括自我学习、自我适应、自我决策和自我演化。这些特性使网络能够在不断变化的环境中持续优化服务质量(quality of service，QoS)和用户体验。此外，分级标准是评估意图驱动网络性能的关键。根据不同的评估标准，如服务智能化程度、自我学习能力、响应速度等，可以对意图驱动网络进行全面的性能评估。

1.1　意图与策略等定义

传统网络仅提供基本的发送和接收接口来表达网络应用，而网络应用对网络的整体情况一无所知。另外，将用户的网络需求手动转换为特定技术配置的过程既缓慢又容易出错，且在保障应用程序服务质量时，还需应对故障和性能波动等复杂问题。这种操作不但复杂，而且难以快速适应应用需求的变化。为应对网络部署日益增加的复杂性和多样性，业界寄希望于探索一种新的简化技术架构，即意图驱动网络。这种网络可以为不同的用户和多样化的应用提供个性化、高质量的服务，从而增强用户体验和业务成效。同时，它还能降低人工配置和管理造成的错误与故障，提升网络的稳定性和可靠性。

意图驱动网络通过自动将用户意图转换为详细的网络配置，使网络更可靠、更高效，也为用户屏蔽网络相关的底层技术，从而大大降低网络用户、服务对网络的操作难度。本书认为，用户向网络表达的应用诉求或期望网络做出的动作或状态被称为意图(intent)。意图在网络领域的定义在不同的组织和公司中略有不同。3GPP、电信管理论坛(Telemanagement Forum，TMF)、ETSI、互联网工程任务组(Internet Engineering Task Force，IETF)等都进行了广泛的研究，相关的定义如表 1.1 所示。表中，IRTF(Internet Research Task Force)指互联网研究任务组。

表 1.1　意图的定义

组织名称	定义
IETF	意图是一种用于运营网络的抽象的高级策略，指网络应该满足的一组操作目标和网络应该交付的结果，以声明的方式定义，而不指定如何实现或实施
ETSI	意图是一种声明性的策略，即意图策略，指在网络中使用声明性语句去表述的策略目标，而不是表述如何实现这些目标的策略
3GPP	意图通常是人类可以理解的，同时可以无歧义地翻译给机器；意图专注于描述需要达成什么目标而不关注如何做到；意图和底层系统及设备解耦，即意图可以在不同的系统和设备间灵活移植
IRTF	意图是一种用来运维网络的抽象的、高层次的策略
TMF	意图是提供给系统的所有包含需求、目标和约束的明确说明
思科系统(中国)网络技术有限公司	意图指网络团队用简明的语言描述的想要完成的工作，然后网络就能够将此意图转化为众多策略。这些策略可以利用自动化功能，在复杂的异类环境中建立适当的配置和设置变更
瞻博网络	意图是一种代表网络所期望达到的结果而持续存在的对象。“所期望达到的结果”是用户希望网络最终所能提供功能的高级表达

意图的定义随上下文而异，网络意图的概念在不同组织和公司中仍在不断演进。综合现有定义，意图是一种高级别抽象的采用声明方式表达的网络策略。

进一步，从网络管理协议的视角，再来理解意图的概念以及其与策略和配置的关系。随着网络设备数量的急剧增加和网络需求的日益多样化，未来的网络管理协议无疑将朝着更加自动化和智能化的方向发展。如图 1.1 所示，现有的网络管理协议演进可划分为三个关键阶段。首先是以简单网络管理协议(simple network management protocol，SNMP)为代表的配置细节管理阶段，注重对底层网络设备的基本监控和配置。其次是以基于策略的网络管理(policy based network management，PBNM)为代表的系统策略管理阶段，通过引入较为复杂的策略，使网络管理更具目的性和灵活性。最后是以意图驱动网络管理(intent driven network management，IDNM)为代表的服务意图管理阶段，强调针对用户的服务意图，以实现更高层次的自适应网络管理。在这三个阶段的演进过程中，对底层设施的抽象级别逐渐提升，进而不断屏蔽繁杂的技术细节，最终实现以最高级别抽象的服务意图对网络进行管理，形成从“意图”到“策略”再到“配置”的映射，为网络管理提供更加灵活和智能的手段。其中，意图、策略和配置作为网络管理协议演进过程中的关键对象，需要明确它们的定义，从而更全面地理解网络管理协议演进的趋势和必要性。

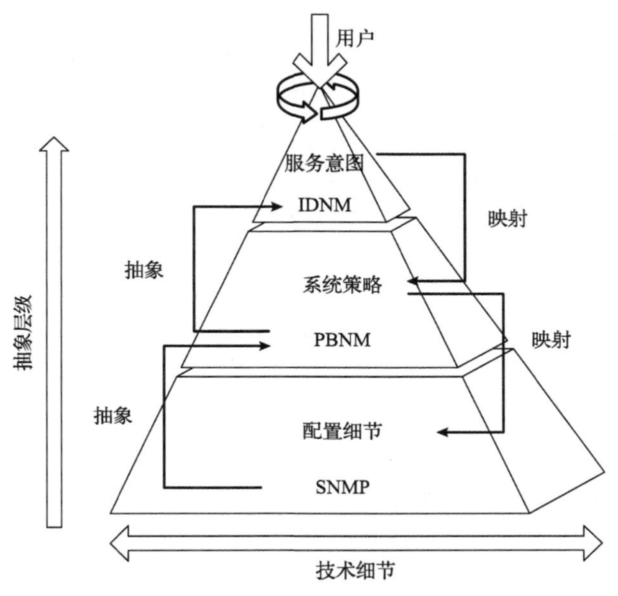

图 1.1　意图、策略与配置关系图

定义 1：意图是系统状态的声明性描述，强调无须深入关注网络操作的具体细节，而是专注于用户表达的网络需求[5]。意图可以被理解为从需求的角度，以声明的形式表达的，用于抽象网络对象和能力的高级策略。在网络管理中，管理员可能会制定各种各样的意图，例如，确保特定服务的可用性、优化网络性能、保障网络安全等。意图通常以高级别、抽象的方式描述，不涉及具体的配置细节。

根据来源的不同，意图可分为外部意图和内生意图。外部意图指用户直接输入的想要达到的目的，可以用自然语言、语音等形式表达[6]；内生意图指网络运行时自主产生的，旨在维持网络运行状态、自动恢复网络故障等潜在的意图。意图具备数据抽象和功能抽象两大特点。数据抽象指普通用户与网络管理员无须关注底层设备的配置细节。功能抽象指用户只需声明期望网络达到的状态，将网络控制逻辑抽象出来。

意图的来源是广泛的，包括外部意图(用户输入的期待/避免网络运行状态的意图)、内生意图(网络运行时自主产生的维持网络运行状态、自动恢复网络故障等意图)。

意图定义结果和高级业务目标，而不指定这些结果应该如何实现，或者具体应该如何满足目标,也不需要枚举特定的事件、条件和行动。意图具有数据抽象(普通用户与网络管理员无须关注底层设备的配置)和功能抽象(用户只需声明期望网络达到的状态，抽象网络控制逻辑)。

定义 2：策略是一组管理规则和服务的集合，用来管理和控制一个或一组被管理对象[7]。这些规则可以包括访问控制规则、服务质量策略、安全策略等。每个策略规则由一系列的条件和相应的行为组成，形如 IF{conditions}THEN{actions}。条件是用于确定是否采取某种行动的系列描述或对象。一旦策略规则被激活，其相关的一个或多个行为将按一定的规则执行。

策略定义了网络实现意图所需的具体规则和配置，对应一个或者多个意图，同时意图也可以映射到对应的策略。在网络管理的过程中，策略从最初的制定到最终的执行，需自动响应特定事件、条件和环境变化[8]。当前 PBNM 系统根据专家经验设计有限策略库，缺乏动态和灵活的策略决策。

定义 3：配置是将策略实际应用于网络设备的过程，以确保网络设备按照策略规定的规则进行操作[9]。在具体实施过程中，需要从策略中提取当前网络环境的必要信息，然后在物理或虚拟网络设备上创建特定格式的策略更新信息，包括对设备参数、服务设置和规则的调整，以确保网络在运行中符合设定的策略[9]。配置涉及多方面的技术细节，如设备的参数设置、协议启用、路由表修改、访问控制列表更新等。

1.2　网络智能化的分级

自动化、自主化和智能化正成为网络领域的关键概念。然而它们在人机关系、数学方法、内涵外延关系、解决问题对位，以及优化演进方式等方面具备独特特征。如表 1.2 所示，通过对自动化、自主化和智能化进行详细而清晰的对比，有助于探讨不同智能级别的网络特性。

表 1.2　自动化、自主化和智能化概念辨析

维度	自动化	自主化	智能化
描述指向侧重	针对过程运行，人不直接参与行动过程	针对选择判断、行为执行，人委托授权而不直接干预	针对固有认知层次、能级水平，人可监督可放权
与人相互关系	人在过程外，人调控、机运行	人在行动外，人赋权、机执行	人可以居于、浮于或脱离，人机协同，融合赋能，演进共生
数学方法	基于模型公式，可调可控	基于知识规则，可评可测	基于认知算法，不确定性强
内涵外延关系	可编程逻辑算法，不包含自主化智能化元素	基于规则的认知算法	基于博弈算法、智能合约等，具有学习演进能力，包含自动化自主化成分

续表

维度	自动化	自主化	智能化
解决问题对位	根据条件/阈值及运算模型等，即可自动运行，适合解决多样化问题	委托/授权范围、评估规则/价值-策略集和相应算法，适合解决多变性问题	实时提供复杂情况分析判断、博弈对抗策略选择，适合解决复杂性问题
优化演进方式	人可通过改善过程设计、优化逻辑/控制模型和控制参数等进行优化提升	人可通过优化价值评估准则、策略选择算法及赋权授权模式等实现优化提升	人可通过完善系统生成-对抗机制强化自学习能力，不断改进认知算法、提升智能水平，实现学习优化与演进提升

自动化侧重于处理过程的自动运行，通过可调可控的模型公式实现，人在过程外进行调控和监督[4]。自主化注重选择判断和行为执行，人通过委托授权而不直接干预机器行动执行。智能化关注固有认知层次和能级水平，人可监督也可放权，进而实现人机协同与融合赋能，在演进中共生。

在数学方法上，自动化基于模型公式，自主化基于知识规则，而智能化采用认知算法。在内涵外延关系上，自动化采用可编程逻辑算法，不包含自主化智能化元素；自主化基于规则的认知算法；智能化具有学习演进能力，如采用博弈算法和智能合约。在解决问题对位上，自动化适合解决多样化问题，自主化适合解决多变性问题，智能化适合解决复杂性问题，提供复杂情况分析判断和博弈对抗策略选择。在优化演进方式上，自动化通过改善过程设计和优化逻辑实现提升，自主化通过优化价值评估准则和策略选择算法实现提升，智能化通过强化自学习能力、改进认知算法和提升智能水平实现学习优化与演进提升。

自动化和自主化在跨系统协同合作方面存在困难，也缺乏整体涌现的能力。相反，智能化具有实现人机之间、机机之间的有机协同和相互赋能的特点，有时还表现出整体涌现、学习提升和跨域迁移的能力[10]。例如，智能化系统能够学习生成协同智能、群体智能、博弈智能等。尽管这三者存在一些区别，但它们并不互相排斥，往往可以借助各种智能无人平台实现有机统一。这种有机统一使系统能够适应各类兼具多样性、多变性和复杂性的任务和应用场景。

定义 4：意图驱动网络自智指网络中的节点能够根据用户的意图和目标，结合感知到的环境信息和网络状态自主进行决策和行动，以实现网络个体或整体的意图目标。在这种自智网络(autonomous network，AN)中，节点具有自组织、自适应和自我学习的能力，能够根据环境的变化和任务的需求，动态调整自身的行为，实现网络的自我管理和优化。自智网络能够根据节点之间的相互作用和信息交换，形成复杂的自组织结构和功能，以适应不断变化的环境和需求，提高网络的灵活性、适应性和效率。

意图驱动网络需制定清晰的分级标准与演进路线，帮助运营商和设备厂商等提前规划网络运维关键技术与解决方案。目前，TMF 针对自智网络发表白皮书，确定从“无自动化”到“全自动化”的六个网络自动化级别[10]。基于技术的功能方面的定义和级别，可以描述各个层次上逐步进行的分类区别。TMF 自智网络分级如表 1.3 所示，其中 P 表示人工参与，S 表示系统自动。

表 1.3 TMF 自智网络分级

级别 定义	L0 (手动运维)	L1 (辅助运维)	L2 (部分自智网络)	L3 (条件自智网络)	L4 (高度自智网络)	L5 (完全自智网络)
执行	P	P/S	S	S	S	S
意识	P	P	P/S	S	S	S
分析	P	P	P	P/S	S	S
决策	P	P	P	P/S	S	S
意图	P	P	P	P	P/S	S
适用性	N/A	特定场景	特定场景	特定场景	特定场景	全场景

L0：系统提供辅助监控功能，所有动态任务都必须手动执行。

L1：系统在预先配置的基础上执行某个重复的子任务，提高执行效率。

L2：系统在一定的外部环境下，基于人工智能模型实现对特定单元的闭环运维。

L3：基于 2 级能力，具有感知能力的系统可以感知实时环境变化，并在某些网络域中，根据外部环境进行优化和调整，以实现基于意图的闭环管理。

L4：基于 3 级功能，能够在更复杂的跨域环境中基于服务和客户体验驱动网络的预测或主动闭环管理进行分析和决策。

L5：电信网络演进的最终目标，具有跨多个服务、多个域和整个生命周期的闭环自动化能力，能够实现自主网络。

国际电信联盟电信标准部门(International Telecommunications Union-Telecommunication Standardization Sector，ITU-T)就自智网络进行 L0～L5 等级评估原则进行了介绍。总体而言，ITU-T 的网络智能等级评估方法与 TMF 的自智网络等级评估方法类似。长期演进全球发展倡议(global TD-SCDMA long term evolution initiative)白皮书参考上述组织给出智能自智网络分级标准，以及从 L0～L5 的分级演进路径，从意图管理、感知、分析、决策、执行五大类闭环工作流程方面，对目前运营商试点应用的典型案例进行了分级评估，并给出演进到下一等级的能力增强需求。综合评估结果表明，目前部分典型应用案例的智能化水平已达到 L2 或 L3。

通过以上对于自动化、自主化和智能化等概念区分，结合自智网络的智能分级等讨论，意图驱动网络按照意图需求采集、意图转译和策略验证等意图环路实现过程的不同智能级别。本书参考以上已有自智网络分级研究，对各级别含义进行细化，并提出意图驱动网络智能分级。意图驱动网络智能分级共包括五级，分别为 0 级智能管控网络、1 级意图辅助智能网络、2 级静态自适应意图网络、3 级动态自适应意图网络、4 级全自维意图网络。意图驱动网络智能分级如表 1.4 所示。

表 1.4　意图驱动网络智能分级

等级	名称	影响因素					
		需求采集	知识库更新	数据分析	策略配置	意图转译	策略验证
0 级	智能管控网络	人工采集运营商指标	人工输入网络参数	依据专家经验进行分析静态	人工配置	人工指令转译	人工进行参数调整
1 级	意图辅助智能网络	人工采集运营商指标	人工输入网络参数为主，意图网络定时采集为辅	依据专家经验，工具辅助分析（半静态）	人工配置部分场景，网络自动配置	人工指令转译	人工进行参数调整
2 级	静态自适应意图网络	模板输入	意图网络定时采集为主，人工输入补充为辅	基于知识库历史数据，网络分析（半动态）	大部分场景网络自动配置，人工纠错	指令模块转译	部分场景定时验证
3 级	动态自适应意图网络	多形式输入	意图网络实时采集为主，人工输入补充为辅	基于知识库和网络实时数据进行动态分析	意图网络自动配置，人工纠错	指令模块转译	部分场景实时验证
4 级	全自维意图网络	智能意图洞察	意图网络实时采集网络所有数据	网络实时自动采集数据并进行分析（全动态）	意图网络自动配置并进行纠错	意图自主转译	网络按需实时精准验证

意图驱动网络智能分级可为业界分阶段研究和应用意图驱动网络提供明确的路线和技术指导。每个阶段都有明确的目标和预期的结果，使整个实现过程更加清晰和有针对性。同时，分阶段完成有助于制定更有效的计划。通过逐步分解和安排工作内容，可以更全面地考虑各种因素，从而制定出更加合理和可行的实施方案；可以根据每个阶段的需求和优先级，合理分配资源，避免资源浪费；有助于及时识别和解决问题，在每个阶段都进行评估和检查，可以及时发现问题和障碍，并采取措施加以解决，从而保障整个实施过程的顺利进行。通过分阶段完成，可以将整个实施过程分解成多个较小的任务，降低单个阶段失败对整个实施过程的影响，同时有助于及时应对潜在的风险和挑战。因此，分阶段完成意图的实现可以提高计划的可行性和成功率，确保实施过程的有序进行，最终达成预期的意图驱动网络完全自智的目标和结果。

1.3　意图驱动网络流程

意图驱动网络流程如图 1.2 所示。整个网络架构可以分为意图实现和意图保障两大部分。

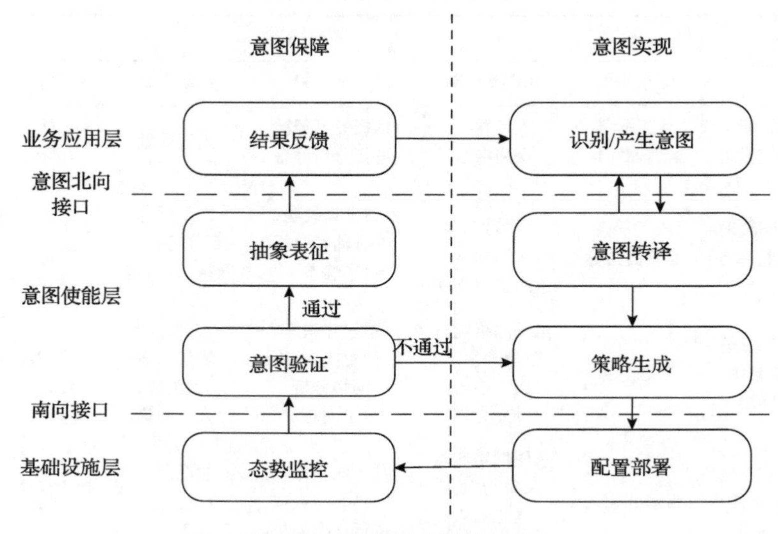

图 1.2　意图驱动网络流程

意图实现包括识别/产生意图、意图转译、策略生成和配置部署。意图主要由用户生成，根据网络场景，用户可能是操作员、管理者，也可能是智能机器。意图转译部分主要是通过统一、标准化的处理，将意图转化为机器能够理解的语言[6-8]。策略生成部分是开发使网络能够实现意图操作的过程。配置部署基于生成的策略来拉取基础设施层中相应的网络组件。这些部分紧密相连，形成完整的意图实现过程。

意图保障为意图实现过程提供技术支撑，主要包括态势监控、意图验证、抽象表征和结果反馈。态势监控是由所选择的底层物理网络组件获取网络状态信息。意图验证通过获取信息来验证网络是否满足用户需求，如果不满足，则需要重新制定策略[7]。抽象表征是将满足用户需求的结果抽象提取表征为用户能够理解的语言。结果反馈部分是将结果反馈给用户，以促进意图实现工作的开展。它们整体形成一个闭环。

为更清晰地介绍意图驱动网络的具体实现流程，介绍一种意图态势双驱动的体系架构——SAI (state-action-intent)，如图 1.3 所示。其中 LSTM (long short term memory) 特指长短期记忆神经网络。该架构简单明了，具有较强的可定制化能力[8]。

SAI 架构从上到下分为 intent 层、action 层和 state 层。

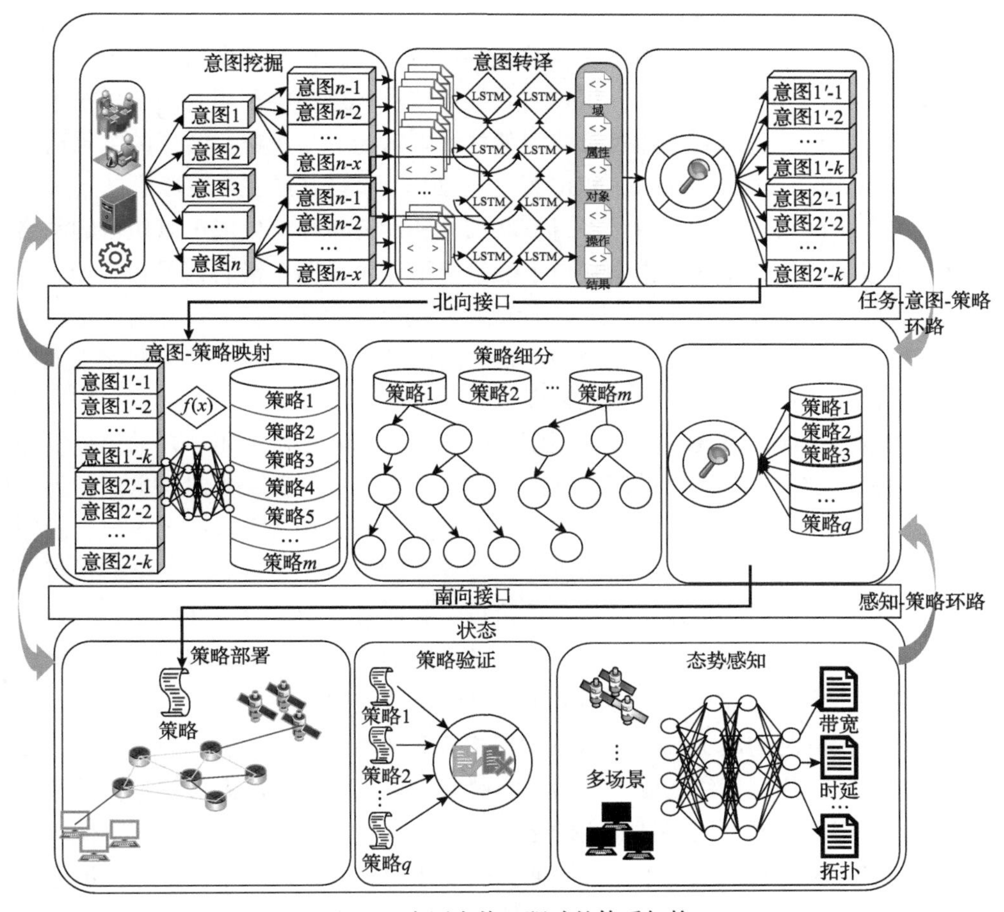

图 1.3　意图态势双驱动的体系架构

整个架构的设计过程融合了多种人工智能算法，在多层多模块中均有所应用，实现意图驱动网络与人工智能的深度融合；通过模块化的功能设计和分层分块的快速组合部署，可以极大简化网络架构的设计。模块化分层设计使网络架构更加轻量化，多种人工智能方法的引入可以提高网络智能化程度，通过多领域多技术的融合使用，推动意图驱动自智网络的发展。SAI 架构的每一层都集成了智能算法引擎。通过对模块涉及领域的调研分析，本节后续功能介绍中会给出部分相应模块及其使用的人工智能算法。在该部分设计过程中，对功能块实现算法的选择没有限制，开发人员可以基于开发经验，设计实现更加完备的算法功能。这种灵活性使 SAI 架构能够适应不同的应用场景和需求。SAI 的工作机制主要通过两个循环组成来实现架构的闭环自驱动动态调整，即自上而下的任务-意图-策略环路和自下而上的感知-策略环路。

任务-意图-策略环路是 SAI 架构的核心内容之一，也是整个架构实现闭环自动驾驶的关键。具体过程如下，用户输入任务需求，意图层利用意图转译技术得到网络服务类型。进一步，通过策略映射技术映射为网络策略。转译的结果通过北向接口(north bound interface，NBI)发送到动作层。动作层主要将收到的转译结果与策略库中的策略进行映射。经过策略细化和冲突检测，生成可以执行的网络策略。生成的网络策略通过南向接口下发给网络设备，用于策略部署和执行。最后，将策略执行的结果反馈给用户，形成一个循环。任务-意图-策略循环是由用户意图驱动的，可以大大提高用户与系统之间的交互感。同时，减少回路中人员的影响，进一步提高网络的自动化程度。

感知-策略环路是 SAI 的关键技术之一，可以为体系结构的闭环自动化提供保障。环路通过部署在状态层的网络状态传感器收集态势信息，并对信息进行加密和存储，防止传输过程中的攻击。存储的信息通过南向接口发送回动作层。动作层根据当前的网络情况和用户意图进行综合分析和判断，然后对网络策略进行动态调整。调整后的结果被发送到状态层执行，并通过北向接口反馈给用户，让它们知道当前的网络操作，进而形成一个闭环。感知策略环是由情境驱动的，可以促进网络的自主决策和调整，是网络闭环自动化的关键机制。

以上两种机制构成了 SAI 的双驱动架构。意图驱动可以改善用户体验，并提供个性化服务，增强网络的服务体验。态势驱动可以通过预测态势信息提前为网络服务预留资源，既可以保证网络的运行和维护，又可以提高网络的安全性。双驱动使网络架构能够实现整个生命周期的闭环运行。SAI 与未来网络的发展理念一致，网络将变得更加简洁、高效和智能。

1.4 意图驱动自智网络

自智网络通过构建网络全生命周期的自动化、智能化运维能力，为网络服务的客户提供“零等待、零故障、零接触”的极致业务体验，为网络生产一线打造“自配置、自修复、自优化”的高效运维手段[11-15]。自智网络将人工智能技术与通信网络的硬件、软件、系统等深度融合，助力使能业务敏捷创新、网络运营智能、智慧内生网络构建。

自智网络围绕“单域自智，跨域协同”的核心思想，分层次构建体系化能力，实现全场景网络自动化和智能化。该架构从下到上包含网元管理(提供网元内置的自动化运维能力)、网络管理(提供面向网络的单专业自动化运维能力)、服务管理(提供面向网络和业务的跨专业自动化运维能力)和业务管理(提供面向客户的自动化服务管理能力，统一提供客户触点)等四个层次，以及资源闭环(单专业资源管理，实现单域自智)、业务闭环(面向业务的、跨专业的端到端管理，实现跨域协同)与用户闭环(用户与商务管理，包括用户信息、营业、计费、客服等)等三个闭环。

建立在以上对于自智网络和意图驱动网络的概念和智能分级等探讨的基础上，意图驱动自智网络通过转译用户和网络意图，自动生成相应的网络策略和物理配置，并利用人工智能算法自动管理和优化网络资源，实现高度自动化的网络运维[16]。这种网络旨在理解和解释用户的意图，以更好地满足其需求，并提供个性化的服务。它基于自然语言处理(natural language processing，NLP)、机器学习和人工智能等技术，通过分析和推断用户的语言和行为来理解其意图，并相应地指导网络操作。例如，用户可以通过语音、文本、图像等多模态形式向网络传达自己的需求和意图，网络自动理解和响应这些需求，为用户提供定制化的信息服务。意图驱动自智网络具备自学习和自适应能力，能够根据网络实时反馈和持续性能监控不断调整、优化其决策算法，使网络在持续变化的环境中保持最佳状态[17]。此外，通过分析用户行为、资源使用情况、上下文信息和历史数据，意图驱动自智网络能够预测用户意图。同时，它强调跨域协同，即不同网络域(可能由不同的运营商管理)之间的协作，以提供端到端服务。意图驱动自智网络应具备以下特征。

(1)具有预测性分析的能力，基于大数据和人工智能技术，可以提前识别网络故障，并进行主动的体验优化和故障修复[18]。

(2)实现架构、协议、站点、运维的全面简化，推动网络的全生命周期自动化。

(3)引入全新的超宽带技术，实现海量连接、超低时延、超大带宽。

(4)全面开放应用程序接口(application programming interface，API)，通过千行百业的应用接入网络，实现与第三方大数据平台和云平台的对接，构建可持续发展的产业生态。

(5)智能识别推理，提前预测安全威胁，实现主动防御，为网络的智能化和自动化提供安全保障。

意图驱动自智网络架构(图1.4)自上而下是业务应用层、意图北向接口、意图使能层、南向接口、基础设施层[19]。业务应用层与意图使能层通过意图北向接口进行通信。意图北向接口主要负责用户意图的输入，以及控制器向上的信息反馈。意图使能层与基础设施层通过南向接口进行通信。南向接口主要负责将正确的网络策略或网络配置下发到实际网络中的基础设施。

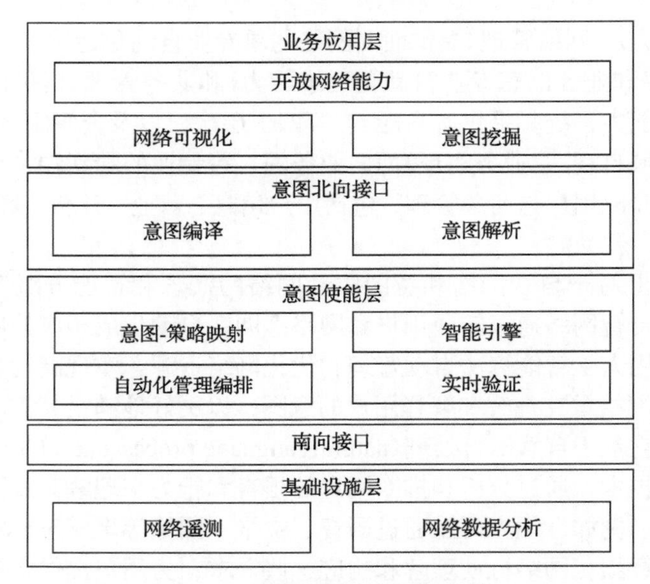

图 1.4　意图驱动自智网络架构

(1) 由于意图使能层对底层网元功能进行了抽象，因此业务应用层可以通过意图使能层提供的可编程接口对底层设备进行编排配置。此外，业务应用层还提供了管理接口，以实现多样化的业务创新和业务部署。

(2) 意图使能层是意图驱动自智网络的核心，具有管理控制和决策的能力[20]。意图使能层解析并检查通过意图北向接口转译生成的意图相关的流。应用意图被处理成可由当前网络执行的规则化意图请求，通过意图与资源的匹配算法，映射到网络中的特定资源。意图使能层通过基于意图的管理和编排系统实现对网络底层资源的统一调度，并将闭环反馈引入网络元素的生命周期管理当中。借助智能引擎完成数据采集、数据存储、数据处理、模型训练、参数调整等功能，为策略的制定提供先验条件，同时闭环形式的验证可以保证输出的网络策略和网络配置参数的可靠性和正确性。

(3) 基础设施层包含物理网元设备。基础设施层中部署了大量网络数据收集工具，能为上层的反馈信息和策略配置提供必要的参数。

(4) 意图北向接口是一个用于转译意图的模块，连接业务应用层和意图使能层。意图编译器和意图处理器负责事项对意图表征和一致性检查。南向接口基于虚拟化技术，连接各种被虚拟化的网元实体和网络资源，主要负责基础设施层和意图使能层之间的信息交互。

自智网络愿景已成为行业共识。在全球范围内，通信业各标准组织、行业组织、开源社区等都在积极推进自智网络的产业布局，覆盖通信技术、人工智能技术、分级标准与评测等各个领域。自智网络的技术研发和商用落地不断加快，产业呈现蓬勃发展的态势。

参 考 文 献

[1] Pang L, Yang C, Chen D, et al. A survey on intent-driven networks. IEEE Access, 2020, 8: 22862-22873.

[2] Saraiva N, Islam N, Perez D A L, et al. Policy-driven network traffic rerouting through intent-based control loops//Anais do XXIV Workshop de Gerência e Operação de Redes e Serviços, Gramado, 2019: 15-28.

[3] Boutouchent A, Meridja A N, Kardjadja Y, et al. AMANOS: An intent-driven management and orchestration system for next-generation cloud-native networks. IEEE Communications Magazine, 2023, 62(6): 42-49.

[4] Eckert T, Behringer M H. Using an autonomic control plane for stable connectivity of network operations administration and maintenance. https://www.rfc-editor.org/info/rfc8368[2018-5-30].

[5] Ouyang Y, Yang C, Song Y, et al. A brief survey and implementation on refinement for intent-driven networking. IEEE Network, 2021, 35(6): 75-83.

[6] 姬泽阳, 杨春刚, 李富强, 等. 基于自然语言处理的意图驱动网络表征. 系统工程与电子技术, 2024, 46(1): 318-325.

[7] Chadha R, Kant L. Policy-Driven Mobile Ad Hoc Network Management. New York: Wiley, 2007.

[8] Isazadeh A, Pedrycz W, Mahan F. ECA rule learning in dynamic environments. Expert Systems with Applications, 2014, 41(17): 7847-7857.

[9] 李鹏程, 宋延博, 杨春刚, 等. 意图驱动网络服务韧性机制研究. 西安: 西安电子科技大学学报, 2024, 3: 1-12.

[10] Jaberi S, Atwood J W, Paquet J. ASSL as an intent expression language for autonomic intent-driven networking//2023 19th International Conference on Network and Service Management, Niagara Falls, 2023: 1-5.

[11] TMF. TMF 自智网络技术白皮书. http://www.tmf-group.com/[2020-8-05].

[12] Ouyang Y, Yang C, Song Y, et al. A brief survey and implementation on refinement for intent-driven networking. IEEE Network, 2021, 35(6): 75-83.

[13] 宋延博, 张静雯, 弥欣汝, 等. 面向 6G 的意图驱动边缘智能网络. 移动通信, 2022, 46(9): 2-7.

[14] 冷常发, 杨春刚, 彭瑶. 意图驱动的自动驾驶网络技术. 西安电子科技大学学报, 2022, 49(4): 60-70.

[15] Song Y, Yang C, Zhang J, et al. Full-life cycle intent-driven network verification: Challenges

and approaches. IEEE Network, 2022, 37(5): 145-153.

[16] Yang C, Mi X, Ouyang Y, et al. SMART intent-driven network management. IEEE Communications Magazine, 2023, 61(1): 106-112.

[17] 周洋程, 闫实, 彭木根. 意图驱动的 6G 无线接入网络. 物联网学报, 2020, 4(1): 72-79.

[18] 郭令奇，褚智贤，廖建新，等. 意图驱动的自智网络资源按需服务. 北京邮电大学学报, 2022, 45(6): 85-91.

[19] 张露露，杨春刚，王栋，等. 意图驱动的云网融合按需编排. 电信科学，2022，38(10): 107-119.

[20] Yang C, Mi X, Ouyang Y, et al. SMART intent-driven network management. IEEE Communications Magazine, 2023, 61(1): 106-112.

第2章　研究现状及章节安排

2.1　标准界研究现状

3GPP、TMF、ETSI、IETF、中国通信标准化协会(China Communications Standards Association，CCSA)等都在积极对自智网络、意图驱动网络展开研究，包括制定意图驱动网络关键技术与工程实现等相关的草案和标准。

1. 自智网络

自智网络“autonomous networks”最早由TMF提出，并于2019年正式发布了首个自智网络白皮书[1]。白皮书对自智网络提出的背景、理念与框架、L0～L5的6级自动化程度评级进行了系统阐述，并通过不同维度的应用案例辅助说明自智网络理念。自智网络旨在通过完全自动化的网络和信息通信领域技术的智能化基础设施、敏捷运营和全场景服务，为垂直行业和消费者用户提供零等待、零接触、零故障的客户体验，利用前沿技术实现“将复杂留给供应商，将极简带给客户”。此外，还需支持自服务、自发放、自保障的电信网络基础设施，为运营商的规划、营销、运营、管理等部门的内部用户提供便利。2020年10月，TMF发布了名为*Autonomous networks: Empowering digital transformation for smart societies and industries*的白皮书第二版，进一步从电信运营商为社会及其他行业提供数字化转型服务的角度阐述了自智网络三层四闭环的理念。其中，三个层级为通用运营能力，可以支撑所有场景和业务需求：资源运营层主要面向单个自智域提供网络资源和能力自动化；服务运营层主要面向多个自智域提供信息技术服务、网络规划、设计、上线、发放、保障和优化运营能力；业务运营层主要面向自智网络业务，提供客户、生态和合作伙伴的使能和运营能力。四个闭环实现层间全生命周期交互：用户闭环指上述三个层级之间和其他三个闭环之间的交互，以支持用户服务的实现；业务闭环指业务和服务运营层之间的交互；服务闭环指服务、网络和IT资源运营层之间的交互；资源闭环指以自智域为粒度的网络及信息通信领域技术资源运营之间的交互。

ITU-T于2020年发布了名为*Framework for evaluating intelligence levels of future networks including IMT-2020*的Y.3173标准，定义了评估网络智能化程度的相应准则[2]。该标准提出在“需求映射、数据采集、分析、决策、方案执行”方面的相应工作方法，并对L0～L5等级评估原则进行了介绍。总体而言，ITU-T

的网络智能等级评估方法与TMF的自智网络等级评估方法类似。为进一步研究自智网络，ITU-T成立FG-AN，旨在探索和研究相关的体系结构、关键技术、数据集和概念验证，并起草自智网络相关的技术报告和规范。

网络自主性及关键技术分级如表2.1所示[3]。其终极目标是实现完全自主运行，以至于用户感觉不到网络且无须关注网络管理，即无网络的状态。其中，级别0表示过去的情况，级别1表示现状，级别2～4是可能的未来发展方向。从自组织、自配置、自优化、自诊断、自愈合、网络预测、决策推理和操作界面等几个技术角度来看，网络的自主性指网络具备自我管理和自我适应的特征，网络的自主性可以提高网络的灵活性和适应性，能够根据环境变化、任务需求和节点的状态动态调整和优化结构与行为，而无需外部的干预。因此，网络自主性的发展和研究对于推动自主化、智能化技术的进步具有重要意义。

表2.1　网络自主性及关键技术分级

技术角度	级别0	级别1	级别2	级别3	级别4
自组织	局域网自动连接	网元自动连接网管系统	区域内自分离/关键网元自选举	网络架构及网元角色自鉴别	网络协议自构建
自配置	命令行界面配置	网元配置自分发	网元配置自编辑		网络自配置
自优化	静态的流量工程	自动的流量均衡	基于QoS/SLA（service level agreement，服务水平协议）的自配置		全自动优化
自诊断	网管系统辅助的人为诊断	自动数据分析	精准错误定位		错误预测
自愈合	网管系统辅助的人为修复	基于协议的修复	编程式的修复		错误避免
网络预测	基于网元的统计	基于网络的可视化	基于实时全息网络数据	网络模型与模式识别	网络趋势预测
决策推理	复杂的控制环	可编程控制环	机器学习	机器推理	待补
操作界面	命令行界面	网元级别原始界面	网元级别的声明式界面	网络级别声明式界面	机器自主界面

2019年5月，3GPP启动名为“Study on concept, requirements and solutions for levels of autonomous network”的研究项目。该研究包括自智网络的定义、标准工作流程、自动化评级方法，以及相应的应用案例。2020年7月，3GPP在R17版本中对自智网络分级体系完成正式标准立项。其主要目标是实现自智网络理念及架构、自动等级分级方法等内容的标准化。

CCSA于2020年立项《信息通信网运营管理智能化水平分级技术要求　移动通信网》。该标准的主要目的是制定移动通信网络运营管理智能化水平的分级方法，用于评测和度量移动通信网络运营管理的智能化水平，同时促进运营商网络运维智能化水平的逐步提升。其主要内容包括移动通信网络运营管理智能化水平分级的概念、总体方法、运营管理智能化需求、用例和通用流程等。

ETSI 针对自智网络进行了大量的研究工作。ETSI 认为，意图是一种声明性的策略，即意图策略。在网络中应该使用声明性语句去表述策略的目标，而不是表述如何实现这些目标的策略。ETSI 的行业标准工作组设计了名为网络人工智能需求标准的系统。该系统支持声明式策略、命令式策略及意图策略，可以实现理解配置并根据环境的变化进行调整。ETSI 给出了意图驱动管理的概念，以及典型用例，同时对意图模型和接口、生命周期管理进行探讨与定义，并在意图分解、意图转译、意图冲突等意图关键技术上给出分析和建议[4]。

ETSI研究分工如图 2.1 所示。其中，ETSI OSG 负责开源代码的管理；ETSI ISG 负责 ENI 系统组和产业组研究。系统组负责系统的架构设计、系统的用例设计、系统的服务和网络要求、系统的术语统一、系统的概念证明框架、情景感知策略模型中的意图策略设计等部分；产业组负责零接触网络和服务管理、移动接入边缘设计等业务。

ETSI 明确指出，意图策略中的每个语句都可能需要将一个或多个术语转换为另一种管理功能实体可以理解的形式。意图策略指不作为形式逻辑理论执行的策略，通常用受限的自然语言表示，然后映射为其他管理功能实体可以理解的形式。

2. 意图驱动网络

ETSI 采用“Intent-Based Networking”描述意图驱动网络。ETSI 工作组对意图驱动网络的研究如图 2.2 所示。ETSI 针对意图驱动网络的研究已形成两个标准，即 RFC9315（Intent-Based Networking Concepts and Definitions）和 RFC9316（Intent Classification），其中规范了意图、意图转译、意图验证、意图分类的标准模型等术语的定义[5,6]。ETSI 定义意图为一种用于操作网络的抽象高级策略。

IRTF 从高级别抽象的网络管理策略角度出发，通过对软件定义网络（software defined network，SDN）进行扩展实现对网络更高层次管理。IRTF 在其草案中指出，利用可编程性接口可以为网络提供一种抽象的方法用于管理整个网络。“用户”建立要作为一个整体在网络上采取的“意图”，并将该意图推到由意图引擎组成的管理层级结构的第二层。层级结构的下一层对“意图”进行使用，根据意图的含义将其转换为用户期望的操作。层级结构的底层则由网络设备组成，负责执行意图引擎输出的配置和操作。

综上所述，非营利性社团联盟、全球移动通信系统协会、ETSI、3GPP、ITU-T 和 CCSA 等标准组织在自智网络、意图驱动网络的架构、定义等各个方面都先后展开了广泛的研究。其中，多个标准组织发布自智网络、意图驱动网络相关的白

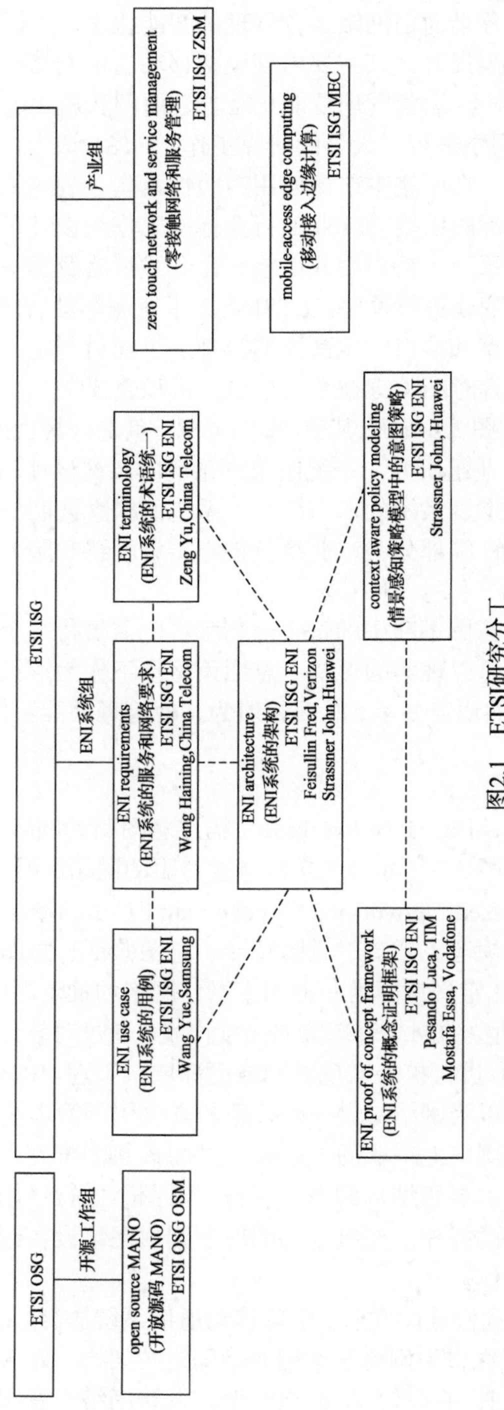

图2.1　ETSI研究分工

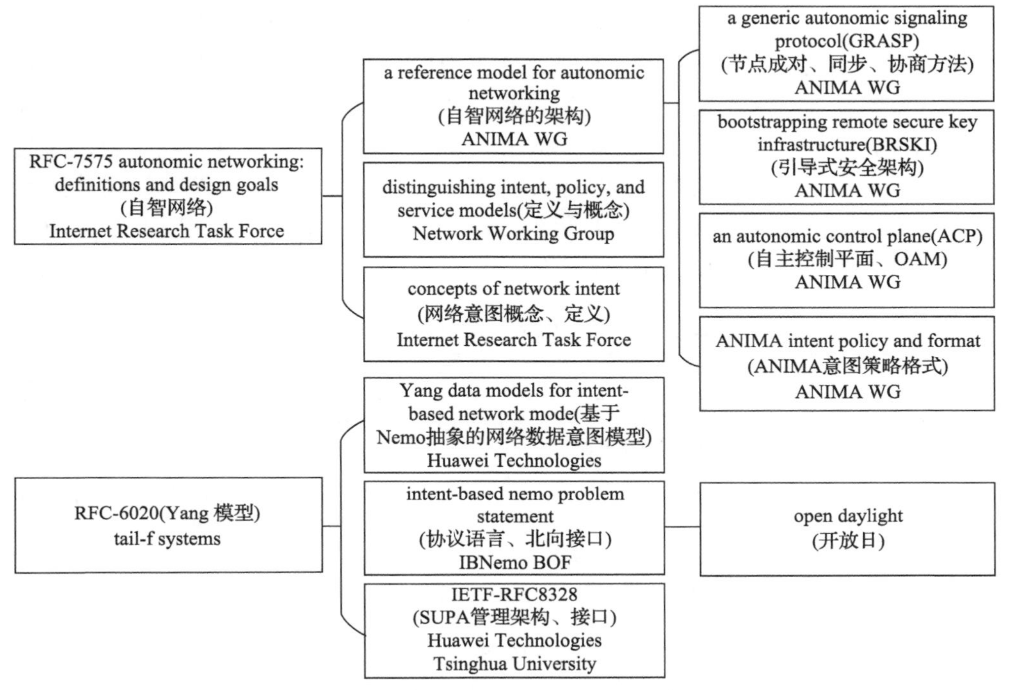

图 2.2　ETSI 工作组对意图驱动网络的研究

皮书，并且核心理念都非常类似，均为通过人工智能等技术的引入推动通信网络向自配置、自治愈、自优化、自演进的新一代自智网络发展。

2.2　学术界研究现状

意图驱动网络管理指基于声明性的意图完成意图转译、意图验证、意图部署等流程的新型网络管理方式，形成“意图”到“策略”，再到最终“配置”的映射。在意图驱动网络管理中，网络可以根据管理员的意图自动转译、管理、配置和优化实现目标网络状态。同时，依托网络状态全息感知和反馈优化闭环自动解决异常事件，保证网络的可靠性[5]。

1. 意图驱动管理

借助意图驱动网络的能力，意图驱动网络智能管理可以实现互联网、数据中心网络(data center network，DCN)、数据链网络等多种未来网络场景中的自主管理、自我优化、自动配置，减少网络管理中的人工干预，为普通用户提供更大的参与度。然而，传统构建的网络自动化管理模型，只关注网络某方面的自动化管理，未从网络整体考虑，因此只能达到网络管理局部自动化的效果[7]。考虑设计意图语言，使网络管理员在特定框架下表达意图，利用传统人工智能算法将意图转换为策略，实现对网络的管理，其缺点在于管理员需要学习多种意图语言实现对不同设备的操作管理，因此学习成本高、负担较重[8]。为改进上述问题，人们提出一种挖掘 ABAC 策略规则的方法，它基于无监督学习中的 k 均值聚类算法实现近似策略规则模式的抽取，再从得到的模式中挖掘 ABAC 策略规则[9]。意图驱动网络管理构建方案研究现状如表 2.2 所示。

表 2.2 意图驱动网络管理构建方案研究现状

研究方法	存在问题	相关文献
基于网络服务链模型对网络进行管理 从资源角度应用 SDN 感知方案进行网络管理	基于网络某个面对网络进行局部自动化管理， 缺乏全局网络自动化方案	[7]
在特定框架下，构造意图语言实现对网络的管理	网络管理员需要学习不同的意图语言实现对 不同设备的管理，学习成本较高	[9]
基于传统人工智能算法实现由意图到近似策略 规则模式的提取，完成网络管理	对大数据的利用效率低， 不适合在大规模网络中使用	[8]

现存意图驱动网络管理技术存在的问题及研究趋势是缺乏统一的北向接口、难以同时管控不同厂商的设备等。因此，后续研究需要与人工智能、大数据等前沿技术结合起来，进一步推动网络管理自主化和智能化的发展。

2. *意图建模语言*

网络配置建模依赖接口编程。意图驱动网络的核心环节——意图表征是与网络配置建模紧密联系的技术[10]。当前网络配置建模的研究现状如表 2.3 所示。

表 2.3 网络配置建模的研究现状

	建模语言	适用领域	相关文献
网络配置建模方法	Frenetic、HFT、PANE、Maple、NetCore、FatTire	转发、防火墙等需要处理报文的应用	[11] [12] [13]
	Flog、Frenetic、FlowLog、Assertion Language	网络验证、编写有状态的防火墙的应用	[14] [15] [16]
	Splendid Isolation、Pyretic	网络虚拟化，以及需要对 底层流量做隔离的应用	[17] [18]
	Flog、FlowLog、Merlin、Assertion Language	需要进行网络验证、模型检查的网络	[19] [20]
	Splendid Isolation、NCL	需要做网络切片、流量隔离的网络	[21] [22] [23]
	HFT、PANE、Maple、Pyretic、Kinetic	在网络上部署多个协议，解决流表冲突	[24] [25] [26] [27]
	Nettle、FML、Procera	网络事件驱动的交互式网络	[28] [29]

函数型语言中的 Frenetic、HFT、PANE、Maple、NetCore 等更适合转发、防

火墙等需要处理报文的应用。对于网络验证、编写有状态的防火墙的应用，Flog、Frenetic、FlowLog、Assertion Language 具有明显的优势。对于网络虚拟化，以及需要对底层流量做隔离的应用，面向对象的编程语言 Splendid Isolation、Pyretic 具有明显的优势。对于需要进行网络验证、模型检查的网络，Flog、FlowLog、Merlin、Assertion Language 等存在优势，而对于需要做网络切片、流量隔离的网络，Splendid Isolation 和 NCL 是比较不错的选择。如果需要在网络上部署多个协议，采用 HFT、PANE、Maple、Pyretic 等能够有效解决流表冲突。上述网络配置建模方法在应用类型、服务类型、功能强化方面各自具有一定的优势，但相关语言结构从编程上复杂不易于拓展、从表达上不贴近北向交互用户，从语法上难以适用兼顾传输动机（意图）和传输结果（效用）的传输体系。

3. 意图表征技术

为了实现网络意图的表征，可采用非技术型意图表征与技术性意图表征两种方法。非技术型意图表征引入 NLP 技术，以自然语言形式输入网络的意图，通过形态学规则和意图策略映射模块的处理，输出为网络可识别的规范化语言，与下层接口实现互通。在文献[30]中，意图表达是以语言学中使用的 verb-object-subject 句子结构为基础，并以修饰语作为附加的一组词加以补充，使用这些句子表达基本意图，然后使用递归封装构成完整意图。非技术意图表征受限于领域语义规模，语义模型构建的难度较大。

囿于网络配置建模的本身构造复杂，基于模型、基于图和基于拓扑的三大主流网络配置建模方法应运而生，即技术型意图表征方法。以文献[31]为代表的模型派，采用形式化模型构造一阶逻辑公式进行模型求解；以文献[32]为代表的图派采用策略图描述动态服务链需求，在每条策略独立可组合的前提下，为网络配置提供优先级和解冲突的保障；以文献[33]为代表的拓扑派，利用基于网络角色的拓扑重构成原拓扑的同态图，保证路由策略和链路容错[34-36]要求的部署。

受上述思路启发，技术型意图表征方法如表 2.4 所示。在意图驱动动态服务接口（dynamic intent-driven service management interface，DISMI）中，为实现北向接口理解用户意图并转译为网络可执行的动作，预先设计了一套类似自然语言的语法规则[37]。在 INDIRA 架构中[38]，意图语言经语法分析和翻译转换为 RDF 图，生成最终的网络命令。Ferguson 等[20]提出一种新型 SDN 资源管理框架，使网络管理员可以使用声明性语言中的程序表达高级策略。Janus 支持更多策略的表达，包括时变、触发和服务质量等更多的动态性意图[39]。INSpIRE[19]采用受控自然语言（controlled natural language, CNL）将意图转译为一组配置，在同构环境（仅有虚拟网络功能）和异构环境（虚拟网络功能、物理网络功能、中间件）中提供服务链。然而，上述表征方案在交互式、函数表达式、逻辑验证式、语义构造式等角度无法取得折中，适用领域极度受限于表征特性，缺乏接近自然语言的意图表征方法。

表 2.4 技术型意图表征方法

研究方案	特性	相关文献
DISMI	预先设计一套类似自然语言的语法规则，主要包括{Nouns，Actions，ConnectionPoints，Selector，Constraint}	[37]
INDIRA	意图语言经语法分析和翻译转换为资源描述框架(resource description framework，RDF)图，再到最终的网络命令，输入意图为类似英语命令的高级语言，可进一步扩展到其他网络语义工具	[38]
Merlin	可表达转发路径、数据包分类、数据报处理功能相关的意图，并且可设定最大最小带宽需求，在对动态性的支持上，子意图的带宽在父意图的带宽限定下可以变化	[20]
Janus	支持更多的策略的表达，包括时变、触发和服务质量等更多的动态性意图	[39]
INSpIRE	采用 CNL 将意图转译为一组配置，在同构环境和异构环境中提供服务链	[10]

4. 意图验证技术

目前，网络验证手段分为控制面验证、数据面验证。网络中的路由表是通过路由协议生成的，如边界网关协议(border gateway protocol，BGP)、开放最短通路优先(open shortest path first，OSPF)协议等。在生成环境前，需要对网络控制面层进行验证。因为网络中转发数据包是数据面的行为，所以验证工具需要在部署前和部署后对网络进行验证，如检查可达性、黑洞路由等。网络验证工具，如batfish，输入设备配置和网络拓扑信息，通过模拟路由协议计算转发表，分析这些转发表的行为可以验证可达性等问题。

为保证意图驱动网络的意图一致性，保障意图的准确执行，对于北向接口，需要对生成的意图进行一致性校验，捕捉应用程序中希望在网络中而不是本地以某种方式处理流量的愿望，因此可以在更靠近源头的地方实现流量管理逻辑，更好地促进网络管理和利益聚合。李宇衡等[40]提出一种软件定义网络 Intent NBI 的意图一致性问题解决方法。该方法在 Intent NBI 接口的基础上借鉴承诺理论思想，实现冲突解决模块，并将此模块以插件形式置于新型北向接口。何发智等[41]在支持操作意图一致性的实时协同编辑算法中，按照一致性模型中的因果一致性、结果一致性和操作意图一致性的分类，给出操作意图一致性的维护路线图。在 Lumi 方案中[42]，在成功确认提取实体后，分析 Nile 意图，即增量意图部署所产生的矛盾。

为了保障网络策略的正确下放，保证意图最终被准确执行，对于南向接口，需要对数据平面的配置(最终表现为数据包转发行为)进行验证。意图南向验证捕获网络数据平面的配置或者采集真实流量作为对控制面的反馈和确认机制，控制面根据反馈调整修改策略制定，实现策略下放前后的一致。自动测试包生成(automatic test packet generation，ATPG)从网络设备中收集规则并生成一个设备无关的网络模型，用于生成能够训练所有规则或者链路的最小探针集合[43]。PINGmesh 在数据中心网络的边缘选定一些服务器作为收发互联网分组探测器(packet internet groper，PING)的节点，持续提供网络端到端的性能数据[44]。BUZZ 主要是对带有状态的数据平面建模[45]。VeriDP 将控制面上的所有规则配置抽象成一个路径表，然后修改交换机中的规则并给数据分组打标签，从而让数据分组携带其在网络中被处理的信息[46]。Monocle 将一个探针注入交换机中检查一条规则是否存在于交换机的流表中[47]。NDB 让网络设备给每一个数据分组生成一个称为明信片(postcard)的复制，然后通过查询这些分组历史进行故障诊断[48]。NetSight 在 NDB 的基础上开发了一些网络应用，同时开发了一种类似正则表达式的语言进行网络管理[49]。Netography 提出数据分组行为的概念，通过基于规则的验证做网络故障诊断[50]。然而上述方法缺乏数据平面的确认机制，只能处理控制层流规则冲突问题，无法检测到数据层的流量转发是否符合控制层的策略要求；数据平面检测机制无法对网络状态进行实时检测，无法进行动态网络验证；探测数据包生成时间长，通常在秒级，无法快速发现捕获不一致的情况。

综上，上述意图验证方法存在三个缺陷，即现有意图一致性校验技术主要基于承诺理论，或采用固定的优先级策略来维护用户的操作意图，算法缺乏灵活性和扩展性；验证方法很难取得实时性和准确性方面的双赢；缺少同时针对北向接口和南向接口的意图验证方法。

2.3 产业界研究现状

1. 华为技术有限公司自动驾驶网络研究

在理念方面，2020 年 9 月，华为技术有限公司发布了《数据中心自动驾驶网络白皮书》，全面阐述数据中心自动驾驶网络的愿景、内涵、目标架构、分级标准和典型应用场景。华为技术有限公司数据中心自动驾驶网络将自动驾驶等级划分为 L0～L5 级，每个级别具备不同的关键能力特征，覆盖网络规划、建设、运维和优化等全生命周期过程，逐步向自服务、自维护、自优化的无人值守数据中心网络演进。

在架构方面，华为技术有限公司数据中心自动驾驶网络方案架构主要分为网络基础设施、管控系统、云端训练系统三层。网络基础设施依托“云”高性能交换机实现数据中心物理网络采集与配置系统重构，支持遥测主动上报 NetconfYang 高速配置能力。管控系统依托 iMaster NCE 自动驾驶网络管控平台，以意图引擎、自动化引擎、分析引擎、智能引擎及网络数字孪生底座为核心，面向数据中心网络“规-建-维优”全生命周期的自动化管理，以及智能运维业务全场景，提供意图管理、仿真校验、业务发放、健康度评估等独立、微服务化组件。云端训练系统集成海量人工智能算法库，支持高性能人工智能训练能力，可实现三层智能引擎间的模型与推理参数主动优化，持续向高级网络自动驾驶能力演进。

在产品方面，iMaster NCE-Campus 是华为面向园区网络的新一代自动驾驶网络管理控制系统，是集管理、控制、分析和人工智能功能于一体的网络自动化与智能化平台，提供园区网络的全生命周期自动化、基于大数据和人工智能的故障智能闭环能力，帮助企业降低运维成本(operating expense，OPEX)，加速企业云化与数字化转型，让网络管理更自动、网络运维更智能。它主要应用于数据中心、企业园区、企业专线、运营商网络等场景，让网络更加简单、智慧、开放和安全，加速运营商及企业的业务转型和创新，已在全球 120 多个国家部署，广泛应用于 190 多个全球 500 强企业、2800 多个数据中心等。

在应用方面，北京理工大学新能源汽车国家监测与管理中心在与华为的创新实践中，成功构建了以 NCE-Fabric 为核心的新一代数据中心网络架构，有效提升了业务发放效率和部署可靠性，使网络实现零丢包、低时延和高吞吐，使大数据读取任务完成时间减少 50%以上，业务应用分钟级上线，业务故障恢复时间由小时减少到分钟级，达到了“快速部署、极速自愈”的目标。

2. 思科系统(中国)网络技术有限公司基于意图的网络研究

在理念方面，基于意图的网络借助人工智能及其学习技术构建起一个自动化的网络，能够极大地弥合业务部门与信息技术部门之间的差异，从而为业务主管和信息技术主管带来好处。它带来的优势可归纳为五个方面：更高的业务灵活性；更高的运营效率；网络与业务目标不断保持一致；更好的合规性和安全性；减少风险。思科认为，一个完整的基于意图的网络需要提供转换、激活和保障等功能。转换功能是关于意图的表征，使网络操作员能够以声明性和灵活的方式表达意图。激活功能将捕获的意图解释为可以在网络上应用的策略，使用全网自动化将这些策略安装到物理与虚拟网络基础设施中。为了连续检查网络在任何时间点是否都遵守表达的意图，保障功能将保持连续的验证和确认循环。

在架构方面，《基于意图的下一代网络架构》报告突出了网络管理中的反馈环路，将保障功能获得的洞察力发送回激活功能进行网络的持续优化。在基于意图的网络中，预期由一个控制器管理一个或多个域，该控制器提供基础设施的整体视图，并保持一致状态(配置、镜像等)。

在产品方面，思科系统(中国)网络技术有限公司全智慧的网络根植于思科的全数字化网络架构，由智慧中枢全数字化网络架构中心、全新平台 Catalyst 9000

系列交换产品组合、加密流量分析三大关键模块在内的硬件和软件构建，在设计完整性和创新性方面有很强的领先性，是一个能够自主洞察意图、具备高度安全性，具有自我学习、自我调整、自我保护能力的自动化网络系统。

在应用方面，上汽大众汽车有限公司采用超越传统技术的 SD-Access 思科接入网络作为网络平台。思科全数字化网络架构中心由网络、设备和客户端运行状况指示板提供网络设备的详细状态，管理员可以轻松地查看每个网络设备的连接状态，以及其他运行状况参数。思科 Catalyst 9000 系列交换机用于核心层、分发层和接入层，组成上汽大众的网络。这些交换机专为基于意图的网络而设计，完全可编程，可实现自动配置，并提供完整的可见性。

3. 瞻博网络研发(北京)有限公司意图驱动网络研究

在理念方面，瞻博网络研发(北京)有限公司认为意图驱动网络是一种可预测并适应网络状态的自主网络，能够提高规模经济和效率，同时降低运营成本。基于 Juniper Apstra AOS(简称 AOS)强大的功能，可以支持跨任意数据中心拓扑和供应商(Juniper、Cisco、Arista 或 Dell-EMC 设备)的全生命周期数据中心管理，从而提供可靠的用户体验。AOS 内置的模板功能使数据中心运营团队能够设计网络架构，然后通过蓝图功能实例化实际物理网络。AOS 可以自动生成不同供应商设备配置信息，提供跨不同供应商的抽象层，以及基于意图和策略保证的持续验证。

在架构方面，瞻博网络提出实现意图驱动网络依赖遥测、自动化、机器学习和声明式编程。Juniper 的 OpenNTI 是一个使用标准遥测、分析和分层设计来收集标准化和可视化关键性能指标的简单开源工具。通过自动化拓扑发现、路径计算和路径安装。Juniper 的 AppFormix 解决方案将机器学习和流媒体分析的功能与诸如基于 OpenStack 和 Kubernetes 的混合云和 NFV/Telco 云等编排系统的应用感知结合在一起。此外，Juniper 的 Northstar 工具使服务提供商能够根据所提供的限制(如带宽、多样性和虚拟间网络策略)安装网络路径。

在产品方面，AOS 自动化数据中心网络包含设计、构建、部署和运营四个阶段，利用基于意图的分析持续验证网络，消除复杂性、漏洞和中断，从而形成一个安全和有弹性的网络。Apstra 软件由一个或一组虚拟机安装，通过安装在设备上或设备外的代理来连接和管理设备。Apstra 提供了业界首个与厂商无关的意图网络平台，允许企业在设计网络时不考虑最终部署的硬件平台。无论最终选择哪个供应商的硬件或网络操作系统，用于设计和管理网络的工具都是相同的，可以消除操作人员在多个平台和厂商差异化专业知识的要求，大幅降低运营成本。

在应用方面，数据中心公司采用瞻博网络 QFX 系列交换机作为其核心网络，使用瞻博网络 vSRX 虚拟防火墙实现下一代虚拟化防火墙服务，并使用瞻博网络 vMX 通用路由平台来实现运营商级虚拟化路由。瞻博网络研发(北京)有限公司为数据中心公司的网络运营中心、日用客户办公室、会议室和仓库提供更快、更可靠的连接。全球领先的信息技术服务公司 Atos 采用 Juniper 的数据中心创建标准的多合作伙伴、可重复的数据中心网络架构，使用 Apstra 快速、自动、无缝地部署和操作新的数据中心网络。

综上所述，如今产业界针对意图驱动网络都进行了大量的研究，且有一定的进展。同时，这也表明意图驱动网络的巨大发展前景和经济效益。但是现有关键技术和架构仍处于发展阶段，可应用程度较低，亟须实现关键技术的突破。

2.4 章节安排

意图驱动自智网络作为一种新兴的网络范例，将意图置于网络服务交付的核心位置。它采用解耦的分层网络控制模式和闭环的意图实施流程，可以实现网络管理的自动化。意图驱动自智网络的关键技术主要包括意图识别、意图至配置的转换，以及业务保障(包括网络与意图的一致性验证、意图的纠正和优化)。这些技术能够根据用户输入的意图，自动完成配置的生成、验证、优化和部署，以实现预期的网络状态，从而替代传统的手动网络管理与控制方式。本书的后续章节安排如下。

本书从内容上分概念篇、技术篇、应用篇和挑战篇四部分来描述意图驱动自智网络。概念篇包含第 1 章和第 2 章；技术篇包括第 3～6 章；应用篇包括第 7～10 章；挑战篇包括第 11 章。

第 1 章介绍意图驱动网络的研究背景及概念界定。第 2 章介绍意图驱动网络的研究现状及章节安排。第 3 章介绍意图转译的技术细节。第 4 章介绍意图闭环验证的技术细节。第 5 章介绍自主策略生成的技术细节。第 6 章介绍意图态势感知的技术细节。第 7 章介绍意图驱动自智网络在智能运维的应用。第 8 章介绍意图驱动自智网络在负载均衡的应用。第 9 章介绍意图驱动自智网络在 6G 编排的应用。第 10 章介绍意图驱动自智网络在卫星网络管控的应用。第 11 章介绍在意图通用大模型、意图全生命周期和意图驱动跨域协同三方面意图驱动自智网络面临的挑战。

参考文献

[1] Richard A. Autonomous networks: Empowering digital transformation for telecoms industry// TeleManagement Forum, Parsippany, 2019: 1-14.

[2] El-Moghazi M, Whalley J. IMT-2020 standardization: Lessons from 5G and future perspectives for 6G// The 49th Research Conference on Communication, Information and Internet Policy, Washington D.C., 2021: 1-37.

[3] Eckert T, Behringer M H. Using an autonomic control plane for stable connectivity of network operations administration and maintenance（RFC 8368）. Santa Clara: Internet Engineering Task Force, 2018.

[4] Gomes P H, Nordström K. Intent-driven autonomous networks（GR ZSM 011）. Sophia Antipolis: European Telecommunications Standards Institute, 2023.

[5] Alexander C, Laurent C, Lisandro Z, et al. Intent-based networking-concepts and definitions（RFC 9315）. Fremont: Internet Research Task Force, 2022.

[6] Li C, Havel O, Olariu A, et al. Intent classification（RFC 9316）. Fremont: Internet Research Task Force, 2022.

[7] Scheid E J, Machado C C, Franco M F, et al. Inspire: Integrated NFV-based intent refinement environment// 2017 IFIP/IEEE Symposium on Integrated Network and Service Management, Lisbon, 2017: 186-194.

[8] Ryzhyk L, Bjørner N, Canini M, et al. Correct by construction networks using stepwise refinement// The 14th USENIX Symposium on Networked Systems Design and Implementation, Boston, 2017: 683-698.

[9] Ouyang Y, Yang C, Song Y, et al. A brief survey and implementation on refinement for intent-driven networking. IEEE Network, 2021, 35（6）: 75-83.

[10] Foster N, Harrison R, Freedman M J, et al. Frenetic: A network programming language. ACM Sigplan Notices, 2011, 46（9）: 279-291.

[11] Yuan Y, Alur R, Loo B T. NetEgg: Programming network policies by examples// The 13th ACM Workshop on Hot Topics in Networks, New York, 2014: 1-7.

[12] Reitblatt M, Canini M, Guha A, et al. Fattire: Declarative fault tolerance for software-defined networks// The Second ACM SIGCOMM Workshop on Hot Topics in Software Defined Networking, New York, 2013: 109-114.

[13] Monsanto C, Foster N, Harrison R, et al. A compiler and run-time system for network programming languages. ACM Sigplan Notices, 2012, 47（1）: 217-230.

[14] Guha A, Reitblatt M, Foster N. Machine-verified network controllers. ACM Sigplan Notices, 2013, 48（6）: 483-494.

[15] Nelson T, Guha A, Dougherty D J, et al. A balance of power: Expressive, analyzable controller programming// The Second ACM SIGCOMM Workshop on Hot Topics in Software Defined Networking，Hong Kong, 2013: 79-84.

[16] Panda A, Scott C, Ghodsi A, et al. Cap for networks// The Second ACM SIGCOMM Workshop on Hot Topics in Software Defined Networking, Hong Kong, 2013: 91-96.

[17] Mogul J C, AuYoung A, Banerjee S, et al. Corybantic: Towards the modular composition of SDN control programs// The Twelfth ACM Workshop on Hot Topics in Networks, Maryland,

2013: 1-7.

[18] Lazaris A, Tahara D, Huang X, et al. Tango: Simplifying SDN control with automatic switch property inference, abstraction, and optimization// The 10th ACM International on Conference on Emerging Networking Experiments and Technologies, Sydney, 2014: 199-212.

[19] Soulé R, Basu S, Marandi P J, et al. Merlin: A language for provisioning network resources// The 10th ACM International on Conference on emerging Networking Experiments and Technologies, Sydney, 2014: 213-226.

[20] Ferguson A D, Guha A, Liang C, et al. Hierarchical policies for software defined networks// The First Workshop on Hot Topics in Software Defined Networks, Helsinki, 2012: 37-42.

[21] AuYoung A, Ma Y, Banerjee S, et al. Democratic resolution of resource conflicts between SDN control programs// The 10th ACM International on Conference on Emerging Networking Experiments and Technologies, Sydney, 2014: 391-402.

[22] Gutz S, Story A, Schlesinger C, et al. Splendid isolation: A slice abstraction for software-defined networks//The First Workshop on Hot Topics in Software Defined Networks, Helsinki, 2012: 79-84.

[23] Kim H, Reich J, Gupta A, et al. Kinetic: Verifiable dynamic network control// The 12th USENIX Symposium on Networked Systems Design and Implementation, Oakland, 2015: 59-72.

[24] Foster N, Guha A, Reitblatt M, et al. Languages for software-defined networks. IEEE Communications Magazine, 2013, 51 (2) : 128-134.

[25] Monsanto C, Reich J, Foster N, et al. Composing software defined networks// The 10th USENIX Symposium on Networked Systems Design and Implementation, Lombard, 2013: 1-13.

[26] Ferguson A D, Guha A, Liang C, et al. Participatory networking: An API for application control of SDNs. ACM SIGCOMM Computer Communication Review, 2013, 43 (4) : 327-338.

[27] Voellmy A, Hudak P. Nettle: Functional reactive programming of OpenFlow networks. New Haven: Yale University Department of Computer Science, 2011.

[28] Voellmy A, Kim H, Feamster N. Procera: A language for high-level reactive network control// The First Workshop on Hot Topics in Software Defined Networks, Helsinki, 2012: 43-48.

[29] Elkhatib Y, Coulson G, Tyson G. Charting an intent driven network// The 13th International Conference on Network and Service Management, Tokyo, 2017: 1-5.

[30] Narain S. Network configuration management via model finding. LISA. 2005, 5: 15.

[31] Kang J M, Lee J, Nagendra V, et al. LMS: Label management service for intent-driven cloud management// 2017 IFIP/IEEE Symposium on Integrated Network and Service Management. Lisbon, 2017: 177-185.

[32] Lee J, Kang J M, Prakash C, et al. Network policy whiteboarding and composition// 2015 ACM

Conference on Special Interest Group on Data Communication, London, 2015: 373-374.

[33] Prakash C, Lee J, Turner Y, et al. PGA: Using graphs to express and automatically reconcile network policies. ACM SIGCOMM Computer Communication Review, 2015, 45(4): 29-42.

[34] Beckett R, Mahajan R, Millstein T, et al. Don't mind the gap: Bridging network-wide objectives and device-level configurations// 2016 ACM SIGCOMM Conference, Florianopolis, 2016: 328-341.

[35] Beckett R, Mahajan R, Millstein T, et al. Network configuration synthesis with abstract topologies// The 38th ACM SIGPLAN Conference on Programming Language Design and Implementation, Barcelona, 2017: 437-451.

[36] Sköldström P, Junique S, Ghafoor A, et al. DISMI-An intent interface for application-centric transport network services// The 19th International Conference on Transparent Optical Networks, Girona, 2017: 1-4.

[37] Callegati F, Cerroni W, Contoli C, et al. Performance of intent-based virtualized network infrastructure management// 2017 IEEE International Conference on Communications, Paris, 2017: 1-6.

[38] Abhashkumar A, Kang J M, Banerjee S, et al. Supporting diverse dynamic intent-based policies using Janus// The 13th International Conference on emerging Networking Experiments and Technologies, Incheon, 2017: 296-309.

[39] Jacobs A S, Pfitscher R J, Ferreira R A, et al. Refining network intents for self-driving networks// The Afternoon Workshop on Self-Driving Networks, Budapest, 2018: 15-21.

[40] 李宇衡，刘晓洁．一种 SDN Intent NBI 的意图一致性问题解决方法．网络安全技术与应用，2018,(4): 14-16.

[41] 何发智，吕晓，蔡维纬，等．支持操作意图一致性的实时协同编辑算法综述．计算机学报，2018, 4: 840-867.

[42] Jacobs A S, Pfitscher R J, Ribeiro R H, et al. Deploying natural language intents with Lumi// The ACM SIGCOMM 2019 Conference Posters and Demos, Beijing, 2019: 82-84.

[43] Zeng H, Kazemian P, Varghese G, et al. Automatic test packet generation// The 8th International Conference on Emerging Networking Experiments and Technologies, Nice, 2012: 241-252.

[44] Guo C, Yuan L, Xiang D, et al. Pingmesh: A large-scale system for data center network latency measurement and analysis// 2015 ACM Conference on Special Interest Group on Data Communication, London, 2015: 139-152.

[45] Fayaz S K, Yu T, Tobioka Y, et al. {BUZZ}: Testing {Context-Dependent} policies in stateful networks// The 13th USENIX Symposium on Networked Systems Design and Implementation, Santa, 2016: 275-289.

[46] Zhang P, Li H, Hu C, et al. Mind the gap: Monitoring the control-data plane consistency in

software defined networks// The 12th International on Conference on Emerging Networking Experiments and Technologies, Irvine, 2016: 19-33.

[47] Perešíni P, Kuźniar M, Kostić D. Dynamic, fine-grained data plane monitoring with Monocle. IEEE/ACM Transactions on Networking, 2018, 26(1): 534-547.

[48] Bu K, Wen X, Yang B, et al. Is every flow on the right track: Inspect SDN forwarding with RuleScope// IEEE INFOCOM 2016-The 35th Annual IEEE International Conference on Computer Communications, San Francisco, 2016: 1-9.

[49] Handigol N, Heller B, Jeyakumar V, et al. Where is the debugger for my software-defined network// The First Workshop on Hot Topics in Software Defined Networks, Helsinki, 2012: 55-60.

[50] Zhao Y, Zhang P, Jin Y. Netography: Troubleshoot your network with packet behavior in SDN// NOMS 2016-2016 IEEE/IFIP Network Operations and Management Symposium, Istanbul, 2016: 878-882.

[51] Sköldström P, Junique S, Ghafoor A, et al. DISMI-an intent interface for application-centric transport network services// The 19th International Conference on Transparent Optical Networks, Girona, 2017: 1-4.

第 3 章　意图智能转译

意图转译技术是意图驱动网络实现的基础环节，是将用户意图需求转换为网络逻辑策略，并进一步形成物理网络配置的过程。意图转译技术旨在通过屏蔽底层网络技术细节使用户能够便捷地与网络进行交互，从而实现对网络的有效控制，满足不断变化的业务需求。

虽然意图转译技术可以提高网络管理效率，但是仍然存在严峻的挑战。首先，当前网络管控人员依赖低级语言制定网络策略，普通用户不具备网络专业知识和编程能力，导致无法便捷有效地管控网络。其次，在现有网络应用场景中，专业用户和普通用户声明意图的形式多种多样，同一网络需求可能对应多种表达方式。最后，网络服务接口复杂多样，意图转译能力难以支撑相关功能的自主应用。虽然 SDN、网络功能虚拟化（network functions virtualization，NFV）技术的发展使网络的开放能力有所提高，但是网络开放接口尚未实现标准化，在接口类型、接口模型方面都存在标准化不足的问题。

因此，需要设计标准化意图输入模型与意图原语，解决复杂接口问题，同时构建强泛化性和高精确性的模型和算法，以实现意图智能转译。下面对意图智能转译技术进行详细介绍。

3.1　意图智能转译定义

在意图驱动网络中，用户只需通过意图表达希望网络做出的动作或呈现的状态，而无需关注具体技术实现细节。然而，网络设备无法直接理解和执行用户输入的高抽象级别意图。因此，意图驱动网络需将意图细化为更详细的网络配置策略，这个过程称为意图转译。在本书中，意图转译包含意图解析和策略映射两个关键步骤。其中，意图解析允许用户以多种形式输入声明性的意图表达，并通过命名实体识别模型提取意图语义信息，将模糊意图转换为特定的意图元组。策略映射自主实现策略的映射，并检验解析意图的准确性、完备性，持续监测解析意图可能存在的冲突。意图转译流程如图 3.1 所示。

在此过程中，需要通用表征模型对意图全流程进行刻画。通用表征模型作为实现意图智能转译的基础，被定义为意图智能转译过程中的刻画手段，完成意图全生命周期的完备表征，保证意图智能转译的可扩展性和可迁移性。

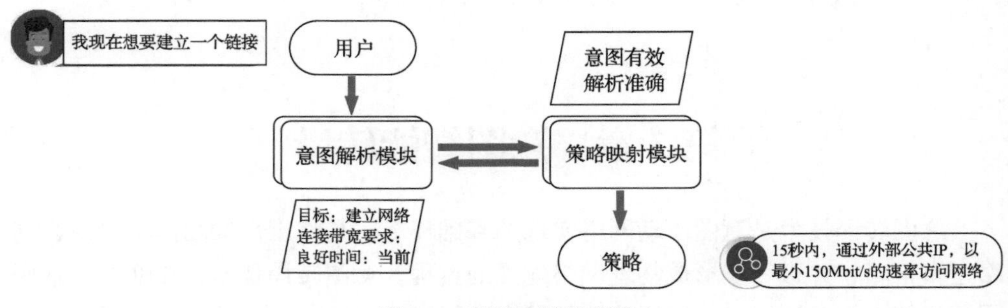

图 3.1　意图转译流程图

3.2　意图智能转译现状

意图转译指将用户意图转化为相应网络配置策略的过程。作为意图驱动网络的基础环节，意图转译将用户输入意图转化为网络设备可以执行的策略。本节介绍意图智能转译相应研究现状。

1. 意图表征模型现状

意图表征模型作为意图转译的基础，已得到广泛的研究，如表 3.1 所示。在 DISMI 中，为实现北向接口理解用户意图并转译为网络可执行的动作，预先设计了一套类似自然语言的语法规则[1]。该语法规则主要包括{nouns，actions，connectionpoints，selector，constraint}。Merlin 是一种新型 SDN 资源管理框架，网络管理员可以使用声明性语言中的程序表达高级策略，包括用于识别数据包集合的逻辑谓词、用于编码转发路径的正则表达式和用于指定带宽约束的公式等[2]。在该框架下，能够使用启发式算法求解带宽并生成可以在网元上执行的代码实现用户意图。

表 3.1　意图表征模型

研究方案	特性	文献
DISMI	预先设计了一套类似自然语言的语法规，主要包括{nouns，actions，connectionpoints，selector，constraint}	[1]
Merlin	可表达转发路径、数据包分类、数据报处理功能相关的意图，并且可设定最大最小带宽需求，在对动态性的支持上，子意图的带宽在父意图的带宽限定下可以变化	[2]
PGA	转译中间件功能并分析服务链，可表达路由，流量监控接入控制相关的意图，支持动态性意图但不支持服务质量意图，可表达并实现创建虚网，实现虚网中多对一、一对多的映射	[3]
Janus	支持更多的策略表达，包括时变、触发和服务质量等更多的动态性意图	[4]
INSpIRE	采用 CNL 将意图转译为一组配置，在同构环境和异构环境中提供服务链	[5]

同时，存在以策略抽象图(policy graph abstraction，PGA)表示网络策略的方式。它可以将底层网络基础设施抽象为端点，用简单直观的图表示端点间的网络策略[3]。在此基础上，Janus通过改进可以实现更多样化策略类型的表达，包括时变、触发和服务质量等更多的动态性意图[4]。Janus扩展了PGA的PGA模型，能够表示复杂的服务质量、动态状态和时变的策略。

INSpIRE采用CNL将意图转译为一组配置，在同构环境(仅有虚拟网络功能)和异构环境(虚拟网络功能、物理网络功能、中间件)中提供服务链[5]，继而分解意图并计算各软目标的标准价值，通过计算选择满足期望意图的中间件组成服务链。

2. 意图解析模型现状

由于用户通常以自然语言的形式输入意图，且表达形式多种多样，因此仅分析意图句式中的语法信息，难以全面提取有效参数。从语义角度解析意图是深层读取意图关键信息的有效途径，可提升意图转译技术的全面性、有效性、智能性。

神经网络、机器学习和NLP等工智能技术能够帮助用户完成语义分析与解析，甚至可以根据有限信息完成用户意图预测。张晓等利用双向门控循环单元模型学习高维度特征，采用条件随机场(conditional random field，CRF)对全局打分获取的最优序列来预测用户意图[6]。同时，使用递归神经网络模型处理语法树，利用分类器对根节点的输出进行分类得到意图也是一种语义解析的方式。除此之外，还有其他方式，例如基于注意力编码器-解码器结构的循环神经网络(recurrent neural network，RNN)模型，编码器最后的输出加上文本向量作为意图的分类[7]；在端到端学习框架中，通过引入其他用户信息，如声学、对话和文本等信息获取用户情感，增加其有效性[8]。传统句子解析任务是通过复杂的语法规则，将词法与逻辑表达式对应。为了解决这些方案缺乏灵活性的问题，基于RNN构建的具有强大预测能力的序列到序列模型被引入。借助序列到序列模型，句子被解析为一个线性逻辑结构，而不是手工编写异常复杂的句法和词法。同时，语义图因其与人类思维及知识图谱(knowledge graph，KG)的契合程度更高，也被引入句子解析。

3. 策略映射模型现状

策略映射模型实现由意图到生成策略，其中INDIRA架构利用NLP和本体论的方法在SDN控制平面和应用之间实现策略映射，意图经语法分析和翻译转换为RDF图，再到最终的网络命令[9]。翻译器从多重包含用户配置和拓扑细节的数据文件中获得输入。其输入意图是类似英语命令的高级语言，使用RDF规范识别服务和参数，可以进一步扩展到其他网络语义工具，并以修饰语作为附加的一组词加以补充的方式表征意图[10]。

进一步，Lumi 提出一个创新的意图框架，用于在大型异构网络中细化和部署意图，使用 DialogFlow 聊天界面与用户交互，同时使用命名实体识别和 Seq2Seq 方法处理意图，并导出为 JSON（JavaScript object notation, JS 对象简谱）格式文件[11]。最终，将结构化意图转换为网络配置，并验证是否与当前网络存在冲突。此外，基于双向长短期记忆神经网络（bidirectional LSTM，BiLSTM）-CRF 深度神经网络（deep neural networks，DNN）可以实现意图转译系统，通过在前端使用图形用户界面获取用户输入意图，进一步将用户意图转换为网络原语并反馈至用户确认，生成网络策略并下发至底层网络[12]。

现有的策略映射模型在特定场景下也存在广泛研究，在区块链选择场景下，Scheid 等[12]提出一种基于 CNL 的意图转译方法，实现底层细节的抽象。在可编程网络方面，基于意图网络理念的数据平面可编程的新方法 P4I/O 被提出。P4I/O 提供了一个意图驱动接口用于在交换机上安装或删除 P4 程序，并使用基于模板的方法将意图转化为 P4 代码实现交换机对数据包处理方式的改变[13]。在运营商网络场景下，引用意图转译技术，通过操作应用生成意图原语和北向接口将意图原语转化为网络设计语言并送入控制层，进而根据需求使用深度 Q 网络（deep Q-network，DQN）算法对资源进行计算和估计，并在虚拟网元中配置，使下行链路的吞吐量和满意度更高[14]。

综上所述，意图转译技术存在的问题及研究趋势是当前网络管控人员依赖低级语言制定网络策略。普通用户不具备网络专业知识和编程能力，无法便捷有效地管控网络。意图智能转译技术为网络管控人员和普通用户提供了将低级语言转译为网络可识别的标准意图表达式的方法，是实现意图驱动网络闭环管理的基础环节。然而，现存的意图自主转译技术存在语义信息解析不准确，缺少灵活性等问题，亟须实现具备通用性、自主性、精确性的意图转译。

3.3 意图智能转译模型

1. 通用意图表征模型

意图表征模型是实现自然语言表述意图到网络可识别意图转译的关键技术，作为意图全生命周期管理的第一环节，是解决北向接口统一性问题的关键。因此，结合普通用户与专业用户对网络管理、应用开发的广泛需求，设计满足多样化输入、全场景表征的通用意图表征模型，包括外部输入意图表征模型、内生意图表征模型。

1）外部输入意图表征模型

对于外部输入意图的转译，北向接口是用户和各类任务单位交互的窗口，便于用户通过编程方式高效管控网络资源。通过北向接口的桥接，网络管理员和用户可以通过图形化界面等便捷地运管网络，以声明性用户意图对网络进行管理。本节通过将意图表征为五元组形式，基于扩展巴克斯范式设计意图语法规则完成外部输入意图通用表征。

(1) 意图五元组。

本节介绍如何通过五元组形式表征意图，将用户近似于自然语言的意图表征为意图五元组<领域><属性><对象><操作><结果>。意图五元组既可用于表述网络操作，例如“在网关 A 和 B 之间加入防火墙”，也可用于表述期待的网络结果，例如“为虚拟网络运营商分配网络切片，保障视频业务的质量”。通过意图五元组可以实现网络意图的规范描述，保证意图的完备性和准确性。其中，领域描述业务标识，即链式业务、时间敏感网络业务、虚拟业务等；属性描述域内或域间任务等；对象描述源网络域、源节点、宿网络域、宿节、创建时间敏感网络业务接口等；结果描述期待的状态，包含链路标识、链路状态、时延、丢包率、当前带宽等。意图五元组如图 3.2 所示。

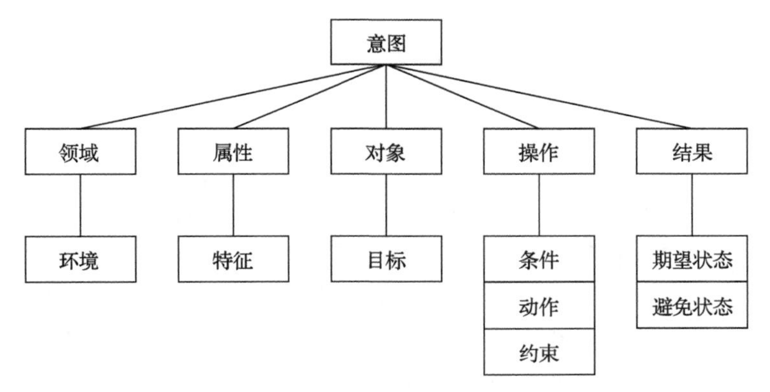

图 3.2　意图五元组

意图五元组基本描述如表 3.2 所示。意图元组结果的描述规则如表 3.3 所示。意图元组结果描述规则的表达形式如表 3.4 所示。

表 3.2　意图五元组基本描述

元组	基本描述
领域	Link service/TSN service/Virtual service/etc.
属性	intra-domain/inter-domain
对象	sourceNetwork/destNetwork/sourceNode/destNode
操作	start/stop/add/delete/ expansion-up/down/etc.
结果	bandwidth/priority/delay/packet loss/security/etc.

表 3.3　意图元组结果的描述规则

条目	描述规则
Bandwidth	<NUM><BANDWIDTH>
Priority	<ADJ>or<NUM><PRIORITY >
Delay	<NUM><DELAY>
Packet loss	<NUM><RATIO>
Security	<ADJ><SECURITY>

表 3.4　意图元组结果描述规则的表达形式

元组	基本描述
<ADJ>	best-effort/high/medium/least/etc.
<SECURITY>	security/protection/etc.

以无线网络领域资源分配问题为例，当意图为“网络在 5 分钟内进行高清话音业务和 8K 视频直播”时，经过意图表征转化的意图五元组如下。

<领域>：无线领域。

<属性>：高清话音、直播 8K、时长 5 分钟。

<对象>：虚拟运营切片。

<操作>：分配资源块。

<结果>：话音业务丢包率小于 1%，时延小于 5ms；话音帧发送成功率大于 98%；视频业务丢包率小于 1%，时延小于 50ms，网络抖动小于 10ms。

(2) 基于扩展巴科斯范式的规范化意图语法规则。

在将输入的无规则意图转换为规范的意图元组后，需要一种上下文无关的语法处理文本，设计一种可复用的意图语法。因此，设计基于扩展巴科斯范式的规范化意图语法规则，定义和描述用户意图的组成结构和语法规则。基于扩展巴科斯范式的意图语言是一种接近自然语言的中间意图表示语法，对不同的网络具备强可移植性。扩展巴克斯范式符号定义表如表 3.5 所示。

表 3.5　扩展巴克斯范式符号定义表

记号	含义
=	定义
,	连接符
;	结束符
		或
[⋯]	可选
{⋯}	重复

续表

记号	含义
(…)	分组
"…"	终端字符串
'…'	终端字符串
(*…*)	注释
?…?	特殊序列
-	除外

在意图驱动网络中，基于扩展巴科斯范式定义如下规则。

时间：<Start-Time>::= *start*<Qualifierl><Point-in-Time>

<End-Time>::= *end*<Qualifier2><Point-in-Time>

端点：<Endpoint>::=<At_Where> | <Route-Where>

<At_Where>::= *at*<Location>

<Route-Where>::= (<Source><Destination><Path>)

<Source>::="from"<Location>

<Destination>::="to"<Location>

意图：<intent>::= *intent*<Verb>[\ Task-Label \ ]

其中，at、from、to 为终端符号；非终端符号 Location 来自数据模型中的元数据，代表位置信息；非终端符号 Path 代表某一路径；终端符号 intent 代表用户意图；非终端符号 Verb 表示操作；非终端符号 Task-Label 是意图标识。详细的意图语法表示如下。

<intent>::='define intent'intent_name':'<commands>

<commands>::=<command>{'\n'<command>}

<command>::=(<traffic_types>|<location>|<priority>)+[<optional>]

<traffic_types>::='add'<traffic_type>{(','|',\n')<traffic_type>}

<traffic_type>::='traffic_type('traffic_type_id')'

<loaction>::='from'<domain>'to'<domain>

<domain>::='domain('domin_id')'

<priority>::=<odinary>|<high>|<highest>

<optional>::=<bandwidth>|<delay>

<bandwidth>::='bandwidth('bandwidth')'

<bandwidthlimit>::='bandwidthlimit('bandwidthlimit')'

<delay>::='delay('delay')'

<delaylimit>::=‘delaylimit（‘delaylimit’）’

基于意图语言可以构建功能强大且描述简单的意图，为结构化意图提供高级抽象。例如，输入意图“从用户 A 到用户 E 建立重要等级的视频链路”，可以表示为如下形式。

```
define
add intent traffficIntent
traffic（‘link’）
from domain（‘A’）
to domain（‘E’）
with latency（‘less’,‘10ms’）
bandwidth（‘more or equal’,‘100mbit/s’）
network type（‘IP’）
```

基于扩展巴科斯范式的管理语法有利于形成更快更好的决策过程，使人与人、人与机器、机器与机器之间的通信效率更高。同时，有助于增强系统之间的互操作和互迁移，实现在不同网络中实现无缝迁移，并且可以减少系统中的人工干预，减少甚至消除网络中的人工翻译错误；减少网络管理系统对管理人员数量的需求。

2）内生意图表征模型

下面面向网络内生意图构建意图本体模型实现意图统一表征，主要包含以下两个方面：

①设计内生意图本体转译模型，完成服务扩展与资源扩展；

②面向网络跨域管理中意图实体的歧义问题，提出意图实体对齐模型，引入本体提高跨域网络中意图转译过程的一致性。

本体是对某一领域中概念和关系的明确描述和规范化。本体的建模语言可以通过定义语法和语义来描述本体的结构和含义。常用的本体建模语言包括 RDF、资源描述框架架构（resource description framework schema，RDFS）和网络本体语言（ontology wed language，OWL）。

RDF 是一种用于描述资源和资源之间关系的语言，使用三元组（主体-属性-对象）的形式表示信息。RDF 提供了一种灵活的方式来组织和表示本体的数据。同时，提供了一种描述资源及其关系的简单语法，适用于在网络管理上下文中表示用户意图。

RDFS 是一种用于定义 RDF 资源类型和关系的语言。它提供了一组类和属性，用于描述 RDF 模型中的实体及其之间的关系。RDFS 可以用来扩展 RDF 模型，使其更具表现力和可读性。例如，通过定义类和子类之间的关系，可以更好地组织和理解 RDF 数据。

OWL 是一种基于 RDF 的本体建模语言，用于描述实体、类别、属性及其之间的关系。它可以提供丰富的语义表达能力，支持定义类的层次结构、关系的约束和推理规则。

(1) 基于 RDF 的内生意图模型本体构建。

这里采用 RDF 进行内生意图表征模型本体的构建，基于该本体的内生意图转译将意图需求中的源节点、目的节点等直观信息转换为网络可识别的形式，并通过分析意图需求的业务类型、优先级等语义信息，结合业务需求的带宽与网络可用带宽，为该业务分配适当的带宽。例如，对于“从 A1 到 B2 的文件自动传输”的内生意图，基于 RDF 的内生意图转译结果如图 3.3 所示。

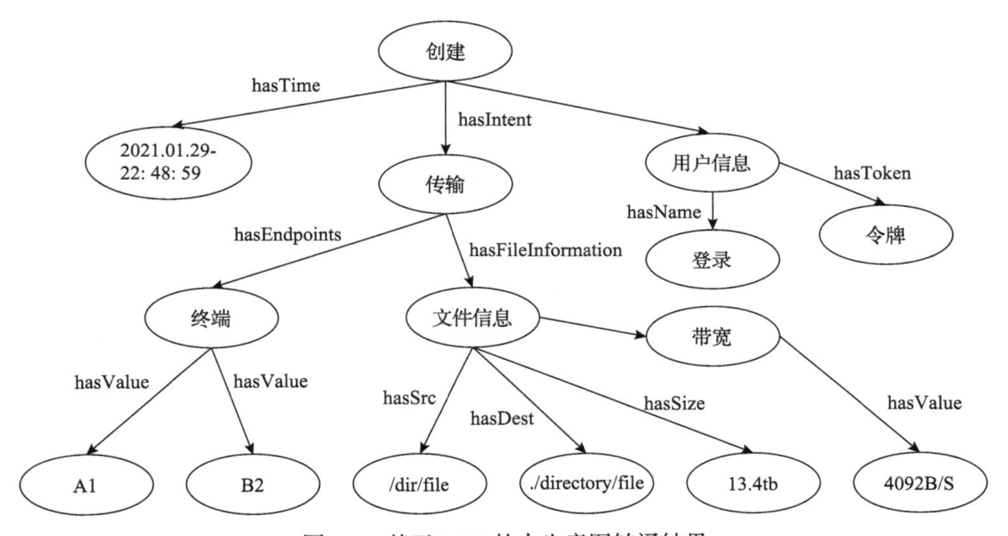

图 3.3　基于 RDF 的内生意图转译结果

内生意图的表示必须遵循结构化的方法，然而不同的实体具有不同的语义表达式，如需求、目标、约束等。TMF 的标准化意图通用模型(intent common model，ICM)由描述意图必需的知识实体组成。意图模型的根类是 icm:Element，所有意图描述和意图报告的类都是 icm:Element 的子类，意图描述和意图报告涉及的所有元素都是其子类的实例。意图和意图报告的类如图 3.4 所示。

意图报告在意图管理功能之间完成交互，用于报告意图管理信息和意图执行成功的信息。意图报告是由需求报告器推送的，创建报告的时间和内容是由意图中定义的先验条件决定的。意图可以由多个不同的期望类构成，每个期望类都必须至少有一个目标类，即可指定实现意图所需的资源。类 icm:InformationElement 中包括额外的上下文信息，可以提高态势感知能力，有助于意图引擎做出更好的决策，并跟踪意图的执行情况。类 icm:InformationElement 的子类之一为 icm:IntentManagementInformation，包含有关意图和意图报告的描述性信息，如时

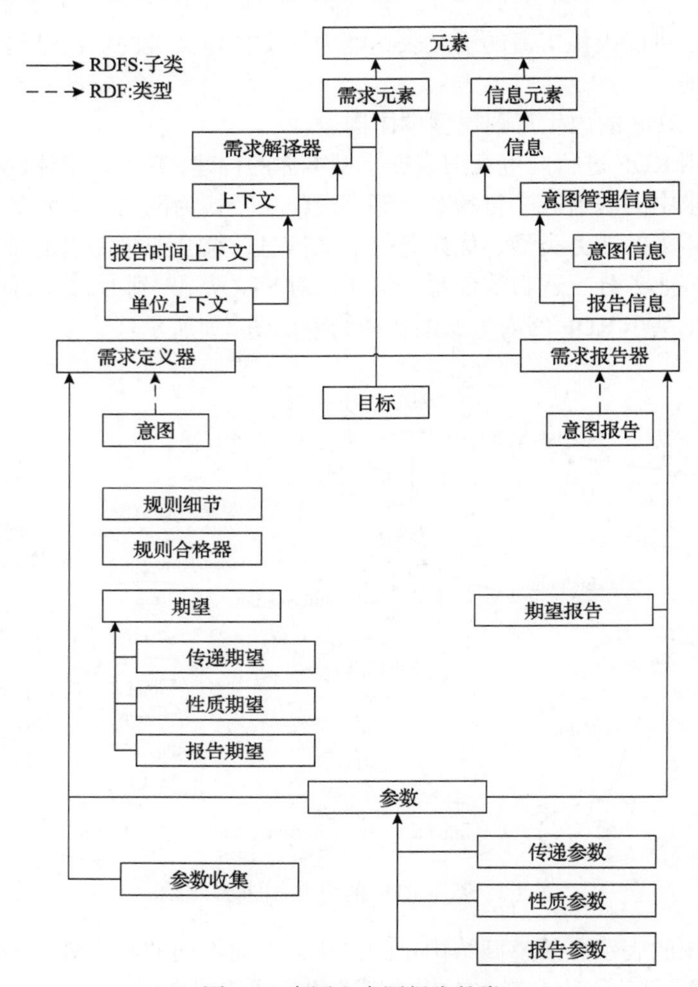

图 3.4 意图和意图报告的类

间戳、处理状态、用户等。

内生意图本体结构如图 3.5 所示。意图可以建模为一组期望，即 icm：Expectation 类。与意图类相关的属性为 hasExpectation，该属性允许根据需求规定多个独立的期望类。期望类相关的属性 hasTarget 用于为期望类分配目标，目标指定应该满足要求的资源。多个期望可以有相同的目标，即这些期望需要同一资源。期望中的需求通过参数集合来表达。

(2)基于本体的意图实体对齐模型。

网络内生意图可表征为基于本体建模语言的意图，解决意图规范表征的问题，进而通过基于本体的意图实体对齐模型解决意图语义冲突的问题。基于本体的内生意图对齐方法图如图 3.6 所示。

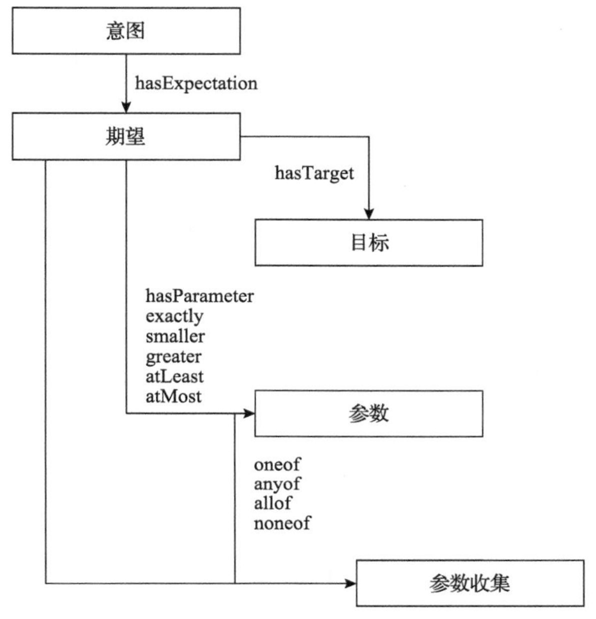

图 3.5　内生意图本体结构图

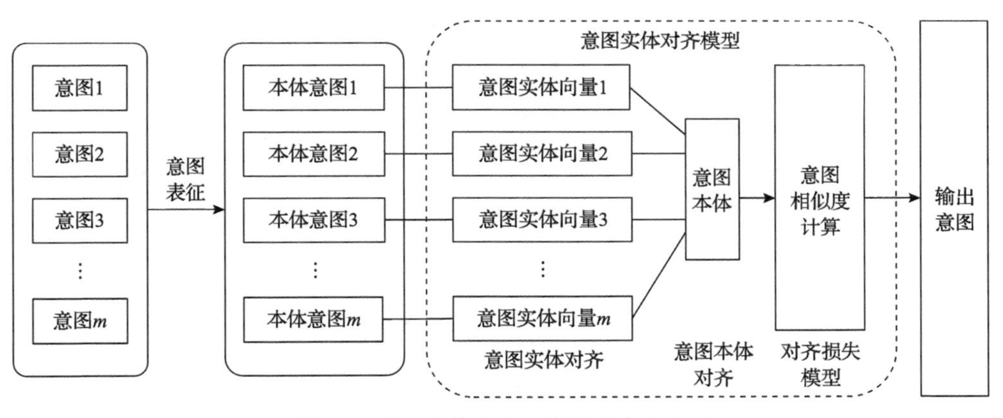

图 3.6　基于本体的内生意图对齐方法图

此外，在内生意图表征过程中，可能存在意图本体冲突的问题。这主要是网络环境、设备、协议和数据格式等因素不同导致的。例如，在网络延迟的描述中，地面网络和卫星网络会有显著的不同。基于本体的实体对齐示例图如图 3.7 所示。跨域网络对同一语义实体的内生意图可能存在多种描述方式，这容易引起意图转译错误，因此迫切需要构建实体对齐模型来解决内生意图表征中的意图本体歧义问题。

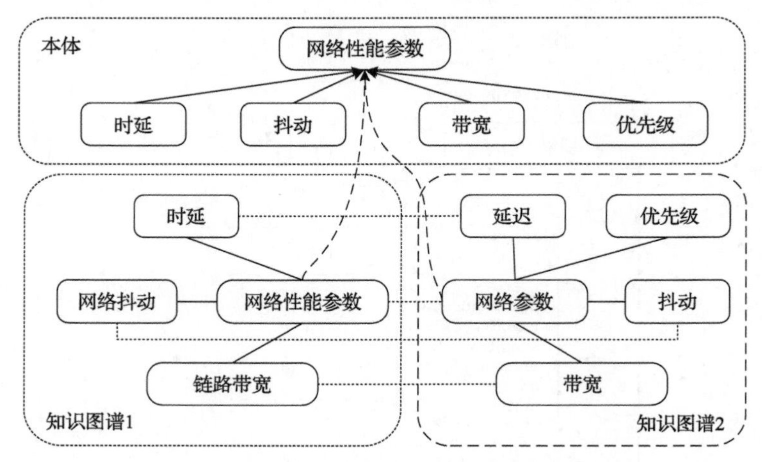

图 3.7　基于本体的实体对齐示例图

3) 基于本体的意图表征模型实现方法

本节提出基于本体的意图表征模型实现方法(图 3.8)，包括意图声明形式、意图通用模型、服务扩展模型和资源扩展模型。从知识库的维度来看，本节扩展了 TMF 的 ICM 本体模型，包括服务级别和资源级别的本体模型。通过基于本体的模型可实现意图驱动全生命周期知识管理，有效提升异构服务的管理准确性与效率。

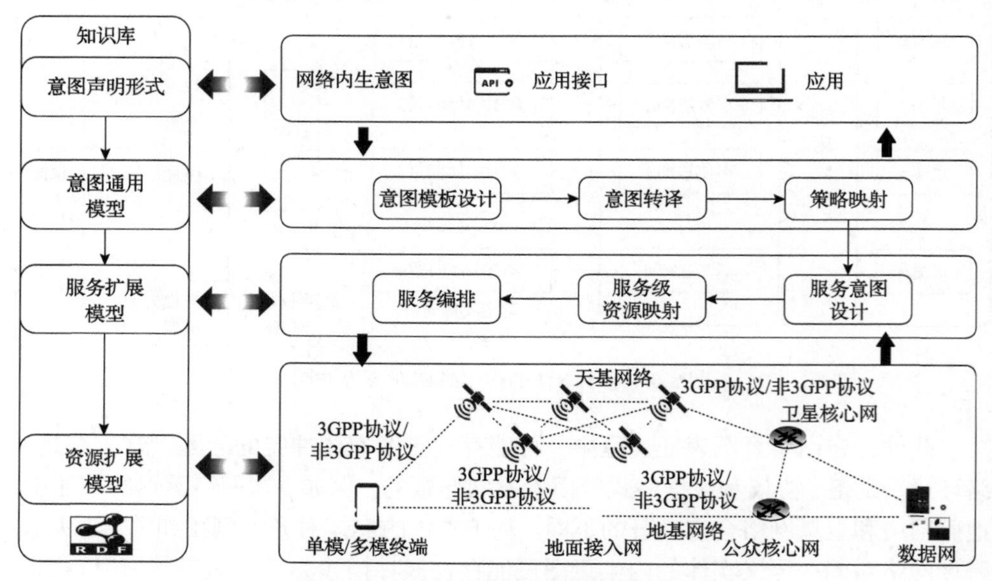

图 3.8　基于本体的意图表征模型实现方法

(1) 意图声明形式。

系统可通过接口接收网络事件消息形式的网络意图。基于本体的意图驱动网络管理以标准化和可互操作的数据格式表示意图，支持不同的用户、机器使用，同时作用于整个网络管理和编排生命周期中。

(2) 意图通用模型。

遵循 ICM，基于用户输入的意图与期望服务相关的上下文创建意图 RDF 图。针对用户请求建模服务意图的示例(图 3.9)包括服务和资源扩展模型。服务和资源扩展模型中包含根据 icm:DeliveryExpectation 和 icm:PropertyExpectation 描述服务期望的知识。该知识对应 ICM 的字段。经过验证，用户请求的服务及对应的参数被嵌入 ICM，以完成服务意图。一个服务意图可能对应一个服务，也可能包含多个服务。意图监测和报告目标可通过 icm:RequirementReporter 的知识库子类 icm:IntentReport 和 icm:ExpectationReport 来实现。通过 icm:Expectation 和 icm:Parameter 类的扩展模型表示的服务级别目标有助于为部署的意图生成定期报告。该报告包括向意图监测引擎提供的多个事件，可以更新意图的状态。这些事件代表意图在整个意图管理生命周期中的状态。关键的意图状态事件包括 icm:IntentStateReceived、icm:IntentStateCompliant、icm:StateDegraded、icm:StateUpdated、icm:StateFinalized 等。

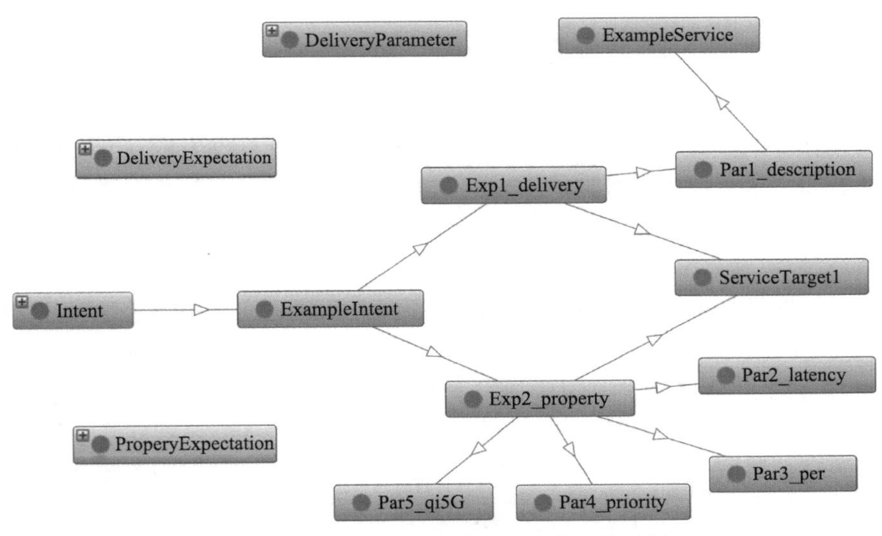

图 3.9　针对用户请求建模服务意图的示例

(3) 服务扩展模型。

服务扩展模型作用于意图驱动网络管理架构的网络意图层，将服务意图转换为可通过服务编排器快速部署的网络逻辑策略。同时，服务意图需要根据可用资源和服务模型在该层进行验证和编排。网络逻辑策略是通过查询知识库中的服务扩展模型创建的。网络意图示例如图 3.10 所示，包含部署用户意图所需的网络信息，仍需结合网络可用资源状态验证当前网络是否能够提供所需的资源。

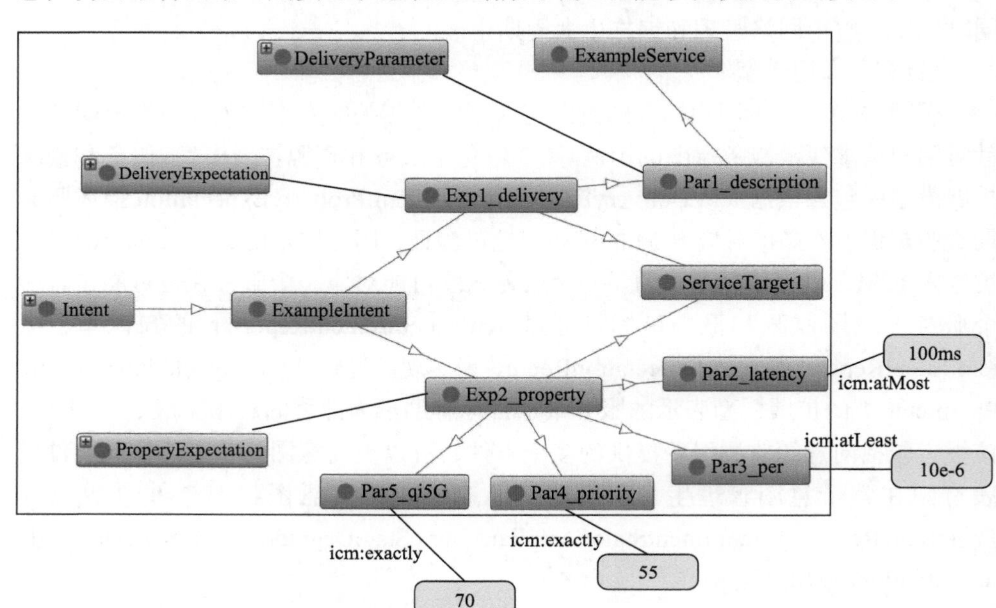

图 3.10　网络意图示例

验证过程结合可用资源的状态与意图请求的关键性能指标，分析资源分配结果是否存在冲突。验证过程通过服务模型中的资源验证查询完成，同时检查可用资源和意图请求对应的关键性能指标。完成此步骤后，针对各个网络域生成资源需求策略，通过网络切片创建请求表示。

(4)资源扩展模型。

资源扩展模型由可用的网络基础设施和相关资源组成，用于通过服务编排器请求的不同服务部署网络意图。资源模型信息作为意图本体模型(图 3.11)中 icm:Target 类的扩展和子类，以资源类型的形式存储于知识库中。基于 ICM 资源模型的扩展模型包括两种类型的 icm:targetResources。服务编排器向意图请求分配这些资源来部署网络意图。此外，资源扩展模型负责维护可用资源和已利用资源的目录，并根据服务级别目标，确保已部署服务的有效性。资源信息在知识库中实时更新，并向上层提供意图监测报告。ICM 中的 icm:intentAccepted 状态表示给定网络意图的服务编排已完成。

本节构建了一个通用的内生意图本体模型，可以有效解决意图转译过程中意图实体的冲突消解问题。这一模型能够统一表征异构运维意图，并实现跨域网络和跨厂商设备之间的本体构建。此外，该模型支持网络内生意图转译模型的可扩展性、可重用性和可迁移性，可以为意图驱动网络管理系统在未来网络中的应用提供支持。

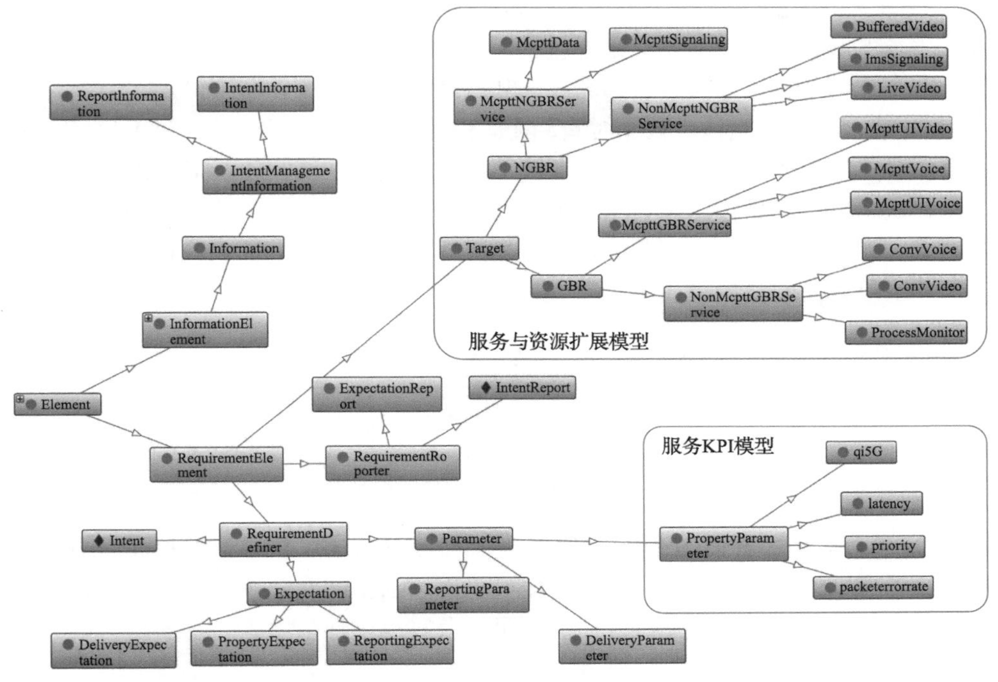

图 3.11　意图本体模型

2. 主动意图解析模型

主动意图解析模型使用 NLP 技术将用户自然语言形式表达的抽象意图转换为机器可读的形式。该模型可用于复杂异构的网络环境中处理多样化用户意图的过程，实现人类可读的用户期望意图在网络管理过程中也是机器可理解的。对来自用户的声明式意图，在网络能力及其相关服务质量约束方面对服务需求进行了抽象。以意图驱动卫星网络的意图解析为例，详细论述意图解析方案设计和评估指标等。首先，构建业务类型。3GPP 组织主要依据业务对时延的敏感度定义了四大类基本业务类型，即会话类业务、流媒体类业务、交互类业务、后台类业务。

(1) 会话类业务指多个移动终端用户之间的会话交流，属于实时性业务。其中，最关键的服务参考指标为传输时延，时延抖动也是一个重要指标，通常需要将该类业务映射成为最高优先级。其典型业务包括语音通话、视频通话等。

(2) 流媒体类业务属于单向数据流传输的实时性业务。该类业务的主要服务质量参考指标是时延和时延抖动，对丢包率要求不高。其典型业务包括视频业务、音频业务等。

(3) 交互类业务主要指终端用户与远程设备进行数据交互的一类业务。该类业务最主要的服务质量参考指标是丢包率，对时延和抖动无严格要求。其典型业务包括网页浏览、数据库检索、移动商务和网络游戏等。

(4) 后台类业务对传输数据时间、时延和时延抖动无严格要求，对丢包率要求很高。其典型业务包括邮件传输、上传下载文件、云存储，以及多媒体短信等。

其次，进行场景构建。对于意图驱动的卫星网络，不同的场景和用户有不同的要求、期望和优先级。因此，需要根据具体场景和用户的需求进行特定处理。典型的卫星通信网络场景如图 3.12 所示。

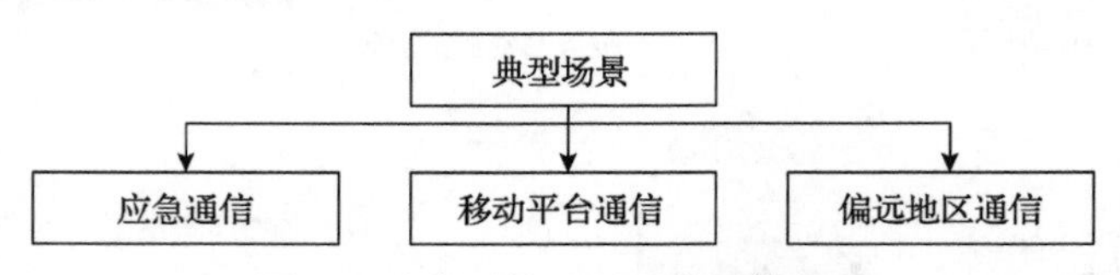

图 3.12　典型的卫星通信网络场景

(1) 应急通信主要面向地震、洪水、冰雪等自然灾害发生导致的地面网络大面积毁坏场景下的通信。此时，卫星通信成为保障通信的有效手段，可以弥补地面网络在抗毁应急、安全保障等方面的不足，及时提供通信服务，主要以会话类和流媒体类业务为主。

(2) 移动平台通信主要面向舰船、飞机、车辆等移动载体。其在一些野外工作地区，如石油、测绘、林业等行业对卫星通信有强烈的需求，以移动卫星服务为主，主要传输数据包括语音、短信、图片数据等。

(3) 偏远地区通信主要向没有地面硬件资源或地面通信无法全覆盖的地区用户。例如，偏僻地区设地面基础通信设施难度大、花费高，而采用卫星通信较多，通常以广播卫星服务为主，直接面向消费者的电视和宽带应用，需要传输以图像、声音、视频相结合的多媒体业务，可以满足高速率和交互式等特点。综上，根据不同通信场景，场景业务分类表如表 3.6 所示。

表 3.6　场景业务分类表

场景	业务	主要用户群体
应急通信	会话类业务、流媒体类业务、后台类业务	专业用户、普通用户
移动平台通信	会话类业务、流媒体类业务、后台类业务	普通用户、专业用户
偏远地区通信	会话类业务、流媒体类业务、交互类业务、后台类业务	普通用户、专业用户

由于深度学习主要利用大规模已标注数据集训练模型，一般数据集规模越大，模型学到的隐含特征越多，泛化性越好。但在实际应用于相关限定领域时，数据

集严重匮乏，为解决训练数据集不足的问题，目前的主流做法是利用迁移学习，即利用少量数据集在预训练语言模型上进行微调，最大限度地提高模型的准确率。

1）意图分类模型设计

意图分类模型采用基于 ALBERT（a lite BERT）与文本卷积神经网络（text convolutional neural network，TextCNN）为共享层的多任务模型。相较于单任务模型，多任务模型是多个任务并行处理，可以减少推理延时，缓解模型过拟合现象。TextCNN 是一维卷积模型，其网络结构简单，参数数目少、计算量少，以及收敛速度快等优势，在引入已经训练好的词向量仍具有较好的效果。综合 ALBERT 和 TextCNN 的优点，既可保证模型预测精度，也能保证模型推理速度。意图分类流程如图 3.13 所示。

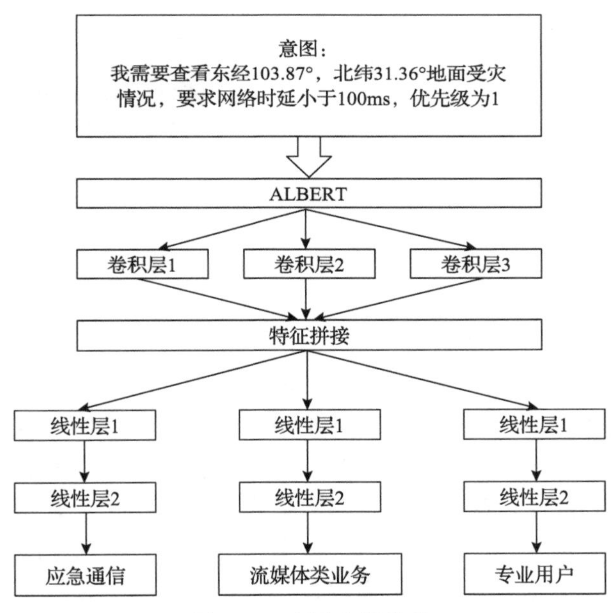

图 3.13　意图分类流程

在意图分类模型中通信场景识别、用户类型识别，以及业务类型识别是三个独立任务。前两者属于多分类问题，后者属于多标签分类问题。本质都属于分类问题，具有高度相似性，在综合考量模型推理速度、模型泛化性等多种因素后，采用基于 ALBERT 与 TextCNN 为共享层的多任务模型解决意图分类问题。

2）意图提取模型设计

意图提取模型包括构建意图语料数据集、构建 BMEO（begin，middle，end，other）实体标签、意图实体识别和输入意图实体，如图 3.14 所示。针对网络场景中用户需求与对应网络策略构建意图语料数据集，数据集具有领域专用性。实体标签能够对数据集进行标注，是意图实体识别的基础步骤。意图实体识别可通过基于 ALBERT 的双向长短时记忆网络和条件随机场(a lite BERT- bidirectional long short-term memory conditional random field，ALBERT-BiLSTM-CRF)的识别模型将有效实体提取出来，输出意图实体。

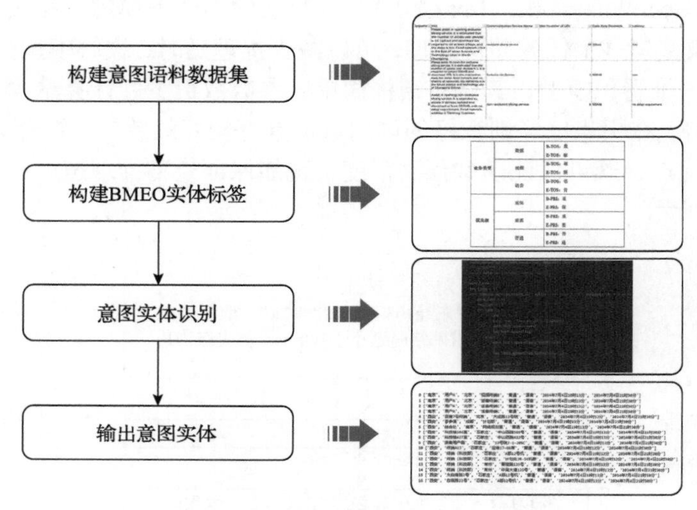

图 3.14　意图提取模型

(1)意图实体序列标注方法。

根据网络场景中用户意图可能的表达形式构建意图语料数据集，可以涵盖各种不同的意图表述示例，确保意图实体识别模型在各种上下文中进行训练并进行良好的泛化。意图语料数据集可以分为训练集、验证集、测试集，然后对训练集和验证集进行序列标注。序列标注指对数据序列中的每个元素分配一个标签。该标签对应特定的类别或类型。在命名实体识别中，输入序列中的元素可能是句子中的单词。标签指示每个单词是否表示人、组织、地点、其他类型的实体。常用的序列标注方法包括 BIO(begin，inside，outside)、BMEO、IOB(inside，outside，begin)等。采用 BMEO 序列标注法完成意图实体序列标注，它是一种用于标注序列数据(如文本)的方法，通常用于 NLP 任务[9]。在 BMEO 标注中，序列中的每个标记都被分配一个标签，表示它是实体的开始(B)、中间(M)、结尾(E)，或者不属于任何实体(O)，使用时可根据场景需求自定义标签。在此，结合示例进行介绍，针对意图："我要开一个高清视频会议"，使用 BMEO 标注的结果如下。

我(B-PER)

要(O)

开(O)

一(O)

个(O)
高(B-QUA)
清(E-QUA)
视(B-TAS)
频(M-TAS)
会(M-TAS)
议(E-TAS)

其中，自定义标签 PER 表示人员；QUA 表示质量；TAS 表示任务类型。

意图语料数据集可根据其他应用场景，以及新的任务需求进行扩展与序列标注，通过 ALBERT-BiLSTM-CRF 模型完成意图实体识别。

(2)外部输入意图实体识别。

基于 ALBERT-BiLSTM-CRF 的意图实体识别模型结构(图 3.15)包括 ALBERT 层、双向长短时记忆网络(bidirectional long short-term memory，BiLSTM)层、CRF 层。序列化文本为模型的输入，输出为相应的标注序列。具体地，ALBERT 层将输入的字符输入转换为向量形式，BiLSTM 层提取上下文特征输出特征向量，CRF 层对特征向量进行归一化处理，最终输出全局最优的标注序列。

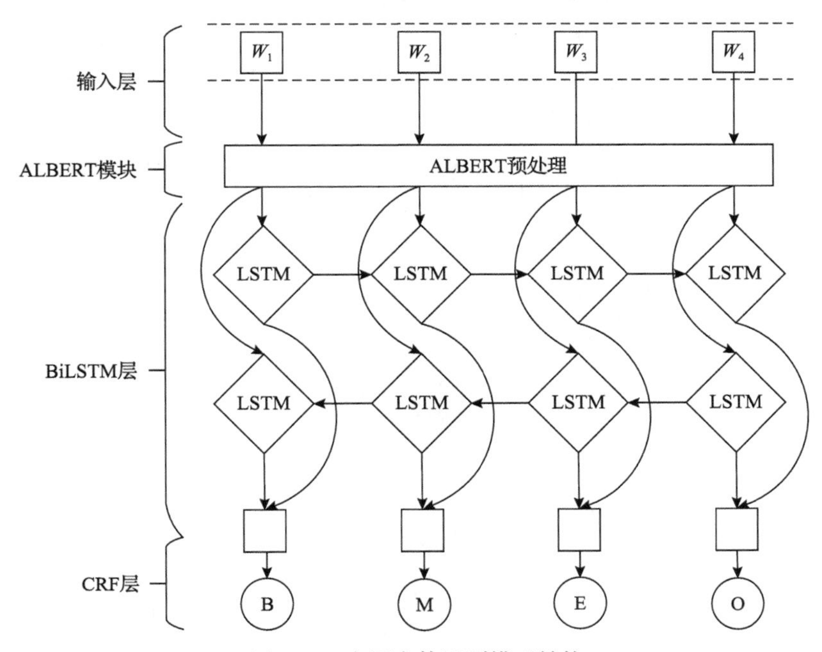

图 3.15　意图实体识别模型结构

ALBERT 是一个基于 Transformer 的 NLP 模型，通过自监督学习，从大量无标注文本中学习语言表示。ALBERT 利用参数共享、句子顺序预测、嵌入参数分解等技术提高模型的训练速度和泛化能力。因此，ALBERT 在命名实体识别、关系提取等领域得到广泛应用。

BiLSTM 是一种 RNN 变体，用于处理序列数据。它可以对序列数据进行前向和后向传递，从而捕捉序列中的上下文信息，以提高模型预测的准确性。BiLSTM 模型的核心是 LSTM 单元。每个单元由输入门、遗忘门和输出门组成。输入门控制哪些信息应该被添加到单元状态中；遗忘门控制哪些信息应该从单元状态中删除；输出门决定将单元状态中的哪些信息输出给下一个单元或作为最终输出。BiLSTM 模型由一个前向 LSTM 和一个后向 LSTM 组成。前向 LSTM 按照输入序列的顺序处理输入，后向 LSTM 按照输入序列的逆序处理输入。定义时刻 t 的隐状态分别为 $\vec{h}_t$ 和 $\overleftarrow{h}_t$，其中 $\vec{h}_t$ 称为前向 LSTM，$\overleftarrow{h}_t$ 称为后向 LSTM，即

$$\vec{h}_t = f\left(U^{(1)}h_{t-1}^1 + W^{(1)}x_t + b^{(1)}\right) \tag{3-1}$$

$$\overleftarrow{h}_t = f\left(U^{(2)}h_{t-1}^2 + W^{(2)}x_t + b^{(2)}\right) \tag{3-2}$$

$$h_t = \vec{h}_t \oplus \overleftarrow{h}_t \tag{3-3}$$

其中，$\oplus$ 为向量拼接操作；h_t 为双向 LSTM。

最终，前向和后向 LSTM 的输出拼接在一起形成一个新的向量表示，作为最终的输出。这个向量表示包含输入序列中每个单词或字符的上下文信息，可以用于序列标注任务。按时间展开的双向 LSTM 如图 3.16 所示。

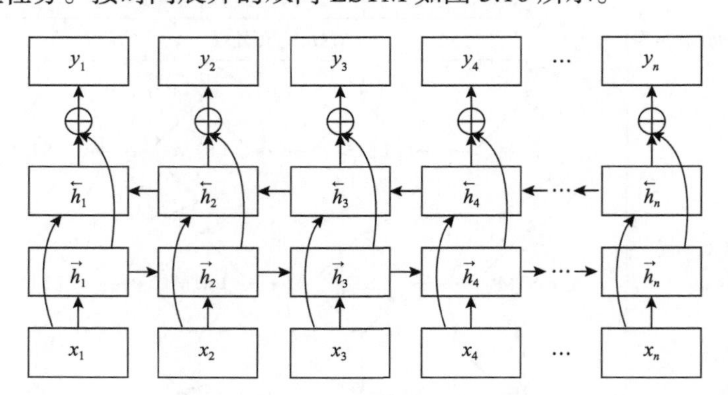

图 3.16　双向 LSTM

CRF 模型是一种用于序列标注的概率图模型，用于描述给定观测序列和输出序列之间的概率分布，是一种直接建模条件概率的无向图模型。随机变量的集合称为随机过程，在一个空间变量中进行索引的随机过程称为随机场。在序列标注任务中，假设 x、y 都是一组随机变量，$p(y|x)$ 表示在一组输入 x 的情况下，输出一组变量 y 的条件概率分布，其中 y 表示马尔可夫随机场，那么 $p(y|x)$ 称为条

件随机场。

在 CRF 建模的条件概率 $p(y|x)$ 中，y 一般为随机向量，因此需要对 $p(y|x)$ 进行因子分解。假设 CRF 的最大集合为 c，条件概率为

$$p(y|x,\theta)=\frac{1}{Z(x,\theta)}\exp\left(\sum_{c\in C}\theta_c^{\mathrm{T}}f_c\left(x,y_c\right)\right) \tag{3-4}$$

其中，θ_c 为权值向量；θ 代表所有势能函数中的参数 θ_c；$Z(x,\theta)$ 为归一化项，即

$$Z(x,\theta)=\sum_y\exp\left(\sum f_c\left(x,y_c\right)^{\mathrm{T}}\theta_c\right) \tag{3-5}$$

线性链 CRF 的条件概率公式为

$$p(y|x,\theta)=\frac{1}{Z(x,\theta)}\exp\left(\sum_{t=1}^{T}\theta_1^{\mathrm{T}}f_1\left(x,y_t\right)+\sum_{t=1}^{T-1}\theta_2^{\mathrm{T}}f_2\left(x,y_{t+1}\right)\right) \tag{3-6}$$

其中，f_1 为状态特征，一般与位置 t 相关；f_2 为转移特征，一般使用状态转移矩阵表示。

针对意图实体识别，本节使用精确率(Precision)和 F_1 两个评价指标来评估实验结果。首先定义混淆矩阵，如表 3.7 所示。

表 3.7　混淆矩阵

指标	含义
True Positive (TP)	将正类预测为正类的数量
False Negative (FN)	将正类预测为其他类的数量
False Positive (FP)	将其他类预测为正类的数量
True Negative (TN)	将其他类预测为其他类的数量

由混淆矩阵依次算出准确率、精确率、召回率、F_1 值，分别使用变量 Acc、Precision、Recall、F_1 表示，计算公式为

$$\mathrm{Acc}=\frac{\mathrm{TP}+\mathrm{TN}}{\mathrm{TP}+\mathrm{TN}+\mathrm{FP}+\mathrm{FN}} \tag{3-7}$$

$$\mathrm{Precision}=\frac{\mathrm{TP}}{\mathrm{TP}+\mathrm{FP}} \tag{3-8}$$

$$\mathrm{Recall}=\frac{\mathrm{TP}}{\mathrm{TP}+\mathrm{FN}} \tag{3-9}$$

$$F_1 = \frac{2 \times \text{Precision} \times \text{Recall}}{\text{Precision} + \text{Recall}} \tag{3-10}$$

由于意图分类包含多分类和多标签分类问题，不能直接采用 Acc 和 F_1 进行评价，因此采用宏平均精确率、宏平均 F_1 作为意图分类性能评估指标，分别使用变量 Macro_Precision 和 Macro_F_1 表示，计算公式为

$$\text{Macro\_Precision} = \frac{1}{N}\sum_{i=1}^{N}\text{Precision}_i \tag{3-11}$$

$$\text{Macro\_F}_1 = \frac{1}{N}\sum_{i=1}^{N}F_1^i \tag{3-12}$$

其中，N 为类别总数；i 为第 i 个类别。

3. 精准策略映射模型

策略映射模型通过确定性有限自动机实现，确定性有限自动机是一种数学模型。它不但可以表达有限的状态，以及状态间的转换，而且能够对系统内业务逻辑的完备性和正确性的分析提供支持。因此，广泛应用于系统行为描述和软件工程开发等领域。有限自动机通常包含状态、事件、转换、动作等 4 个要素。

1）有限自动机概念

状态指某一时刻有限自动机系统的详细状况。系统从开始到终止的整个运行过程会经历多种状态。状态一般不会是单一的，但是状态的数量是有限的。这些状态构成了一个能够描述系统从开始到结束整个过程中所有系统状况信息的有限状态集。如果系统处于某个状态，那么系统一定满足某些条件或执行了某个动作。

事件分为外部事件和内部事件，是有限自动机系统运行中出现的一种特定现象，可以使系统进入状态转换过程，并从一种状态切换到另一种不同的状态。事件是状态机状态改变的输入条件，是系统定性或定量的数据输入转换而来的。来自系统外部的事件称为外部事件；来自系统内部的事件称为内部事件。

转换则为有限自动机系统从某种状态转移至另一种状态的过程，转换由事件触发，也称转移。

动作指有限自动机系统在进行状态转移时执行的一组控制操作。动作在运行过程中不会被中断。动作包括转移动作、进入动作、退出动作等。其中，转移动作指转移时进行的动作；进入动作指进入状态时进行的动作；退出动作指退出状态时进行的动作。

可以使用五元组描述有限自动机，即

$$M = \left(Q, \Sigma, \delta, q_0, F\right) \tag{3-13}$$

其中，Q 为若干个状态组成的集合，且状态数量有限；Σ 为若干个输入符号组成的集合，且符号数量有限；δ 为转换函数；q_0 为有限自动机的初始状态；F 为 Q 的子集，代表有限自动机的终结状态集合。

有限自动机从 q_0 开始，根据当前状态、输入和 δ 确定有限自动机之后的状态。有限自动机状态转移图如图 3.17 所示。有限自动机有两种状态，分别是状态 1 和状态 2。当前状态为状态 1 时，如果输入条件为输入 1，对应的动作就是动作 1，那么状态将转移至状态 2。如果输入条件为输入 2，对应的动作就是动作 4，那么状态将转移至状态 1。如果当前状态为状态 2，输入条件为输入 2，对应的动作就是动作 2，那么状态将转移至状态 1。如果输入条件为输入 1，对应的动作就是动作 3，那么状态将转移至状态 2。有限自动机还可以用状态转移表来表示。状态转移表能够清晰描述有限自动机的状态转移逻辑，与状态转移图相比更加逻辑严密和便于软件实现。表 3.8 是图 3.17 对应的状态转换表。

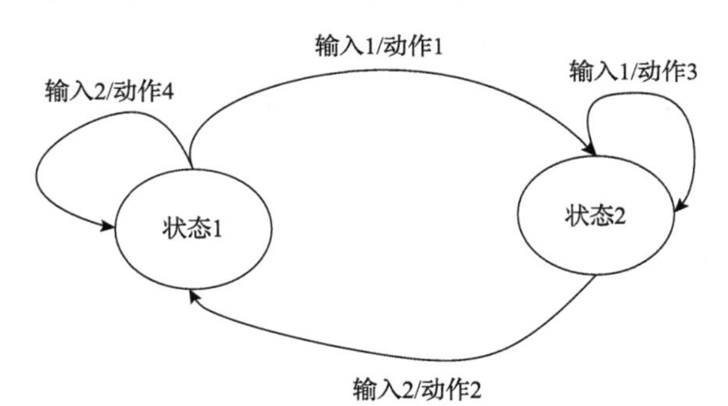

图 3.17　有限自动机状态转移图

表 3.8　状态转移表

当前状态	输入	下一状态	动作
状态 1	输入 1	状态 2	动作 1
状态 1	输入 2	状态 1	动作 4
状态 2	输入 2	状态 1	动作 2
状态 2	输入 1	状态 2	动作 3

2）基于有限自动机的策略映射实现

在意图网络策略生成过程中，构建网络策略有限自动机模型。网络策略有限自动机模型如图 3.18 所示。其中，ForState 为初始状态，Policy、DefaultPolicy 为终止状态，UserS、Timeframe 为复合状态，Bandwidth、Delay 等为原子状态。

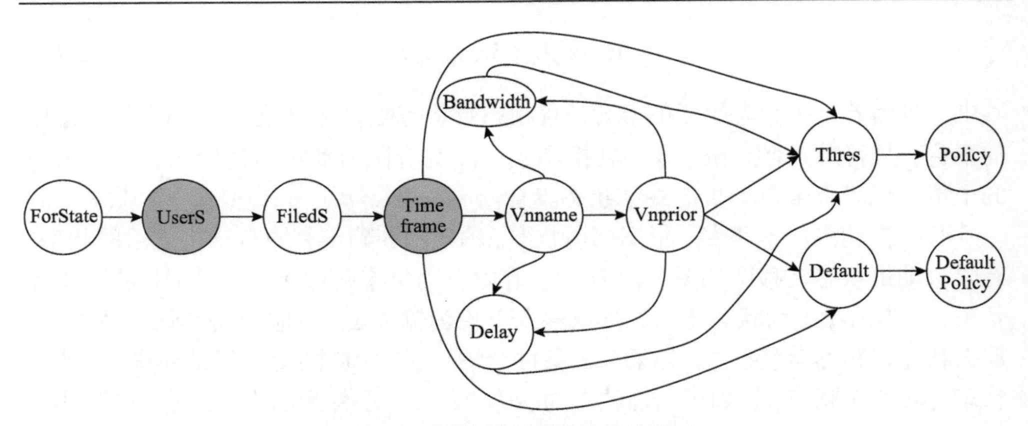

图 3.18　网络策略有限自动机模型

用户状态如图 3.19 所示。其中，ForState 为初始状态，当标志为“for”时进入 UserS，否则报错。在 UserS 状态下获取用户名，当标志为“and”或“,”时返回 UserS，即系统可以为多个用户定义意图，因此可以重复访问 UserState。时间状态如图 3.20 所示。当标志为“from”时进入 Starttime，标志为“until”时进入 Stoptime，当 Stoptime 超过 Starttime 时报错，通过基于有限自动机的策略生成模型，最终可以得到对应的网络策略，实现意图到策略的精准转译。

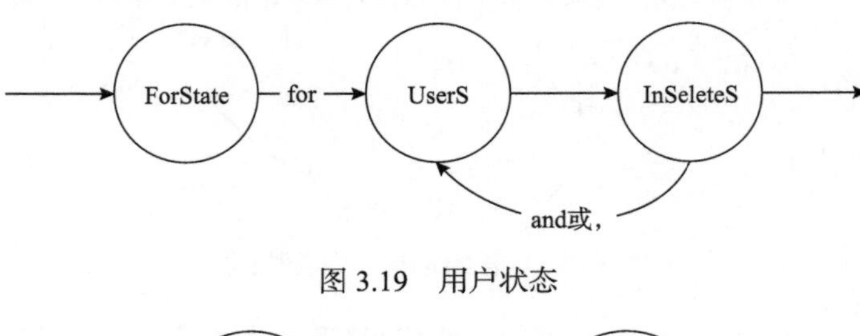

图 3.19　用户状态

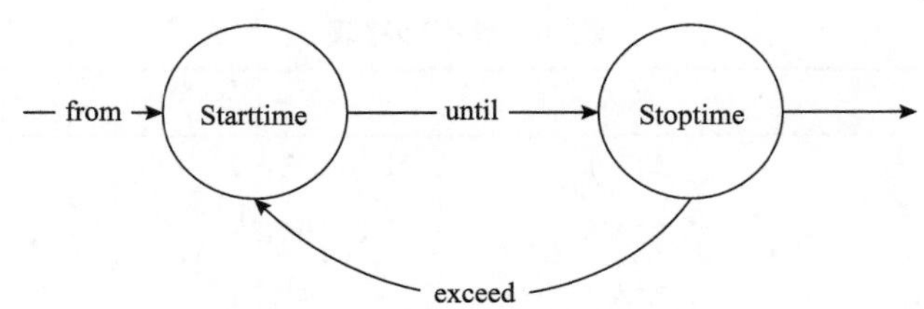

图 3.20　时间状态

本节针对用户外部输入意图存在的用户类型多样带来的意图形式难统一、网络业务场景复杂带来的通信需求变化大等问题，设计了基于 NLP 的外部输入意图智能转译方法，实现网络管理中的用户异构意图精准转译。面向多样化用户意图输入和多业务场景意图转译需求，为专业管理人员和普通网络用户提供声明式的意图描述方式，通过与底层细节分离的应用层需求实现跨域意图转译、跨平台可移植性。进一步，针对意图实体映射精准的网络逻辑策略问题，设计基于确定有限自动机的网络逻辑策略生成模型，为用户屏蔽具体网络技术，简化上层应用与底层控制器之间的交互。基于NLP的外部输入意图转译技术有助于实现智简化网络管理、高效化业务下放、新服务快速上线和网络部署自优化。

3.4　意图智能转译流程

针对用户高级别抽象意图 $I=\{i\}$，意图智能转译技术通过意图解析、策略生成等自动化技术，将用户对网络的期望自动化地编译为由意图五元组构成的网络逻辑策略 $P=\{d_i,a_i,oj_i,op_i,r_i\}$ 与一组物理网络配置命令 $C=\{c_i\}$。研究自然语言外部输入的意图转译方法旨在同时为专业管理人员和普通网络用户提供声明式的意图描述输入方式与转译模型，通过与底层细节分离的应用层需求实现跨域意图转译、跨平台可移植性。

由此可知，面向用户输入意图、网络内生意图的意图智能转译流程如图3.21所示。用户输入意图通过NLP完成意图关键信息的提取，实现对用户意图的解析过程，进一步通过确定有限自动机(deterministic finite automaton，DFA)的意图策略映射方法形成网络逻辑策略。网络内生意图则通过基于本体的模型和意图本体对齐模型完成意图规范化表征，同时实现网络需求信息的解析，进一步形成网络可识别的逻辑策略。网络逻辑策略结合网络当前状态与可用资源，生成物理网络配置，下发到具体网元设备中。

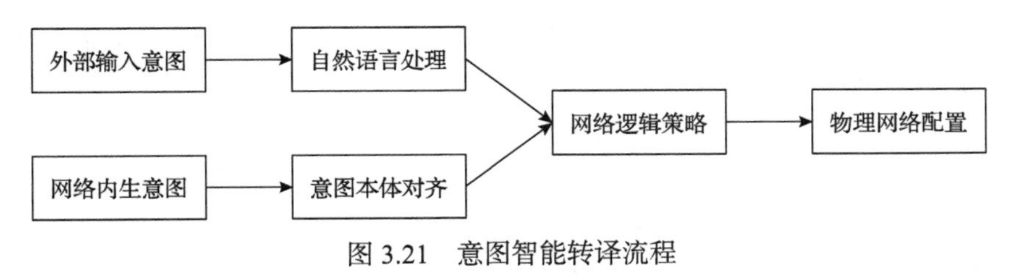

图3.21　意图智能转译流程

3.5　智能转译系统搭建

意图转译可以在获取网络全局状态的条件下，基于用户任务意图自动搭建和操作闭环网络架构。本节设计的意图智能转译系统可以实现自动化的开通、撤销，根据用户网络意图和全局网络态势，自动调整网络带宽、路径、服务部署等能力。

意图智能转译系统框架如图 3.22 所示。意图转译模块由意图输入前端界面、意图引擎、Django 框架和数据库构成，底层网络由一体化网络管控系统和跨域网络构成。各网络域具有独立的控制器。意图输入前端与意图转译后台采用 HTTP 进行交互，意图转译后台与一体化网络管控系统采用 REST API 进行交互。意图引擎提供意图转译能力，将用户意图转换为网络逻辑策略。

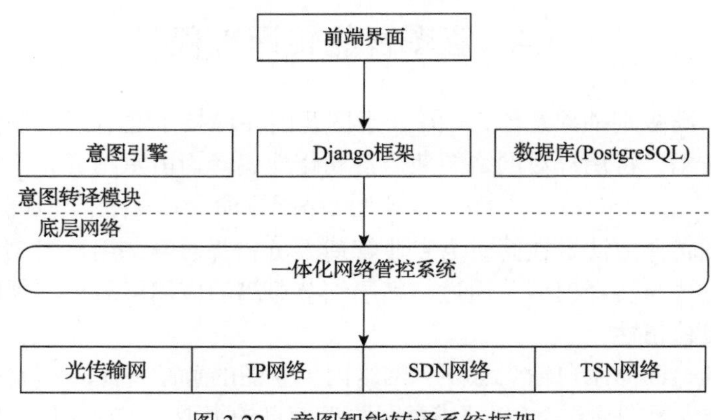

图 3.22　意图智能转译系统框架

3.6　意图智能转译仿真

1. 意图智能转译系统功能仿真

为验证意图智能转译技术的可行性，基于搭建的意图智能转译系统进行功能仿真验证，分别从外部输入意图和内生意图两个方面进行用例实现。意图智能转译系统外部输入意图实现用例如图 3.23 所示。用户外部输入自然语言形式的意图包括文本、语音等多模态形式，针对“从北京数据中心到喀什数据中心建一条普通等级的视频业务，时间为 2023 年 9 月 20 日 12:30 至 2023 年 9 月 20 日 12:40”的用户意图。文本形式的意图通过意图实体识别模型与确定有限状态机模型，输出具有通信指标要求的网络逻辑策略，可通过 JS 对象简谱(JavaScript object notation，JSON)形式封装，以便与用户前端系统实现交互。

意图智能转译系统网络内生意图实现用例如图 3.24 所示。网络内生意图在系统实现中通常以事件消息格式封装，意图转译模块接收到内生意图后通过基于本体的内生意图转译模型，查询知识库得到含有通信指标的网络逻辑策略。进一步，根据网络底层状态生成具体的网络配置策略，完成对网络内生意图的动态调整和保持。

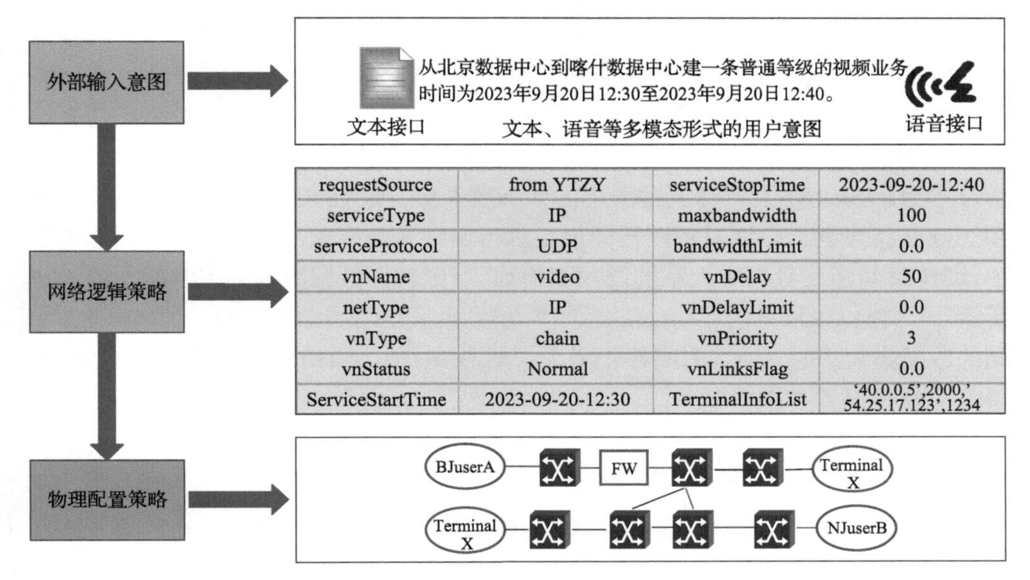

图 3.23　意图智能转译系统外部输入意图实现用例

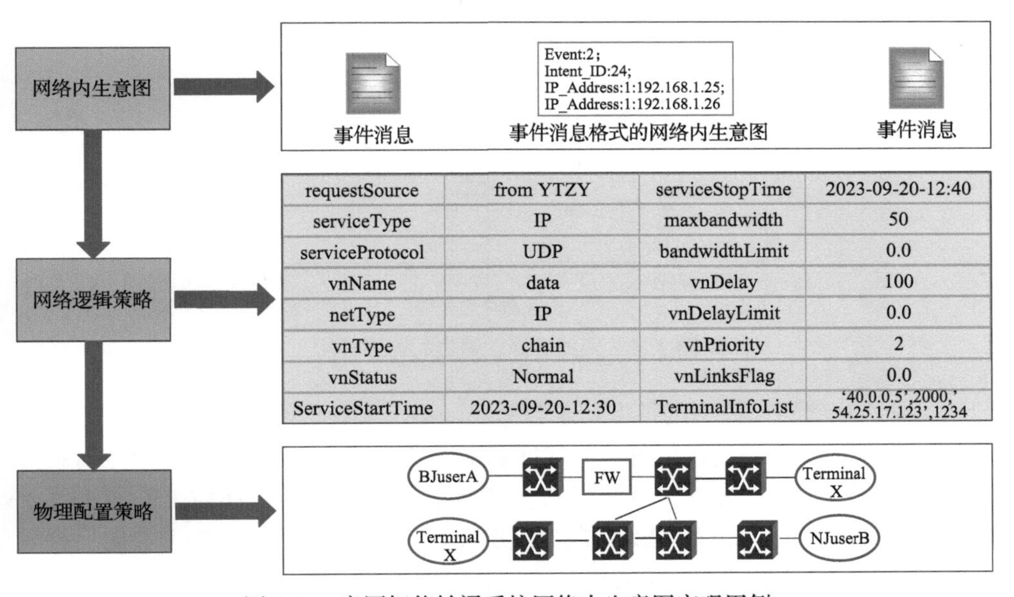

图 3.24　意图智能转译系统网络内生意图实现用例

2. 意图智能转译系统性能仿真

为了评估意图智能转译系统的性能，从模型的训练时间和转译精度两个方面比较 ALBERT-BiLSTM-CRF 方法、BiLSTM-CRF 方法和 LSTM-CRF 方法。在

LSTM-CRF 方法中，LSTM 用于提取序列特征，CRF 用于学习标签序列的转移概率，使整个序列的标注结果更为准确。相比 LSTM-CRF 方法，BiLSTM 方法能够同时捕捉序列的前后文信息，因此对理解整个上下文语境有更好的效果。仿真设置训练 epoch 的个数为 30，batch 大小(一次训练所抓取的数据样本数量)为 2048，学习率为 0.001。仿真选择五种大小的训练数据集，即 2500、5000、10000、15000 和 20000 条数据，分别对意图转译模型进行训练和性能对比。在相同的训练模型中，训练时间随着数据集大小的增加而增加。意图转译数据集的训练时间如图 3.25 所示。LSTM-CRF 方法、BiLSTM-CRF 方法和 ALBERT-BiLSTM-CRF 方法在相同的数据集大小时，训练时间逐步增大，ALBERT-BiLSTM-CRF 方法比 BiLSTM-CRF 方法提高约 50%。

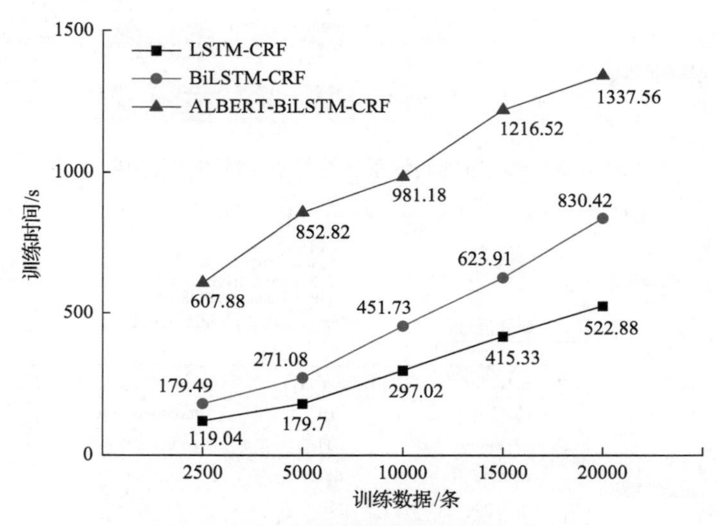

图 3.25　意图转译数据集的训练时间

同时，意图转译模型的精度随着数据集的增大显著提高。意图转译模型准确率如图 3.26 所示。通过使用更大的数据集来提高精细化精度，20000 个条目就可以得到很好的结果。此外，从转译精度分析，ALBERT-BiLSTM-CRF 方法优于 BiLSTM-CRF 方法，更优于 LSTM-CRF 方法。BiLSTM 方法可以向前和向后提取意图信息，ALBERT 增加了语言模型预训练的准确性。相比 BiLSTM-CRF 方法和 LSTM-CRF 方法，ALBERT-BiLSTM-CRF 方法使用 ALBERT 作为特征提取器。这使 ALBERT-BiLSTM-CRF 方法在理解和处理上下文信息，尤其是复杂的语境理解方面，由于 ALBERT 的引入，上下文理解性能有所提升。LSTM-CRF 方法与 BiLSTM-CRF 方法的主要区别在于后者能够同时获取序列的前后文信息，而前者只能获取序列的单向信息。

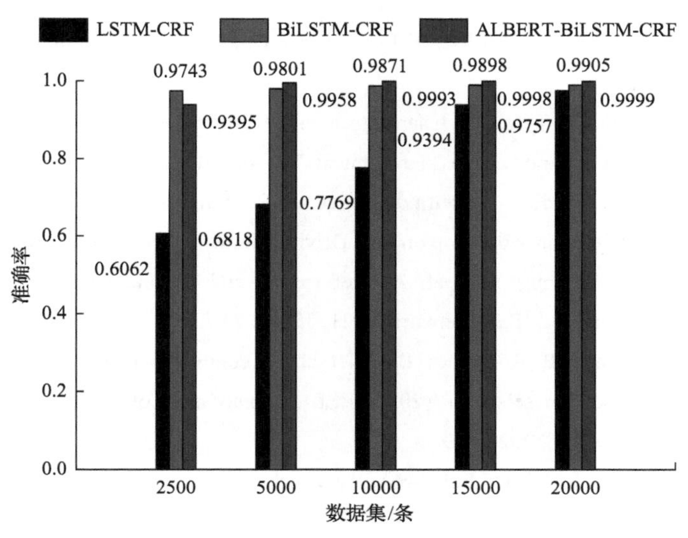

图 3.26　意图转译模型准确率

参 考 文 献

[1] Soulé R, Basu S, Marandi P J, et al. Merlin: A language for provisioning network resources// The 10th ACM International on Conference on Emerging Networking Experiments and Technologies, New York, 2014: 213-226.

[2] Prakash C, Lee J, Turner Y, et al. PGA: Using graphs to express and automatically reconcile network policies. ACM SIGCOMM Computer Communication Review, 2015, 45(4): 29-42.

[3] Abhashkumar A, Kang J M, Banerjee S, et al. Supporting diverse dynamic intent-based policies using Janus// The 13th International Conference on Emerging Networking Experiments and Technologies, New York, 2017: 296-309.

[4] Scheid E J, Machado C C, dos Santos R L, et al. Policy-based dynamic service chaining in network functions virtualization// 2016 IEEE Symposium on Computers and Communication, Rhodes, 2016: 340-345.

[5] Zhang X, Wang H. A joint model of intent determination and slot filling for spoken language understanding// The 25th International Joint Conference on Artificial Intelligence, New York, 2016: 2993-2999.

[6] Liu B, Lane I. Attention-based recurrent neural network models for joint intent detection and slot filling. Computing Research Repository, 2016, 1609: 1-5.

[7] Fang X, Liu L, Lei J, et al. Geometry-enhanced molecular representation learning for property prediction. Nature Machine Intelligence, 2022, 4(2): 127-134.

[8] Callegati F, Cerroni W, Contoli C, et al. Performance of intent-based virtualized network

infrastructure management// 2017 IEEE International Conference on Communications, Bologna, 2017: 1-6.

[9] Elkhatib Y, Coulson G, Tyson G. Charting an intent driven network// The 13th International Conference on Network and Service Management, Tokyo, 2017: 1-5.

[10] Jacobs A S, Pfitscher R J, Ferreira R A, et al. Refining network intents for self-driving networks// The Afternoon Workshop on Self-Driving Networks, New York, 2018: 15-21.

[11] Ouyang Y, Yang C, Song Y, et al. A brief survey and implementation on refinement for intent-driven networking. IEEE Network, 2021, 35(6): 75-83.

[12] Scheid E J, Widmer P, Rodrigues B B, et al. A controlled natural language to support intent-based Blockchain selection// 2020 IEEE International Conference on Blockchain and Cryptocurrency, Toronto, 2020: 1-9.

[13] Riftadi M, Kuipers F. P4I/O: Intent-based networking with p4// 2019 IEEE Conference on Network Softwarization, Paris, 2019: 438-443.

[14] 宋延博, 张静雯, 弥欣汝, 等. 面向 6G 的意图驱动边缘智能网络. 移动通信, 2022, 46(9): 2-7.

第 4 章　意图闭环验证

意图闭环验证技术是确保意图在整个生命周期内保持可行性和有效性的核心。该技术通过对意图各层次变化的逐级验证，确保管理意图能够正确地转化为网络策略。意图驱动网络虽然可以简化网络管理员的配置任务，但是仍面临如下挑战[1]。

1. 网络复杂，出现配置错误后调试困难

当前网络规模逐渐扩大，网络服务的请求通常涉及上百个后台服务的响应，进而牵扯更大规模的网络策略和设备规则，造成网络故障频发。然而，当前大多数网络运维管理人员仍然以一种“点”的方法调试网络故障，即使用 PING、traceroute、SNMP 等逐个设备检查配置，因此操作人员想要准确找到故障原因费时费力，并且人工操作很可能导致配置错误，迫切需要可以自动检测、定位和修复网络故障的网络管理工具。

2. 无法保证策略被正确有效地执行

除了控制平面的配置错误，错误也可能来自数据平面。数据平面的转发行为可能违背控制平面上操作人员的意图，具体原因可能是交换机软硬件问题，以及外部的规则修改(受到恶意攻击)，而在控制平面上工作的许多验证工具，如 Veriflow 并没有办法捕获数据平面的这些故障。

为解决上述问题，需要保证意图在转译过程中的结果正确，同时产生的网络策略可以在网络中正常配置，这就需要实现意图的闭环验证。意图驱动网络中的验证涵盖数据平面、控制平面，以及数据-控制平面之间的验证，是一个跨学科(形式方法、数理逻辑、编程语言和网络)的问题。从意图在网络中的存在形式和转换流程来看，意图的验证有不同的目的。可行性验证确保策略可以在网络中执行，策略之间不存在冲突，以及策略与底层约束之间无冲突。有效性验证的优势是确保策略能够达到网络的要求，包括策略向配置文件的高效转换和策略向转发行为的有效执行。本节介绍闭环验证框架，并详细阐述验证技术和冲突消解技术的实现方法。

4.1　意图闭环验证定义

意图驱动网络的目标是确保将“用户意图”转化为“数据包转发行为”。意图可以是用户意图、网络意图、逻辑规则、物理规则，以及转发行为。意图转译过程始于采用自然语言，然后将高层次自然语言转换为不同层级的规则。根据意图在网络中形式的不断变化，即意图在不断被转换或转译，每次的转换都会带来一定的“失真”，或者由于下层的约束造成上层意图的不正确或不可执行，因此需要对每阶段的意图进行验证，确保意图在不断转换的过程中保持正确。多视图的意图表达形式如图 4.1 所示。因此，在转译过程中，验证确保尽可能保留意图所携带的语义。每个阶段需验证的内容各不相同。意图转化为规则后，验证的主要目标是确定策略实施是否满足意图的预期。

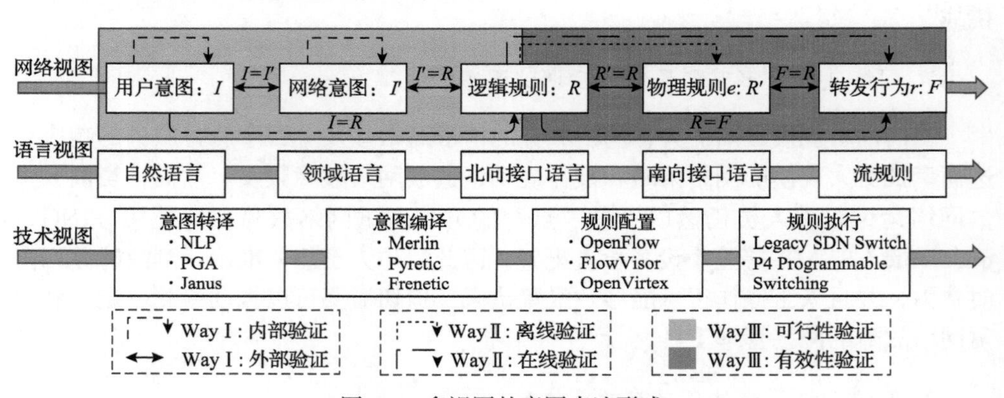

图 4.1　多视图的意图表达形式

(1) 用户意图 I 以自然语言表述。自然语言是用户传达他们对网络功能和性能意图的媒介，即使不熟悉网络的用户也能用自然语言交流他们的意图。

(2) 网络意图 I' 使用领域特定语言。领域特定语言用于规范非标准化的自然语言，从而提高网络意图的清晰度。通常，领域特定语言由具有指定名称的元组构成，例如{domain（领域），attribute（属性），object（对象），action（动作），result（结果）}。

(3) 逻辑规则 R 以北向编程语言表述，北向语言通过将意图封装到实际的网络功能或算法中来细化意图。由于这些网络功能和算法作用于控制器对网络的逻辑视图，并且还未在交换机上构建，因此这些规则被称为逻辑规则。

(4) 物理规则 R' 使用南向编程语言，如 OpenFlow、sFLow、NetFlow 和 SNMP 可用于将逻辑规则转换为可应用于网络设备的物理规则。

(5) 转发行为 F 以流规则呈现，意图最终被转译为网络的转发行为，这一行为由流表规则确定。网络设备根据这些规则处理和转发数据包。

由于验证技术的限制，在实际网络中，当前的研究并不区分所有的转换，因此研究者倾向于聚焦于公式的一部分或几部分。NLP 技术可用于标准化自然语言。PGA 和 Janus 平台通过策略图抽象解决意图内部冲突。传统的 SDN 编程语言，如 Pyretic、Frenetic、Merlin，在编译后可以安装在控制器上。FlowVisor 和 OpenVirtex

分别在规则下发前后检查策略的正确性。

(1) $I=R$ 的验证并不一定普适。实际某个专用网络并不覆盖意图网络的所有环节，不一定涉及所有环节之间的验证，例如 $I=R$ 的验证。因为意图的表征形式有不同的抽象级别，例如有的是自然语言、有的是编程语言、有的是图形化界面，因此 I 和 R 的表现形式可能存在重复，或 I 到 R 的转译本身是靠编程语言和软件自身编实现的。只有 I 的表征形式十分高级(抽象)时，类似自然语言，才需要对自然语言的转译结果进行验证。因此，$I=R$ 的上层验证，应该更关注层内的一致性，即冲突消解。

(2) 控制面以下的验证，又可以细分为静态验证和动态验证，或离线验证和在线验证，区别主要在于是否实时采集了数据面的真实网络状态。离线验证关注 $I=R$；在线验证则关注的是 $F=R$，或者在保证 $R=R'$ 的前提下验证 $F=R'$。

(3) 意图可能来自不同应用的不同请求，而意图针对的对象是共享的资源，因此会造成意图转译后的策略存在冲突，这一冲突需要在意图被最终执行之前进行检查和消解。

因此，全生命周期验证可以确保任何形式的意图之间都能维持原始语义。全生命周期指从意图产生到意图结束的期间。全生命周期意图验证可定义为 $F=R'=R=I'=I$。

4.2　意图闭环验证现状

意图驱动网络旨在提供比传统网络管理范式更加自然直观的网络管理技术。下面给出一个通用配置文件和意图示例。

配置文件:
If_(match(srcip=ZoneB,dstport=80,dstip=ZoneA))
意图:
The traffic from ZoneB to ZoneA is allowed

配置包含交换机必须做的具体信息(即匹配目的 IP 地址和端口，然后转发数据包)。同时，意图仅描述一个愿望，即从 ZoneB 到 ZoneA 的流量是允许的。由于意图仅描述抽象的愿望并且缺少许多配置信息，因此需要补充详细信息并验证流程的正确性。

意图驱动网络扩大了验证的范围，因为只有高级别抽象策略才具有一致的验证问题。因此，可行性验证通常出现在意图驱动网络中。传统网络(如 IP 和 SDN)中的验证技术则关注来自底层设备的反馈效果。接下来，我们详细阐述相关工作。表 4.1 回顾了可行性验证、有效性验证和联合验证的研究现状。可行性表示策略是否可以在网络中运行，有效性是确定策略是否满足某些要求的属性。

表 4.1 意图验证研究现状

类型	方案	理论方法	验证对象
可行性验证	PGA、Janus[2]	策略图抽象	网络功能
	Lumi[3]	Nile 和 Merlin 语言	网络功能
	Evian[4]	RDF	网络功能
有效性验证	ATPG[5]	探针和头空间	网络路径
	SERVE[6]	探针	网络规则
	PINGmesh[6]	包探索器	网络路径
	VeriDP[7]	数据包标签	网络路径
	VeriFlow[8]	数学建模	网络规则

1. 可行性验证

可行性验证确保策略可以在网络中执行，策略之间(内部)不存在冲突，策略与底层约束之间(外部)无冲突。

1)基于图形的验证

意图驱动网络的北向接口允许用户表达他们的意图，并避免意图之间的冲突。北向接口可以使意图冲突在下达给 SDN 控制器之前就得到解决。在发布大量策略时，意图冲突处理能力更具挑战性。例如，PGA 提供了一个简单直观的图形界面，与网络管理员通常在白板上可视化的策略方式类似。通过图形编辑器和图形组合器，输出是一个无冲突的策略图。在 PGA 的基础上，Janus 系统将图形组合扩展到动态策略，旨在最大化配置的策略数量，并最小化由策略本身内在动态或策略变动导致的路径改变。

2)基于自然语言的验证

意图也可以用自然语言表达。因此，一些工作专注于 NLP。在 Lumi 方案中，通过对命名实体的识别进行信息提取，允许收集操作员的反馈并将其纳入信息提取过程。该过程通过不断学习或训练来提高信息标签的准确性。Lumi 方案在确认成功提取实体后分析 Nile 引起的冲突。Nile 是一种学习操作员表达的网络行为的方案，同时提供用户友好的界面来协助意图具体化验证过程。翻译过程包括实体提取、意图翻译、意图部署。为了辨识意图，Evian 客户端使用 NLP 和机器学习构建智能机器人。该机器人可以与用户进行类似人类的对话，通过与用户的多次英语对话来收集关于使用网络案例的要求。

2. 有效性验证

有效性验证的优势是确保策略能够达到网络的要求，包括策略向配置文件的高效转换(离线)和策略向转发行为的有效执行(在线)。

1)基于探针的验证

南向意图验证通过捕获网络数据面的配置或收集实时流量作为反馈来实现。控制面根据反馈调整并修改策略表述，以实现策略下放前后的一致性。对于复杂的网络调试问题，动态策略验证方法正逐渐取代静态验证。ATPG 是一种自动化且系统化的网络测试和调试方法，作为部署在控制面和数据面中间的透明代理。同时，ATPG 读取交换机配置并生成设备独立模型，定期发送测试包以检测故障，并设计故障定位机制。SERVE 是一个 SDN 规则验证框架，能够自动识别数据面网络问题。通过将网络设备建模为状态化的多根管道处理树减少探针的使用。

在数据中心网络，边缘服务器发送和接收的 TCP 包可以连续检测网络状况和性能问题，如端到端延迟。此外，网络中关键性能数据的异常可以直接反映是否存在网络问题。在 PINGmesh 场景中，上述方法也可以为服务级别协议的定义和跟踪提供数据支持。

2)基于模型的验证

网络模型通过建模数据面上的网络状态(如防火墙、负载平衡和其他网络功能)来评估网络策略，然后基于构建的模型考虑网络是否违反网络策略。VeriDP 是部署在控制面和数据面之间的代理。VeriDP 将控制面上的所有规则配置抽象为路径表。它对数据包打标签，并检查数据包的标签信息，以查看转发是否正确。实际部署证实了 VeriDP 服务器位于控制面，而数据收集管道位于数据面。然而，这种部署需要交换机进行硬件和软件上的修改，不易直接应用于现有网络。现有的工具需要细粒度的时间尺度来检查配置文件和数据面状态。网络数据面的静态分析是离线进行的，这导致在网络运行过程中出现问题时无法检测或阻止错误。VeriFlow 层设计在 SDN 控制器和转发设备之间，以获取网络随时间进化的快照。进一步，通过在每条规则插入、修改或删除时动态检查网络不变量的有效性。为了确保即时响应，VeriFlow 引入增量算法来查找可能的错误。其关键技术是数学建模、快速规则检查和分析。这种没有来自数据面实际流量反馈的验证被称为有效性验证。

4.3　意图验证协商算法

验证技术以数学建模为主，通过将控制面制定的策略建模为数学表达式，底层网络状态建模为约束条件，并设计规则进行策略间的冲突消解、策略与约束验证。

1. 意图协商框架流程

意图驱动网络通过意图协商来满足用户在资源稀缺和服务质量约束下的意图需求。当底层网络资源无法满足任务意图的需求时，就会导致其无法配置。意图驱动网络将启动意图协商进行自主意图协商。意图协商根据当前硬件，以及软件资源的可用性和能力生成资源分配方案供指挥人员选择。意图协商框架流程如图 4.2 所示。

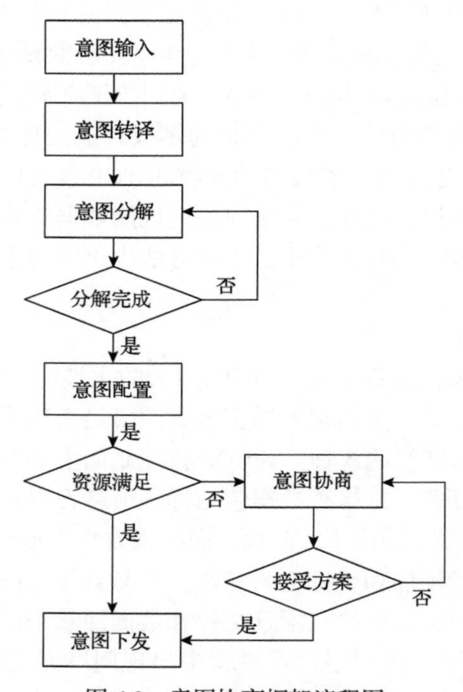

图 4.2　意图协商框架流程图

在此框架中，首先根据用户需求输入意图，进而对以各种形式输入的意图进行处理，将表达意图需求的关键要素进行规范化表征得到意图五元组。然后，对五元组进行意图转译，针对不同任务的需求生成对应的意图配置参数。同时，对意图进行初步评估，检查该意图是否可以进一步分解。若可分解，则分解形成子意图。意图分解过程可能执行多轮，在分解完成后，对意图进行配置求解，若底层资源情况满足意图配置需求，则对其进行部署；否则，进行意图协商，即通过改变其时间约束或降低服务质量要求生成意图协商方案，返回方案用户选择，如果接受协商方案则下发。

动态策略会在不同的条件触发不同的状态，其中时变性动态策略具有时变性。

使用者提出的时变性动态策略既包含时间资源需求，又包含其他特定网络资源需求，而意图协商是对意图的资源需求降级来实现配置。因此，在意图协商的过程中，应该综合考虑时间维度和网络资源维度的两种资源。网络资源维度主要考虑带宽资源。

2. 多意图间协商验证

下面基于组的策略形式，以及网络策略内涵，设计策略三元组模型。策略由策略三元组<SrcGroup, DstGroup><Filter><Intent Constraint>的形式进行表示，其中“组”指具有相同属性的一组网络节点，同属一个组的节点具有相同的属性；<SrcGroup, DstGroup>是一对源目节点组，表示策略作用的源和目的网络节点组，SrcGroup 指示一条网络业务源网络域的节点组，DstGroup 指示业务目的网络域的节点组；<Filter>指示允许数据包通过的网络策略中的端口号集合，只有<Filter>中指定了端口号集合，一对<SrcGroup, DstGroup>才可以相互通信，否则就无法通信，也就是表明没有端口号可以被用于该对端点组的通信；<Intent Constraint>表示策略定制的用来指定其制定的策略中不能更改的部分。不能更改指在意图验证与冲突分解的过程中不能被改变的部分，在意图验证与冲突分解流程中具有最高优先级。在这里，意图约束应该具有开放性，以适应不同的系统。以下为意图约束可能存在的几种形式。

1) 意图约束类型 1

针对意图验证过程中，<Filter>指定的端口不能被覆盖的状况，确定意图约束的形式为{permit:ports_1，deny:ports_2}，这里的 port 指端口号，与<Filter>具有相同的功能；permit 指无论在何种情况下，从源节点组发出的数据包在通过 ports_1 中的端口号与目的节点组通信时都不会被拒绝；deny 指无论在何种情况下，从源节点组发出的数据包都不允许通过 ports_2 中的端口号与目的节点组进行通信。当用户未指定意图约束时，默认为 null。

2) 意图约束类型 2

当用户制定意图着重强调网络性能时，需要重点保障意图转译得到的意图质量保障参数，如带宽、时延等。例如，用户制定意图时确定某对端点组之间通信时分配的带宽资源不少于 100M 或该意图的执行时间不多于 30min。此时，为避免与其他意图冲突，网络为了达到更多意图顺利执行的目的而减少该意图实施时分配的带宽和时间资源，需要在<Intent Constraint>元组中强调这一约束条件。对网络策略内部的冲突采用一种冲突分解方法，以网络意图的源、目的节点组作为一条意图的标识。该标识表示在特定的源节点组和目的节点组之间进行通信的行为，对其的验证通过将源节点组和目的节点组分别分解为网络中可划分的最小的组来完成。在该分解过程中，需要借助网络信息知识图谱中存储的节点组之间的包含关系信息。最小的组的含义是，所有被划分的节点组之间没有交叠或者覆盖的关系，即没有任何一个网络节点同时属于不同的两个或者多个节点组。

基于策略三元组模型，按照一定的顺序对输入意图生成的网络策略的各个元组分别进行验证，进而对整体意图进行拆解，降低意图整体验证的复杂度。可行性验证框架图如图 4.3 所示。网络策略推理、网络策略执行、网络状态监测，以及内生意图识别构成网络闭环验证框架。可行性验证借助网络状态监测形成的网络信息知识图谱和意图知识图谱进行，并按照一定的顺序对输入意图生成的网络策略的各个元组分别进行验证，最终输出无冲突的意图。具体验证方式如下。

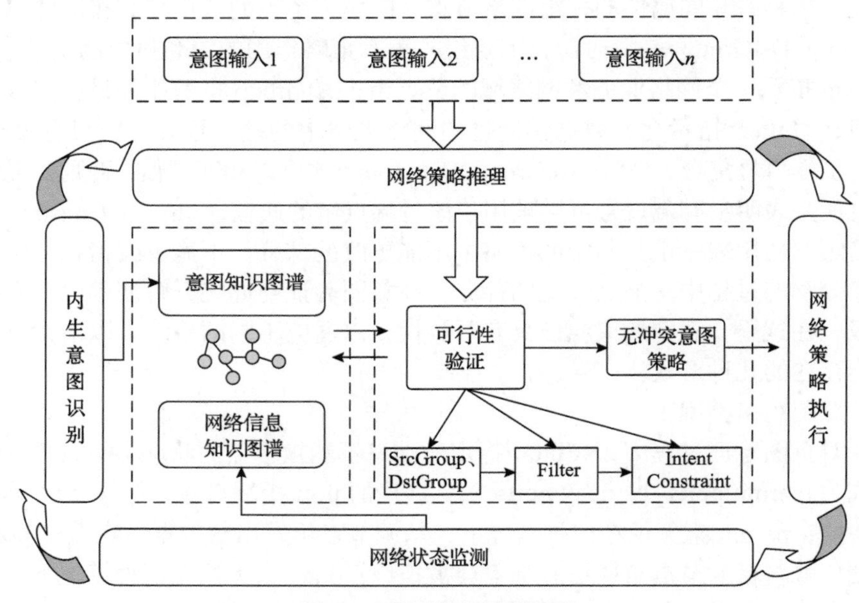

图 4.3　可行性验证框架图

策略元组中的<SrcGroup, DstGroup>分别表示源节点组和目的节点组，均表示属性相同的一组网络节点，因此对其采用同一种冲突分解方法。同时，使用<SrcGroup, DstGroup>元组作为一条意图的标识。该标识表示在特定的 SrcGroup 和 DstGroup 之间进行通信的行为。

对<SrcGroup, DstGroup>的验证可以通过将源节点组和目的节点组分解为网络中可划分的最小的组来完成。在该分解过程中，需要借助网络信息知识图谱中存储的节点组之间的包含关系信息。最小的组的含义是所有被划分的节点组之间没有交叠或者覆盖的关系，即没有任何一个网络节点同时属于不同的两个或者多个节点组。首先，对意图冲突类型进行分类，假设现有的两个不同的网络意图 I_i 和 I_j 各自使用不同的源、目的节点组作为一组标识，将网络意图冲突分为四种类型，则四种意图冲突可以分别描述如下。

源节点组相交：$I_{\text{isrc}} \cap I_{\text{jsrc}} \neq \varnothing, I_{\text{idst}} \cap I_{\text{jdst}} = \varnothing$。

目的节点组相交：$I_{\text{isrc}} \cap I_{\text{jsrc}} = \varnothing, I_{\text{idst}} \cap I_{\text{jdst}} \neq \varnothing$。

源节点组、目的节点组均相交：$I_{\text{isrc}} \cap I_{\text{jsrc}} \neq \varnothing, I_{\text{idst}} \cap I_{\text{jdst}} \neq \varnothing$。

源节点组、目的节点组均相离：$I_{\text{isrc}} \cap I_{\text{jsrc}} = \varnothing, I_{\text{idst}} \cap I_{\text{jdst}} = \varnothing$。

当用户输入多条意图时，意图验证模块基于网络信息知识图谱把每个意图对应策略三元组中的源节点组和目的节点组划分为最小的节点组。其中，网络信息知识图谱中存储网络场景中的单个节点及不同节点组的关系。此时，原始策略三元组更新为新的三元组。在新策略三元组中，除<SrcGroup, DstGroup>元组，其他元组均保留原始三元组的内容不变。

通过将所有<SrcGroup, DstGroup>分解为最小的组，所有相交的<SrcGroup, DstGroup>都转化为完全分离的<SrcGroup, DstGroup>。最后，将所有策略三元组转换为最小的不可再划分的组，遍历策略存储库中的三元组策略，如果任意两个策略具有相同的<SrcGroup, DstGroup>，则这两个意图对应的策略的其他两个元组，即<Filter><Intent Constraint>，将使用独立的组合算法进行组合。

通过网络状态信息可以获取底层网络节点的信息关系，在进行网络节点组分解的时候，同一个网络节点可能具有多种属性，如地理位置属性、网络功能属性、节点正常或非正常工作的属性。在意图分解的时候，需要考虑在网络信息知识图谱中存储的节点属性值。

对<Filter>元组的验证采用独立方式，由于<Filter>元组表示允许网络数据包通过的端口号的集合，对于具有相同<SrcGroup, DstGroup>的意图对应的策略，提取它们的<Filter>元组，并使用基于韦恩图的方法组合<Filter>中所有的端口号。

其具体过程是，首先找到端口号组流空间与现有端口号组的交集，对于新的非相交<Filter>，可以在满足意图约束的前提下直接添加新的端口号；对于任何交叉的端口号组，使用基于韦恩图的合并方法进行合并。

最后，针对<Intent Constraint>元组进行验证，在完成<SrcGroup, DstGroup>与<Filter>元组的验证之后，就基本确定无冲突意图集中的意图数量和开放通信的端口号。

由于意图约束是一个较为开放的元组，且目前确定了两种形式，因此对于意图约束的验证应该分不同的情况来验证，首先需要确定其固定的意图约束形式，然后才能根据选择的意图约束形式及内容完成意图约束的验证。意图约束的验证对象为<SrcGroup, DstGroup>相同的两条或多条意图，最终会形成新的意图约束元组。

针对意图约束类型 1，意图约束具有“permit: port, deny: port”的形式，默认为空。利用韦恩图法，可以根据集合之间的交并关系检测和消除意图约束之间的冗余与冲突。具体验证与冲突分解过程如下。

(1) 确定两种冲突分解算法：permit 优先算法和 deny 优先算法，用户预先选择这两种算法中的一种，以便在意图冲突发生时，系统可以自动执行冲突分解算法。

(2) 当意图冲突发生时，即意图约束集合之间中出现交集，这两种算法有不同的决策结果，当 permit 优先时，优先取值 permit；当 deny 优先时，优先取值 deny。

(3) 当意图约束之间出现冗余，即意图约束集合之间存在包含关系时，无论使用哪种优先算法，获得的结果都是相同的，即最终结果取值同为 permit 或同为 deny。

(4) 当意图约束之间发生强冲突情况时，根据用户选择的优先算法进行合并，若未指定使用哪种方法，则出于网络安全的考虑，默认使用拒绝优先算法。

(5) 考虑意图约束具有最高优先级，最后还需要将意图约束与<Filter>元组进行合并，即意图约束中确定 deny 的端口号不允许出现在<Filter>中，意图约束中确定为 permit 的端口号被添加到<Filter>中。

针对意图约束类型 2，在对底层网络拓扑及资源状况已知的情况下，根据网络资源的现状，建立数学模型，利用启发式算法设计意图配置算法，完成对所有意图实施的一次线性规划过程，最终即可得到无冲突可执行的意图路径的集合，同时，采用意图协商算法，对未执行意图的资源降级再执行，在用户可接收的范围内降低意图执行的质量，增加被执行意图的数量。

3. 时变意图协商验证

对于网络中业务类型不同的意图，其在进行意图协商时有不同的需求，如带宽容忍型和时间容忍型。带宽容忍型指意图在协商时对于一定范围内的带宽降低可以接受，但是对执行时间要求比较严格。时间容忍型则指意图的执行时间可以在适当范围内进行一定的变化，但是无法接受带宽上的过多降级。另外，用户提出的意图存在紧急和优先程度之分，可以用优先级进行表示。优先级越高表示对应意图有更高等级的紧急程度，在协商过程中有更高的权重，应该分配更多的资源。

在网络中，对于高优先级意图应该优先保障业务质量，若资源不足以支撑，则应当对已配置的低优先级意图进行资源回收，以提高配置时可使用的网络资源量，为减少高、低优先级意图之间的协作性，需要保障低优先级意图正常执行，保证低优先级意图业务质量维持在可接受的程度，因此需要将回收的，以及剩余的网络资源合理分配，并避免低优先级意图多次被回收资源导致的业务质量急剧下降，以保障整体的意图能够以较高的业务质量顺利进行。因此，我们提出基于优先级的意图协商(priority-based intent negotiation，PIN)算法。

PIN 算法在协商过程中考虑时间带宽两种维度，并选取与待配置意图冲突的低优先级意图进行资源回收，用于高优先级意图配置。最优化求解得到被回收意图，以及待配置意图的最佳资源分配方案，以提高整体意图服务质量，降低协商容忍率。协商容忍率由带宽容忍率和时间容忍率组成，带宽容忍率为带宽减少量与原带宽需求的比值。时间容忍率由意图时间迁移率和意图持续时间变化率两部分以一定的权重比例相加组合而成，其中意图时间迁移率即协商后意图时间起点与原意图起点之间差值，与意图持续时间的比值；意图持续时间变化率即变化的时间相对于意图原持续时间的比值。协商容忍率越小，表示协商后意图业务质量相较于用户期望有着更少的降级，即有更好的业务质量。因此，优化目标即

$$\min \sum_{i\in \mathrm{UI}} \sum_{t\in \mathrm{CT}} W_i \left[a\mathrm{Bt}_{i,t} + b\left(b_1 \mathrm{Tc}_{i,t} + b_2 \mathrm{Tl}_{i,t}\right)\right] S_{i,t}, \quad 0 \leqslant \mathrm{Bt}_{i,t} \leqslant 1; S_{i,t} \in \{0,1\} \tag{4-1}$$

其中，W_i 表示意图 i 所占的权重，权重越高表示优先级越高；$\mathrm{Bt}_{i,t}$、$\mathrm{Tc}_{i,t}$、$\mathrm{Tl}_{i,t}$ 分别表示带宽容忍率、意图时间迁移率、意图持续时间变化率；a、b、b_1、b_2 分别表示带宽容忍率、意图时间容忍率、意图时间迁移率、意图持续时间变化率的系数；$S_{i,t}$ 表示意图 i 是否选择时间片 t 作为协商起始时间片的 0-1 变量，选择为 1，不选择为 0；UI 表示当前所有未成功配置的意图集合；CT 表示意图 i 的所有可选时间起点。

带宽容忍率和时间容忍率部分的系数可根据意图类型进行设定，但是要保证两者之和为 1。为区别表示时间容忍型意图和带宽容忍型意图，对于时间容忍型意图，将其时间容忍率相关系数设置的比带宽容忍率系数更大，反之亦然。为保证算法结果合理性，可以根据实际场景添加相应的约束条件。首先，对于待协商的意图 i，意图 i 只能选择一个意图时间片集合作为协商时间片集，通过 0-1 变量 $S_{i,t}$ 表示，即

$$\sum_{t\in \mathrm{CT}} S_{i,t} = 1 \tag{4-2}$$

同时，选择到某个时间集合作为协商时间片集合后，在模型中应保证意图 i 对应的每个有效时间片中的子意图在其每个协商对应的时间片中都能成功配置，约束为

$$S_{i,t} = I_{i,t} \cap I_{i,t+1} \cap \cdots \cap I_{i,t+k}, \quad I_{i,t} \in \{0,1\} \tag{4-3}$$

在确定协商时间起始时间片后，意图在原第一个有效时间片的有效部分在 t 时刻配置，原第二个时间片中的有效部分在下一个相邻的时间片 $t+1$ 中成功配置。

依此类推，k表示意图i的第k个有效部分，$I_{i,t}$为 0-1 变量，表示意图i在t时间片内是否成功配置，若成功配置则取值为 1。

其次，由于协商之后分配的带宽小于等于意图需求带宽，模型中应建立约束，保证协商后各链路带宽之和不大于底层网络链路实际带宽资源，即

$$\forall l \in \text{links}: \sum_{i \in \text{alli}} \sum_{p \in \text{paths}(l)} \left(P_{i,p} \times B_i\right) \leqslant C_i, \quad P_{i,p} \in \{0,1\} \tag{4-4}$$

其中，links 表示拓扑中所有链路的集合；$P_{i,p}$为二进制变量，表示当拓扑中的路径p被意图i选择时，取值为 1；alli 表示全部意图的集合；paths(l) 表示经过拓扑链路l的路径集合，C_l表示链路l的带宽容量。

此外，模型在为意图选择路径时，应满足只为其选择一条可用路径的约束条件，因此设定约束为

$$\forall i \in \text{alli}, \forall (x,y) \in \text{aep}(i): \sum_{p \in \text{ap}(i,x,y)} P_{i,p} = I_{i,t} \tag{4-5}$$

其中，aep(i) 表示意图i所有需要配置的路径中的端点对集合；ap(i,x,y) 表示意图i在(x,y)端点对之间所有的路径集合。

由于协商的意图是按照时间片分解后的子意图，因此完成协商必须确保每一组端点对的子意图都成功配置。依此建立的约束为

$$I_i = E_{i,1} \cap E_{i,2} \cap \cdots \cap E_{i,m}, \quad E_{i,m} \in \{0,1\} \tag{4-6}$$

其中，$E_{i,m}$表示意图i的第m组端点对是否配置成功，为 0-1 变量。

在对低优先级意图资源进行回收时，应保证低优先级资源回收比例小于资源回收阈值β，防止出现过度回收低优先级意图资源导致其业务质量无法保障。因此，添加的约束为

$$0 \leqslant T_1 \leqslant 1-\beta \tag{4-7}$$

其中，T_1为被回收的低优先级意图回收后带宽与原需求带宽之间的比值。

另外，为保障低优先级意图被反复进行资源回收，利用 0-1 变量R_i进行表示，约束为

$$R_i = \{0,1\} \tag{4-8}$$

其中，R_i表示第i个意图是否被回收，被回收过则取值为 1。

1)算法流程

PIN 算法整体流程包括时间协商和带宽协商两部分，首先按照待协商意图的

权重进行排序，优先级高且需要资源少的意图协商权重高。然后，选择协商权重最高的意图配置进行时间协商，当确定时间片后进行带宽资源协商。资源协商分为两部分，首先是单意图带宽协商，其次是低优先级意图带宽降级，以及最优化求解。基于优先级的意图协商算法如下。

算法 4.1：基于优先级的意图协商算法

输入： 各时间片中的意图集合 NE1={time1:[int1,int2],time2[int3...]…}；
物理网络拓扑 NT=(G,E)；
每个时间片中带宽资源使用集合 BW={link1:bw1,link2:bw2,…}；

输出： 协商后意图的时间片迁移集合 NE2={intent1 (time1,time2,time3),intent2 (time3,time4)}；
协商后意图带宽变化集合 BW1={intent1 (bw1,bw2,...),intent2 (bw3),...}；
意图的时间与带宽总容忍率集合 BT=[intent1:Bt1,intent2:Bt2,...]；

1:**begin**
2:　**for** time in N1 **do**
3:　　取出 time 中不能配置的意图，保存在集合 negotiation 中
4:　**end for**
5:　对 negotiation 按照协商权重进行排序
6:　**while** negotiation **do**
7:　　取出 negotiation 中协商权重最大的意图，选择协商时间片集合
8:　　对意图进行路径选取，对该意图进行单意图带宽协商
9:　　选取和该意图具有重合路径的低于该意图优先级的意图
10:　　利用低优先级意图带宽降级算法进行带宽协商
11:　**end while**
12:　算法结果统一输出
13:**end**

PIN 协商算法根据意图权重大小，即优先级高低决定意图协商顺序，对意图进行时间协商，确定协商的时间片后进一步对带宽进行协商，通过回收低优先级意图资源降低高优先级意图协商容忍率。充分考虑意图协商时优先级的重要性，必要时为其抢占资源，保障高优先级意图的正常或以较高的服务质量运行，同时兼顾任务意图之间的协同性，通过最优化求解的方式避免低优先级意图业务质量过度下降导致无法正常执行的问题。

2) 协商时间片集合选择

协商时间片集合选择过程的主要目标是在与原意图相近的时间片中选择一个

可以能为各个时间片子意图提供尽量满足带宽资源需求的连续时间片集合。为提高算法运行效率，将意图不能配置的时间片数量与意图有效总时间片数量之比定义为时间片阈值τ。当时间片阈值τ较小时，说明不能配置的时间片数量只占总时间片的较少部分，此时进行时间片迁移往往会造成较大的代价。因此，在选择意图协商时间片集合时，为降低意图协商中时间片集合选取过程中较低的时间容忍率，应满足以下条件。

(1)选择时间片数目与原意图时间片数目保持一致。

(2)选择的时间片集合应为相邻的连续时间片集合。

(3)当意图需要配置的时间片数目与原有效时间片数目之间的比值小于时间片迁移阈值τ时，仍选取原有效时间片作为协商时间片集合。

选取可用的备选时间片集合后，计算每个备用时间片集合的带宽降低率，其中最低带宽降低率为时间片集合中能提供的最小带宽与原带宽的比值，将其中带宽降低率最低的作为意图的最终协商时间片集合。

协商时间片集合选取后进行带宽协商。单意图带宽协商的主要目标是为意图的每个有效部分进行再配置，保证意图每个有效部分带宽需求降低最小，即保证带宽容忍率低。因此，在单意图协商过程中，以最小化带宽容忍率为目标建立规划模型，利用模型求解意图每个时间片有效部分的最大带宽，并选取每个时间片中带宽降低率的最小值作为该意图的带宽降低率。目标函数为

$$\min \mathrm{Bt}_{i,t} \tag{4-9}$$

为保证模型的合理性与可行性，为其添加约束，包括该意图的有效部分在当前时间片需要满足每个端点对都能找到配置的路径，且只能选择一条路径进行配置，利用 0-1 变量$P_{i,p}$表示路径选择情况，当拓扑中的路径p被意图i选择时，取值为 1，协商带宽满足链路带宽容量约束。

在整个单意图协商过程中，首先初始化意图的协商时间片集合，若每个时间片中的待协商意图都完成再配置，则在各协商时间片的拓扑链路中减去最终的协商带宽，更新拓扑链路资源使用情况；若协商时间片集合中的待协商意图未完成再配置，则取出一个时间片和对应的其他意图有效部分使用最小带宽容忍率模型进行求解，选择可用路径中能提供的最小带宽的最大路径作为该意图路径，通过求解当前时间片的协商带宽，更新最小带宽降低率和拓扑链路带宽。

3)低优先级意图带宽降级算法

在经过意图协商时间片集合选取，以及单意图带宽协商之后，利用本算法选取低优先级意图进行带宽降级。回收部分资源来提高待协商的高优先级意图业务质量。低优先级意图带宽降级算法流程如图 4.4 所示。该算法的优化目标为

$$\max\left(W_1T_1+W_2T_2\right),\quad 0\leqslant T_1\leqslant 1;\ 0\leqslant T_2\leqslant 1 \tag{4-10}$$

其中，W_1、W_2 为被回收带宽的意图、待协商意图的优先级；T_1、T_2 为被回收带宽意图、待协商意图在当前时间片中有效部分的协商带宽与该有效部分的需求带宽的比值。

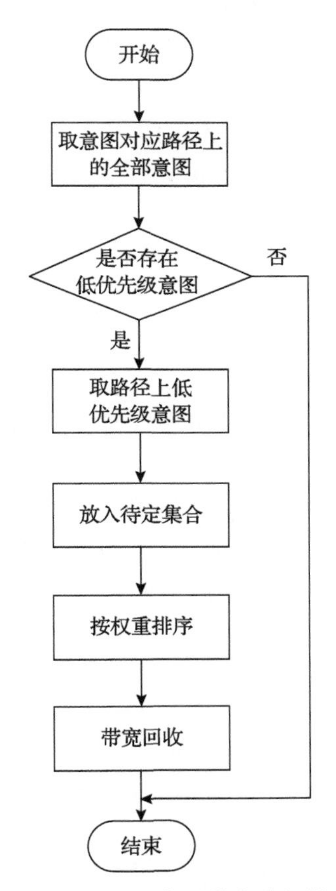

图 4.4　低优先级意图带宽降级算法流程图

由于 T_1、T_2 为协商带宽与原需求带宽之间的比值，因此要保证两者取值在 $[0,1]$。

选取被回收带宽意图时，算法遵循以下准则。

(1) 被回收带宽意图的回收资源小于阈值 β，防止出现被回收意图带宽降低无法对待协商意图带来较好的增益，拉低整体服务质量。

(2) 优先选取与待协商意图路径之间重合路径多且两者相对带宽值大的低优先级意图，以保证对低优先级意图带宽的回收能以最小的代价换取最优的增益。

为避免对某低优先级意图多次进行资源回收操作，造成低优先级意图质量过度降低，可以利用 0-1 变量 R_i 对意图进行标识，将资源回收操作后的意图标识变量置为 1，未经过此过程则置为 0。为防止追求目标函数最大导致的对低优先级意图进行过量的带宽回收操作，添加回收带宽阈值上限 β，确保回收的带宽与原分配带宽之间的比值不超过此上限。

相较于其他基于优先级的意图协商算法，低优先级意图带宽降级算法改进了其他算法存在的忽视低优先级意图执行需求的弊端，可以避免为了高优先级意图的顺利执行而完全抛弃低优先级意图的情况。通过对低优先级意图资源回收后进行对高、低优先级意图进行最优化求解的方式，可以最大限度地保障尽可能多的意图顺利执行，在提高高优先级意图业务质量的同时保证低优先级意图以用户可接受的程度进行执行，更加适配多任务意图协同进行的特点，提高网络中多意图执行的整体业务质量。

4.4　意图闭环验证流程

意图验证与整个网络的稳定性和可靠性有关。当前的验证技术能从不同方面形成独立的模块，因此可以将这些不同方面的验证技术集成在一起。文献[9]提出一个意图驱动网络中意图验证的框架，涵盖完整的 $F = R' = R = I' = I$ 生命周期，包括应用层、意图使能控制层、基础设施层和两个接口。意图验证框架涉及意图的全生命周期验证。全生命周期验证框架如图 4.5 所示。

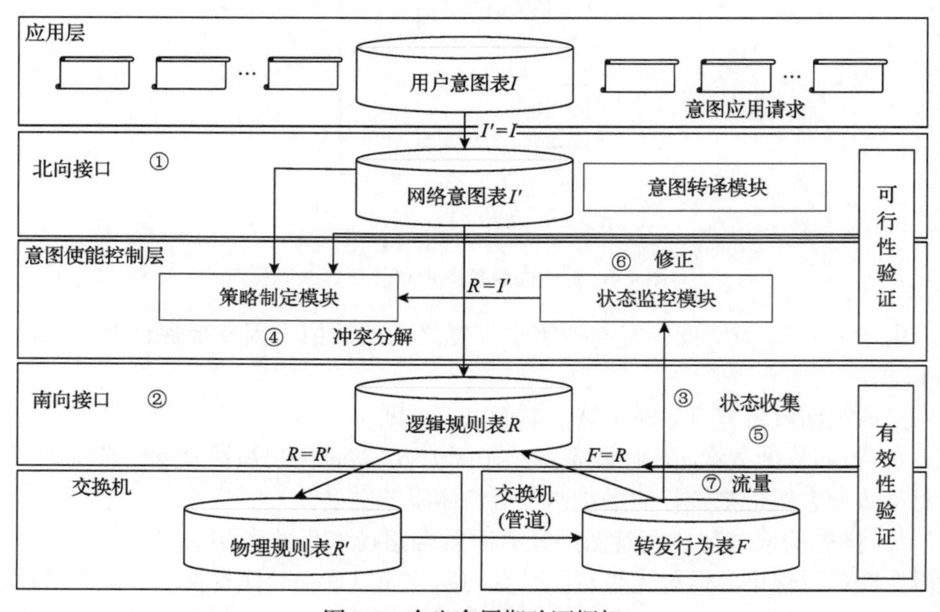

图 4.5　全生命周期验证框架

应用层请求一个服务，可以用自然语言用户意图表 I 或图形表示。用图形表示的用户意图已经是一种标准化语言 I'，不需要进行 $I'=I$ 的验证。然而，不同意图之间仍然可能存在冲突。意图转译模块生成的形式化意图通过北向接口发送到控制器。此外，意图验证模块通过北向接口收集意图，并形成由历史意图组成的网络意图表 I。当控制器接收到一个意图并实施策略时，策略是根据意图和网络状态生成的。状态监视器收集网络状态。策略应与意图验证模块给出的反馈相结合。如果策略无法通过验证模块，策略将被重新映射。无冲突策略通过南向接口发送到交换机，并形成逻辑规则表 R。策略下发后，实际的流量行为会实时收集并报告给意图验证模块，形成转发行为表 F。

4.5 系 统 实 现

意图配置系统流程如图 4.6 所示。不同的用户通过交互界面输入各自的网络安全意图，意图知识图谱收集、处理这些意图信息并进行存储。意图验证引擎在执行意图验证行为时从意图知识图谱获取所有的意图信息，并从网络信息知识图谱中通过节点关系获取网络节点组分解所需的信息[10]。意图验证引擎执行完毕将得到无冲突的意图集合。该信息首先被更新到意图知识图谱中，用户可以通过意图知识图谱直观地看到无冲突可被执行的意图结果。同时，意图-策略映射模块将无冲突的意图集合映射为网络可执行 Pyretic 策略，下发到控制层中。

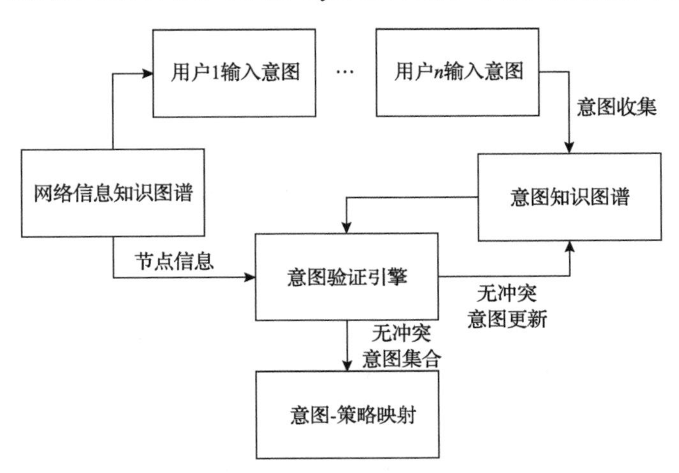

图 4.6　意图配置系统流程

基于意图配置框架和意图配置方案，使用Python语言实现该意图配置子系统。该系统与知识图谱子系统通过预留接口完成信息的交互，以完成网络安全意图的准确、快速配置。意图配置子系统整体框架(图 4.7)由 Web GUI 构成的意图输入界面前端，意图引擎、Django 框架、数据库构成的意图配置后台组成。意图输入前端与意图转译后台采用 HTTP 的形式完成内部交互。

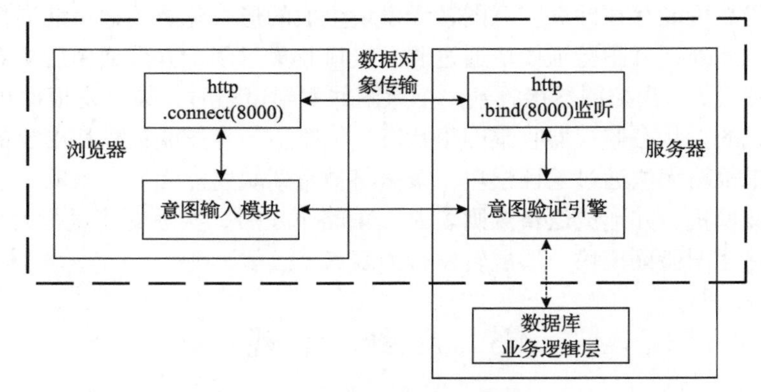

图 4.7　意图配置子系统框架

(1) 意图输入界面。基于 Le5le Topology+React 构成的用户网络安全意图输入界面是一个简单直观的图形界面。管理员可以登录自己的账户，不同管理员的账户可以管理不同的策略域。管理员根据管理域内的节点选择制定网络安全意图，这使用户能够灵活地制定彼此独立的意图，管理底层物理网络基础设施。

(2) 意图配置后台。由 Django、意图验证引擎、意图-策略映射模块、图数据库构成的多用户网络安全意图配置后台。

(3) 通信技术。用户意图输入前端与意图配置后台采用 HTTP 交互。

(4) 交互接口。最终形成的 Pyretic 程序与控制层通过北向接口采用表现层状态转化(representational state transfer，REST) API 交互。

4.6　实 验 结 果

1. 意图输入前端

意图配置系统可供不同用户使用。用户注册及登录界面如图 4.8 所示。不同权限等级及不同网络管理域的用户在登录系统之后将获得不同的可用网络节点组列表。

意图输入界面如图 4.9 所示。用户从可视化界面左侧可以获得代表网络设备的元素，可视化界面中间为画布，用户从左侧可以选取图形元素到画布中，以此表示网络源目节点组。同时，通过在源目节点组之间添加连线标识该源节点组与目的节点组为同一条意图的源目节点组。右侧列表区域在选中网络元素及网络元素间的连线时出现可选列表，供用户添加意图四元组中的全部信息，包括

<SrcGroup, DstGroup> <Filter> <SFC><Intent Constraint>。

图 4.8　用户注册及登录界面

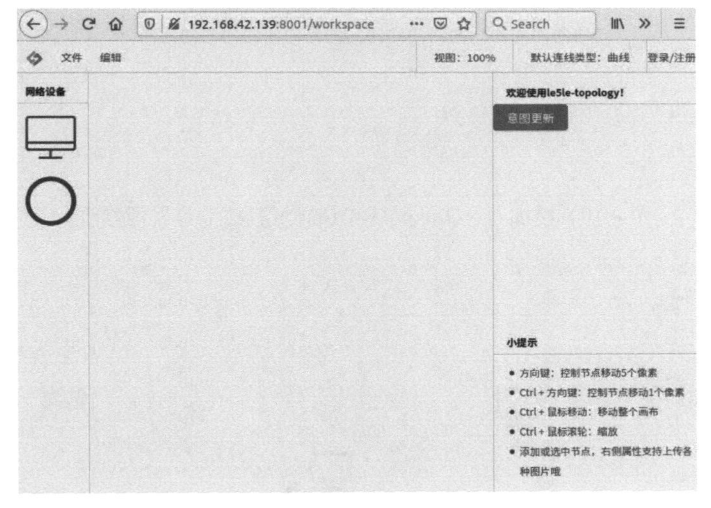

图 4.9　意图输入界面

用户/租户/管理员可以通过意图输入界面独立地生成他们的意图。为了减少不同权限的用户制定的意图对其他用户意图作用域的影响，同时提高用户制定意图的准确性和简便性，在用户制定意图添加源目节点组信息及服务链信息的时候均给出候选列表，限制其可以选择的范围，从而避免人工输入可能导致的错误。

不同权限的用户，获得的可用候选列表内容也不尽相同。例如，教学区管理员可能只允许使用标签 Cmp、Zn-A 和 Zn-B 来制定其网络管理标签。因此，右侧列表也只显示其可用标签。这样既可以增加用户界面的简洁性，也能避免策略混乱出现额外的冲突情况。

具体地，在制定一条具体的意图时，可以按照意图四元组模型的顺序进行。以制定意图<Academy,Web><80><FW,PY><deny: 7000>为例。首先，为添加其源目节点组信息，需要给出两个代表源目节点组的画布元素，然后通过选中某个网络元素时，为其添加节点组的信息(图 4.10)；在两个网络元素中增加连线，其中箭头尾部连接的节点组即源节点组，箭头连接的节点组即目的节点组。最后，选中该连线(图 4.11)。这样就可以通过右侧列表点选的方式为该源目节点组标识的意图添加<Filter> <SFC><Intent Constraint>。

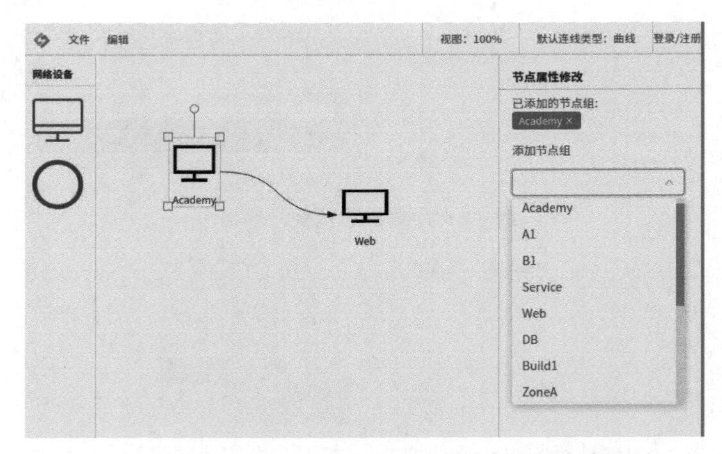

图 4.10　添加<SrcGroup, DstGroup>信息(节点属性修改)

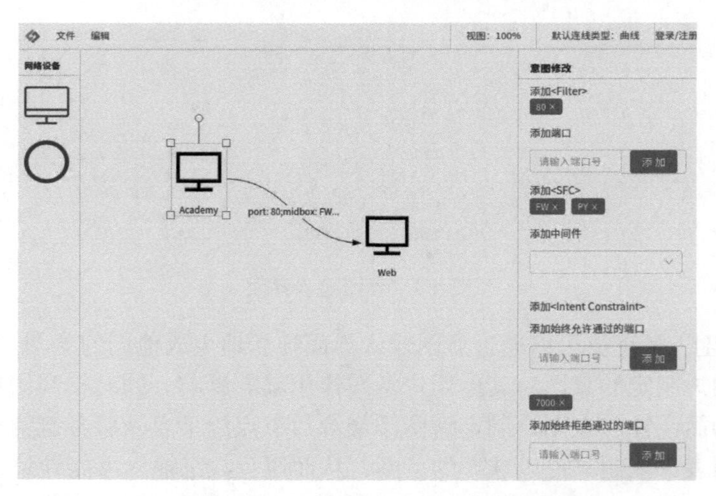

图 4.11　添加<SrcGroup, DstGroup>信息(意图修改)

假设用户输入意图的集合信息如下。

<Academy, Web><80><FW, PY><deny: 7000>

<Web, DB><3306><FW, LB>< >

<A1, B1><80><FW><deny: 22>

<ZoneB, DNS ><53><FW, LB><permit: 53>

<D, Web><3306, 7000><FW><permit: 3306>

<ZoneA, ZoneB><22, 23, 7474><FW><permit: 7474>

<Qu, Rmd>< >< >< >

在用户意图输入之后，意图知识图谱信息将被更新，如图 4.12 所示。

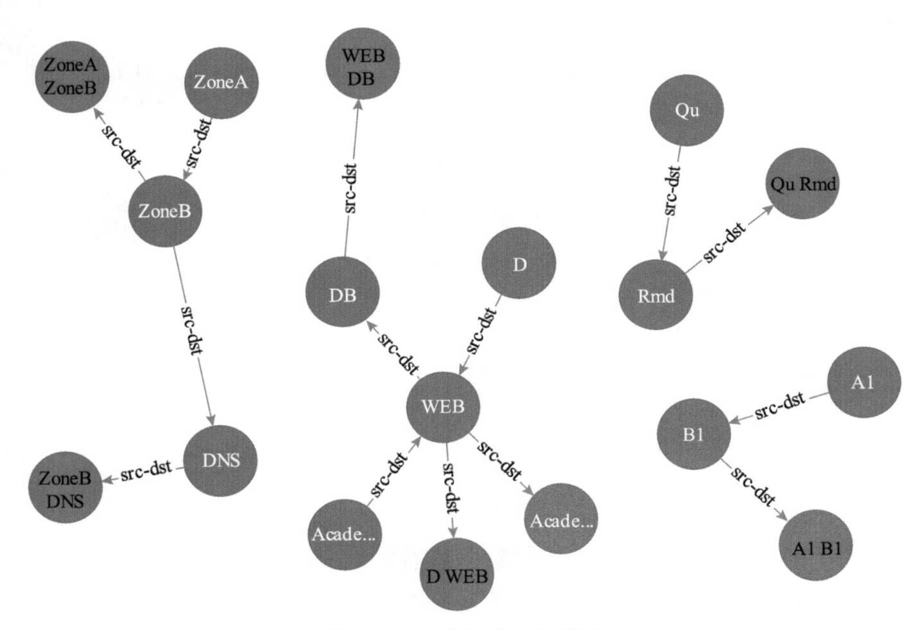

图 4.12　意图知识图谱信息

2. 意图配置后台

设置意图配置执行时钟，意图配置后台将每隔一小时自动执行已经收集到的网络安全意图的配置。在意图配置时钟之后或者用户手动下达下发指令时，意图验证引擎将完成意图验证的工作，更新后的意图知识图谱如图 4.13 所示。在意图验证引擎执行完毕得到无冲突的意图集合之后，将意图映射为 Pyretic 程序。该 Pyretic 程序文件可直接下发到控制层，由 Pyretic 解释器完成策略的解析。

3. 实验性能分析

意图-策略映射过程仅对已经经过验证与冲突分解之后的意图集合进行转换，其处理效率与耗时基本取决于意图集合的大小。因此，仅针对意图验证引擎的稳定性及执行效率进行测试，验证意图配置子系统的性能。这里对单个用户制定不同数目意图(10 条、20 条、50 条、100 条、200 条、500 条)，以及多个用户制定不同数目意图(10 条、20 条、50 条、100 条、200 条、500 条)的情况进行测试，

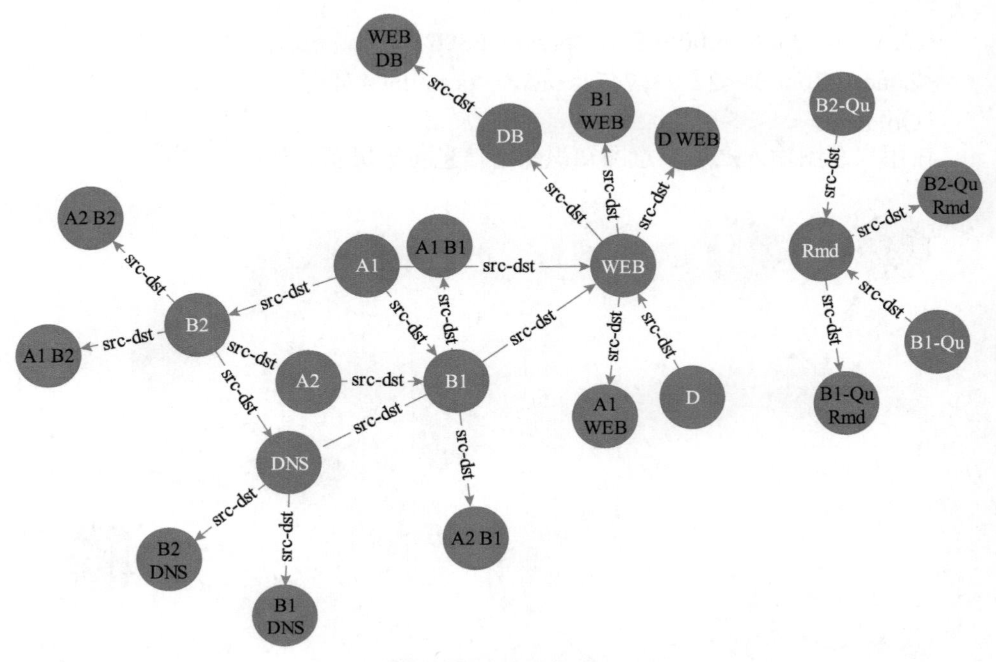

图 4.13　更新后的意图知识图谱

此处对单用户和多用户的区分是通过对网络意图制定状况的模拟完成的。单用户状况主要针对其管理区域的网络节点下发意图，而多用户状况则考虑仿真场景下所有管控区域的网络节点。通过多次测量不同数量用户制定不同数目意图情况下意图验证过程耗费的平均时间来验证意图配置系统处理不同意图数目的效率，实验假定每个用户制定的意图均为有效的意图，即制定的意图符合意图四元组模型规范。

对意图配置系统的性能进行测试，测量并统计 50 次迭代过程中单用户和多用户制定不同数目意图情况下意图配置过程耗费的总时间，通过对统计结果求平均值，可以得到意图配置过程耗费时间与制定意图的用户数目及制定的总意图的数目关系，如图 4.14(a)所示。

无论意图数目的多少，单用户意图配置时间总是少于多用户。从理论方面来讲，单用户意图制定只考虑其自身管理网络域，与其他网络域无交叉，且对自己制定的意图有一定的把控，较少出现冲突和需要验证的状况。在多用户意图制定过程中，由于不同用户制定意图作用域之间的相互影响及用户之间的隔离性，出现意图冲突和需要进行分解的状况较多，因此增加了意图验证引擎的工作量和耗时。从整体走势来看，无论单用户还是多用户制定意图的情况，平均配置时间随着意图数目的增加基本呈线性走势(注意图中横坐标为非均匀刻度)，保证了系统

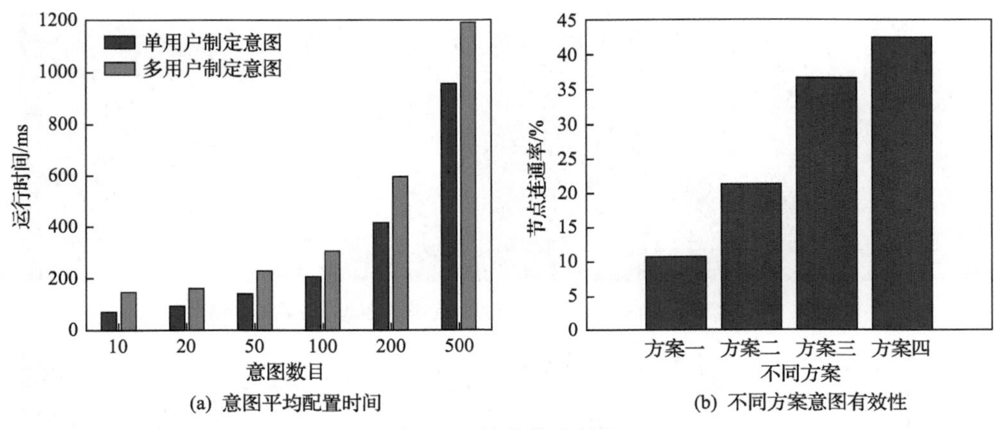

(a) 意图平均配置时间　(b) 不同方案意图有效性

图 4.14　性能仿真结果

不会在制定大量意图的情况下出现崩溃的状况。

针对意图验证引擎的有效性验证，对比未经意图验证引擎冲突分解过程直接下发意图的结果，使用 ODL(OpenDaylight)控制器中的意图综合插件下发意图集合，使用意图验证引擎下发意图集合得到的节点之间的连通情况(图 4.14(b))。在图 4.14(b)中，方案一为对意图集合不作处理直接下发后的最坏结果，方案二为对意图集合不作处理直接下发后的最好结果，方案三为使用网络意图配置(network intent configuration，NIC)下发意图集合得到的结果，方案四为使用前面提到的基本策略图的意图协商算法进行意图冲突分解后得到的结果。

由仿真结果可知，使用本方案下发意图集合，节点之间的连通率为 42.6%。假设在意图集合下发过程中，若不对发生冲突的部分作任何处理，只是随机选取发生冲突的两个意图之间的任意一个进行执行，则 7 条意图下发之后，节点之间的最差连通率仅有 10.7%，最好情况下的连通率也仅 21.3%。

NIC 是一个接口插件，它允许客户端以一种与实现无关的形式表达期望的状态，这种形式通过修改 OpenDaylight 控制下的可用资源实现。该接口提供一般化和抽象的策略语义，而不是特定的配置命令。利用 NIC 插件，可以实现意图命令下发、意图命令删除、意图命令编译等功能，通过对意图命令的编译，简单地实现对下发意图的整合。

受限于 NIC 的输入意图格式，对输入意图集合格式进行调整，此时意图输入(原始意图集合)如图 4.15 所示。NIC 完成意图冲突分解，以 BLOCK 为最高优先级，而本方案则是设置 ALLOW 策略，其余默认为 BLOCK。为了与本方案一致，此处将所有意图的动作设置为 BLOCK，最终得到的意图冲突分解结果如图 4.16 所示。对该结果进行统计分析，得到的节点组之间的连通率为 36.7%。

```
opendaylight-user@root>intent:compile
>>> Original policies:
from [10.0.0.6, 10.0.0.7, 10.0.0.8, 10.0.0.9, 10.0.0.10] to [10.0.0.13] apply [BLOCK]
from [10.0.0.1, 10.0.0.2, 10.0.0.3] to [10.0.0.4] apply [BLOCK]
from [10.0.0.1] to [10.0.0.4] apply [BLOCK]
from [10.0.0.4, 10.0.0.5, 10.0.0.6, 10.0.0.7, 10.0.0.8] to [10.0.0.12] apply [BLOCK]
from [10.0.0.13] to [10.0.0.11] apply [BLOCK]
from [10.0.0.9, 10.0.0.10] to [10.0.0.13] apply [BLOCK]
from [10.0.0.1, 10.0.0.2, 10.0.0.3, 10.0.0.4, 10.0.0.5] to [10.0.0.13] apply [BLOCK]
from [10.0.0.1, 10.0.0.2, 10.0.0.3] to [10.0.0.6] apply [BLOCK]
from [10.0.0.1, 10.0.0.2, 10.0.0.3] to [10.0.0.7] apply [BLOCK]
from [10.0.0.1, 10.0.0.2, 10.0.0.3] to [10.0.0.5] apply [BLOCK]
from [10.0.0.1, 10.0.0.2, 10.0.0.3] to [10.0.0.8] apply [BLOCK]
```

图 4.15 NIC 中下发的原始意图集合

```
>>> Compiled policies:
from [10.0.0.4, 10.0.0.5, 10.0.0.6, 10.0.0.7, 10.0.0.8] to [10.0.0.12] apply [BLOCK]
from [10.0.0.13] to [10.0.0.11] apply [BLOCK]
from [10.0.0.1, 10.0.0.2, 10.0.0.3, 10.0.0.4, 10.0.0.5] to [10.0.0.13] apply [BLOCK]
from [10.0.0.1, 10.0.0.2, 10.0.0.3] to [10.0.0.6] apply [BLOCK]
from [10.0.0.1, 10.0.0.2, 10.0.0.3] to [10.0.0.7] apply [BLOCK]
from [10.0.0.1, 10.0.0.2, 10.0.0.3] to [10.0.0.5] apply [BLOCK]
from [10.0.0.1, 10.0.0.2, 10.0.0.3] to [10.0.0.8] apply [BLOCK]
from [10.0.0.6, 10.0.0.7, 10.0.0.8] to [10.0.0.13] apply [BLOCK]
from [10.0.0.9, 10.0.0.10] to [10.0.0.13] apply [BLOCK]
from [10.0.0.2, 10.0.0.3] to [10.0.0.4] apply [BLOCK]
from [10.0.0.1] to [10.0.0.4] apply [BLOCK]
```

图 4.16 NIC 中意图冲突分解结果

由图 4.14(b)可以看出，方案四能够较好地实现多用户输入意图的冲突检测与分解，达到预期的结果。

参 考 文 献

[1] Pang L, Yang C, Chen D, et al. A survey on intent-driven networks. IEEE Access, 2020, 8: 22862-22873.

[2] Prakash C, Lee J, Turner Y, et al. PGA: Using graphs to express and automatically reconcile network policies. ACM SIGCOMM Computer Communication Review, 2015, 45(4): 29-42.

[3] Jacobs A S, Pfitscher R J, Ribeiro R H, et al. Hey, lumi! using natural language for {intent-based} network management// 2021 USENIX Annual Technical Conference, Claremont, 2021: 625-639.

[4] Mahtout H, Kiran M, Mercian A, et al. Using machine learning for intent-based provisioning in high-speed science networks// The 3rd International Workshop on Systems and Network Telemetry and Analytics, Stockholm, 2020: 27-30.

[5] Zhang P, Wu H, Zhang D, et al. Verifying rule enforcement in software defined networks with REV. IEEE/ACM Transactions on Networking, 2020, 28(2): 917-929.

[6] Zhao Y, Zhang P, Wang Y, et al. Troubleshooting data plane with rule verification in software-defined networks. IEEE Transactions on Network and Service Management, 2017, 15(1): 232-244.

[7] Zhang P, Zhang F, Xu S, et al. Network-wide forwarding anomaly detection and localization in

software defined networks. IEEE/ACM Transactions on Networking, 2020, 29(1): 332-345.

[8] Khurshid A, Zhou W, Caesar M, et al. Veriflow: Verifying network-wide invariants in real time// The First Workshop on Hot Topics in Software Defined Networks, Helsinki, 2012: 49-54.

[9] Song Y, Yang C, Zhang J, et al. Full-life cycle intent-driven network verification: Challenges and approaches. IEEE Network, 2022, 37(5): 145-153.

[10] Zhang J M, Guo J J, Yang C G, et al. A conflict resolution scheme in intent-driven networks// 2021 IEEE/CIC International Conference on Communications in China, Xiamen, 2021: 23-28.

第 5 章　自主策略生成

自主策略生成技术是确保意图驱动网络安全可靠的核心。该技术能够在无需人工干预的情况下，根据用户意图自动进行网络适配和调整，确保网络能安全可靠地运行。针对策略库不完善、网络环境不确定性等问题，研究自主策略生成技术显得尤为重要。该技术利用知识图谱构建策略库，并结合人工智能和机器学习技术生成策略。通过知识图谱，自主策略生成技术能够收集、整理各种策略相关的知识，并将其存储在一个结构化的数据库中。人工智能和机器学习技术则通过对这些数据的分析和学习，自动生成新的策略。这种基于知识图谱的策略存储技术能够提供更加全面和详尽的策略库，弥补传统策略库的不足之处。同时，自主策略生成技术能适应网络环境的不确定性，根据实时的网络状况和需求生成适应性更强的策略。本章介绍自主策略生成框架，并介绍策略存储技术和策略生成技术的实现方法。

5.1　自主策略生成定义

网络策略是对网络的一系列配置规则，用来控制和管理网络资源。网络策略按类型可分为访问控制类策略、职责类策略和保障类策略三种[1]。其中，访问控制类策略根据系统中的实体属性和授权规则授予访问权限，定义网络在意图约束下可以做的动作；职责类策略定义意图约束下网络必须完成的动作；保障类策略包括对故障的隔离，以及对意图执行情况的反馈。网络策略按状态可以分为静态策略和动态策略两种。其中，静态策略不随网络环境改变，动态策略则会依据网络状态的变化实时调整[2]。网络策略的制定和实施可以通过人工制定、机器学习算法和智能决策系统等实现。

自主策略生成技术是一种能够让网络系统在无须人工干预的条件下，通过自我学习和逻辑推理生成高效策略的技术。该技术利用机器学习和人工智能的方法深入理解网络的内在特性和用户需求，进而在既定目标和约束条件的指导下生成最优策略。

5.2　自主策略生成现状

意图驱动策略自主生成技术是当前人工智能和机器学习领域的研究热点，旨在通过自动化方法为不同行业和应用场景定制个性化的策略，提升网络的智能化水平，实现网络全生命周期的高效管理。为了实现这一目标，学术界进行了大量的研究工作。在策略规则自动化生成方面，深度强化学习是一种有效的技术，可组合策略库中的细粒度策略生成复合型新策略。特别地，在处理具有复杂自然语言逻辑关系的情境时，深度强化学习(reinforcement learning，RL)能够有效地实现从自然语言描述到 ECA(event-condition-action，事件-条件-动作)规则的精确转换。此外，模糊生成树的方法也可以用于策略规则的学习，通过将新规则的学习过程划分为三个层次，减少新规则生成过程的计算开销[3]。

针对物联网中传感器和设备与基于情景感知的系统相结合的问题，提出场景触发、基于状态的规则生成过程。通过场景描述、状态确认、元素提取、元素转换、规则生成、一致性校验过程实现准确反映用户意图的策略[4]。此外，二进制矩阵形式表示现有的用户-权限关系，将策略生成问题转化为矩阵最小化问题，并提出一种启发式求解算法。但是，由于矩阵过于稀疏，求解空间过大，存在求解效率低的问题[3]。

另外，基于无监督学习算法的策略生成方法也被提出，利用 K-modes 聚类算法实现近似策略规则模式的抽取，再从得到的模式中挖掘 ABAC 策略规则[5]。有研究提出通过日志来训练一个受限的玻尔兹曼机(restricted Boltzmann machine，RBM)提取策略规则，但该研究只给出了算法在策略空间中第一个阶段的初步结果，算法的最后一个阶段还未实现[6]。此外，还有名为 Text2Policy 的自动化方法，根据 4 种预设的策略语义模式进行匹配，能够从包含访问控制策略的文档中提取基于意图的访问控制策略。Text2Policy 方法只适用于符合特定模式的需求规范，并依赖匹配 4 个特定的句型获取策略信息，无法捕捉到不遵循预先设定语义模式的策略[7]。针对上述问题，基于访问控制策略模式匹配的机器学习算法[8]和基于最小生成树的迭代算法通过提取访问控制语句，从而生成策略。

综上所述，现有策略自主生成技术存在意图对应策略多样化导致的策略库的不全面性，以及网络的不确定性问题，因此需要考虑提高策略自主生成技术的推理能力，根据意图自动灵活生成所需的网络策略。

5.3　自主策略生成算法

自主策略生成技术主要是实现对意图转译后的网络策略进行机器解读，生成相应设备可实施、可执行的配置策略。

1. 基于知识图谱的策略存储

知识图谱是一种基于语义技术的多维度、多层次的知识表示形式，用于描述现实世界中的概念及其之间的各种关系。它采用结构化和语义化的数据模型组织和存储各种类型的知识，以便机器能够更加方便、准确地理解和处理这些知识。

知识图谱通常由实体、属性、关系三个要素组成。其中，实体是现实世界中的个体，属性是描述实体的特征和属性值，关系是不同实体之间的语义关联。在知识图谱中，知识以三元组的形式存在。这些三元组包含关于实体及其之间关系的知识。

针对策略复杂多样，利用知识图谱建立策略库，借助人工智能方法，构建策略知识图谱，并利用知识图谱的知识推理方法，推理多个意图策略之间潜在的逻辑映射关系。其中，知识图谱常见的存储方案有以下三种。

(1) 基于关系数据库的存储方案，其核心思想是将知识图谱的数据存储在传统关系型数据库中。这种存储方案的主要特点是数据结构规范化且数据一致性高。

(2) 基于 RDF 的存储方案，使用基于图的数据结构存储 RDF 数据，提供灵活的查询和 SPARQL 语言支持。常见的 RDF 存储系统有 Apache Jena[9]、Virtuoso[10]等。

(3) 基于原生图数据库的存储方案，可以将实体、属性和关系都表示为图中的节点和边。常见的图数据库有 Neo4j[11]、ArangoDB[12]等。

相较于前两者存储方案，基于原生图数据库的存储方案具有以下优势。

(1) 支持复杂图形结构存储。原生图数据库支持任意节点和边之间的关联关系，而关系数据库和 RDF 三元组数据库则需要事先定义好表结构和属性，无法存储复杂的图形结构。

(2) 查询高效。原生图数据库的数据结构和查询方式与图的结构相似，因此查询效率高，对于具有复杂关系的数据也能够快速查询，而关系数据库和 RDF 三元组数据库则需要进行多表连接和复杂查询语句。

(3) 扩展灵活。原生图数据库可以轻松地添加新的节点和边，而关系数据库和 RDF 三元组数据库需要重新设计表结构和模式。

Neo4j 是当前流行的原生图数据库，支持复杂的图形分析和数据挖掘操作。它提供的多种 API 包括表现层状态转移应用程序接口（representational state transfer application programming interface，REST API）、Java API 和 Python API 等，可以方便用户使用多种编程语言访问和操作 Neo4j 数据库[11]。Neo4j 具有以下特点和优势。

(1) 高性能：能够处理大量高度连接的数据，支持在海量数据集上进行实时查询。

(2) 灵活性：支持基于节点和边的数据模型，可以存储各种类型的数据，并且可以轻松扩展到不同的数据集。

(3) 安全性：具有多层安全功能，包括基于角色的访问控制、数据加密和安全的数据传输，可以保护数据的完整性和保密性。

(4) 可扩展性：可以进行水平扩展，在需要时增加处理能力和存储容量。

(5) 简单易用：为用户提供可视化界面、方便快捷的查询语言，方便用户进行数据分析和挖掘。

综上分析，选用 Neo4j 存储构建策略的知识图谱库。

定义 1(细粒度策略)　用于完成功能节点的配置。细粒度策略根据功能进行划分。例如，可将 configuration 策略据功能划分为带宽配置(Bw_config)、路由配置(Routing_sel)、交换机配置(SW_sel)、节点选择的服务提供者(Ser_prov)等。这些类别的细粒度策略可以组合为对网元设备、网络服务的完整配置策略。

定义 2(策略行为)　通过松耦合，可扩展的方式组成细粒度策略的一组行为称为策略行为。例如，将上述细粒度策略组合，可以形成配置策略行为。策略行为的表示方法为

$$a = (\text{Bw\_config}, \text{Routing\_sel}, \text{SW\_sel}, \text{Ser\_prov}) \tag{5-1}$$

知识图谱用于表达更加规范的高质量数据。一方面，知识图谱采用更加规范且标准的概念模型、本体术语、语法格式建模和描述数据；另一方面，知识图谱通过语义链接增强数据之间的关联。这种表达规范、关联性强的数据在网络故障节点检测、故障恢复等方面发挥着重要的作用。知识图谱方法论涉及知识抽取、知识融合、知识加工等多个方面。知识图谱技术架构图如图 5.1 所示。

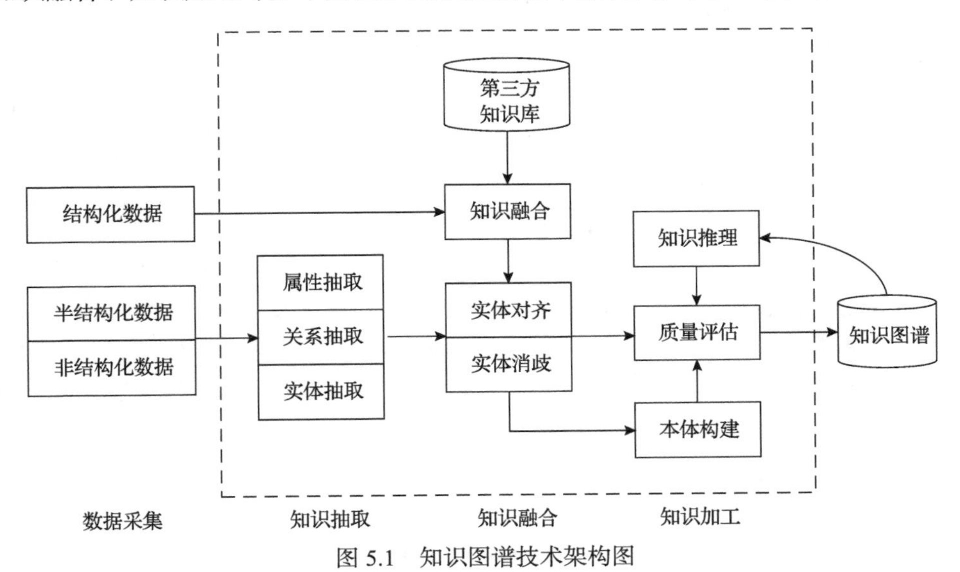

图 5.1　知识图谱技术架构图

1) 知识抽取

知识抽取指从数据中提取有用信息和知识的过程。知识抽取任务主要包括实

体抽取、关系抽取和属性抽取。

实体抽取指从文本中自动识别具有独立实体含义的词语或短语。实体抽取通常需要使用命名实体识别技术，通过文本中的上下文信息，确定实体在知识库中的类别和实例。实体抽取是构建知识图谱的基础，可以为后续的关系抽取和属性抽取提供实体的基础信息。

关系抽取指从文本中自动抽取实体之间的语义关系。该任务需要使用机器学习等技术，通常采用模式匹配、统计学习、基于规则等方法。通过将关系抽取的结果与实体进行链接，可以使知识图谱中的信息更加完备和丰富。

属性抽取指从文本中提取特定的信息。这些信息通常与文本中的实体相关，称为实体的属性。例如，人的年龄、公司的创立时间、城市的地理位置等。属性抽取任务用到的技术与关系抽取任务类似，因此在工程实践中通常把属性抽取当作一种特殊的关系抽取。

2) 知识融合

知识融合指将不同来源的知识、信息、数据，通过一系列的技术手段和方法进行融合和加工，从而形成一个更加完整、准确、一致的知识图谱。其中，实体对齐和实体消歧是知识融合中的两个重要任务。

实体对齐指在不同的知识图谱或数据集中，将具有相同语义的实体进行匹配。实体对齐的目标是将具有不同表示方式的实体匹配为同一个实体，从而使不同数据集中的实体可以关联和融合，从而在知识图谱中进行统一表示。实体对齐过程首先从实体名称、实体类型、实体属性、关系信息等方面提取特征，构成特征向量；然后计算不同实体之间的相似度；最后根据相似度计算结果，对不同数据集中的实体进行匹配，找到相应的实体对进行对应。

实体消歧指在一个知识图谱或者数据集中，找到不同名称但表示同一实体的实体，并将不同的实体表示归并到同一个实体上，以消除实体的重复性。实体消歧的目标是，将表示方式不同但指称同一实体的实体进行合并，从而得到唯一的实体。实体消歧过程首先对实体进行预处理来提取特征，构成特征向量；然后，利用相似度算法计算不同实体之间的相似度；接着，基于计算出的相似度值，将同一实体的不同名称进行聚合，构成一个实体簇；最后，从实体簇中选择一个作为代表实体，并为该实体分配唯一标识符，其他实体则指向该代表实体。

3) 知识加工

知识加工指对知识进行加工和修正，以提高知识图谱的质量。知识加工的主要任务包括本体构建、质量评估和知识推理。

本体构建指通过建立本体，形式化描述和表示领域知识。本体构建为知识图谱定义了一种形式化的语言，以便对其中的概念和关系进行精确地描述和理解。本体可以理解为一个概念模型，它定义了一组基本概念及其关系，以及这些概念和关系的语义解释。本体构建的主要目的是，帮助计算机理解领域知识，使计算机能够对知识进行推理和应用，从而更好地支持各种知识应用。本体构建大致分为三个步骤，即本体设计、本体实现、本体维护。本体设计指对知识图谱涵盖的领域进行分析，确定本体的概念和关系。本体实现指将本体设计转换为计算机可读的形式。本体维护指对本体进行更新和维护，以保证本体与领域知识的一致性。

质量评估指对知识进行质量检测和评估的过程。知识图谱中存在不可避免的噪声和错误，而质量评估就是检测和修正这些问题。常见的质量评估指标包括数据完整性、数据准确性、数据一致性、数据可用性等。

知识推理指通过对已有的知识进行逻辑推理和推导，生成新知识或验证已有知识的过程。知识推理在知识图谱的应用中扮演着至关重要的角色，它不仅可以用于知识的补全和验证，还可以用于推断隐含的关系和属性等。

策略配置意图与策略模型构建流程图如图 5.2 所示。具体描述如下，首先确定知识表示模型，然后根据数据来源选择不同的知识获取手段导入知识，综合利用知识推理、知识融合、知识加工等技术对构建的知识图谱进行质量提升，最后根据需求设计不同的知识访问与呈现方法。

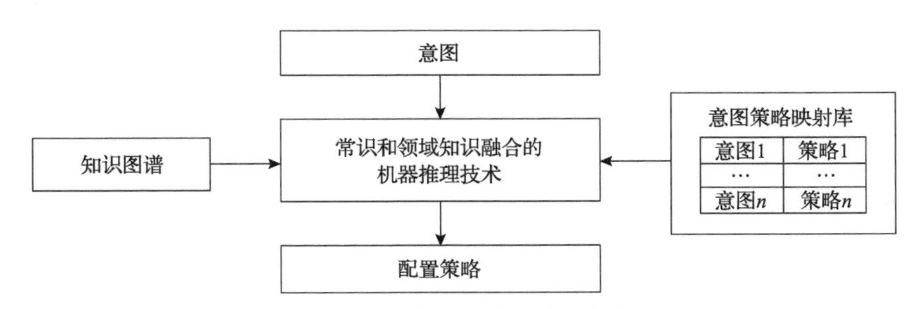

图 5.2　策略配置意图与策略模型构建流程图

构建的基于知识图谱的策略库如图 5.3 所示。输入的意图通过数据处理后，将意图以三元组(实体，关系，实体)的形式抽取出来，并以图数据的形式存储，同时将意图知识关联起来，构建知识图谱，以便后续对用户意图的查询、推理。网络监测工具实时监测网络状态，并返回网络状态日志信息。这些半结构化的日志信息经过事件处理、知识抽取后，系统会不断更新网络基本事件图谱，并对网络基本事件图谱进行推理计算，使网络场景图谱越来越完善。网络场景图谱与网络基本事件图谱交互，对网络状态信息进行处理。

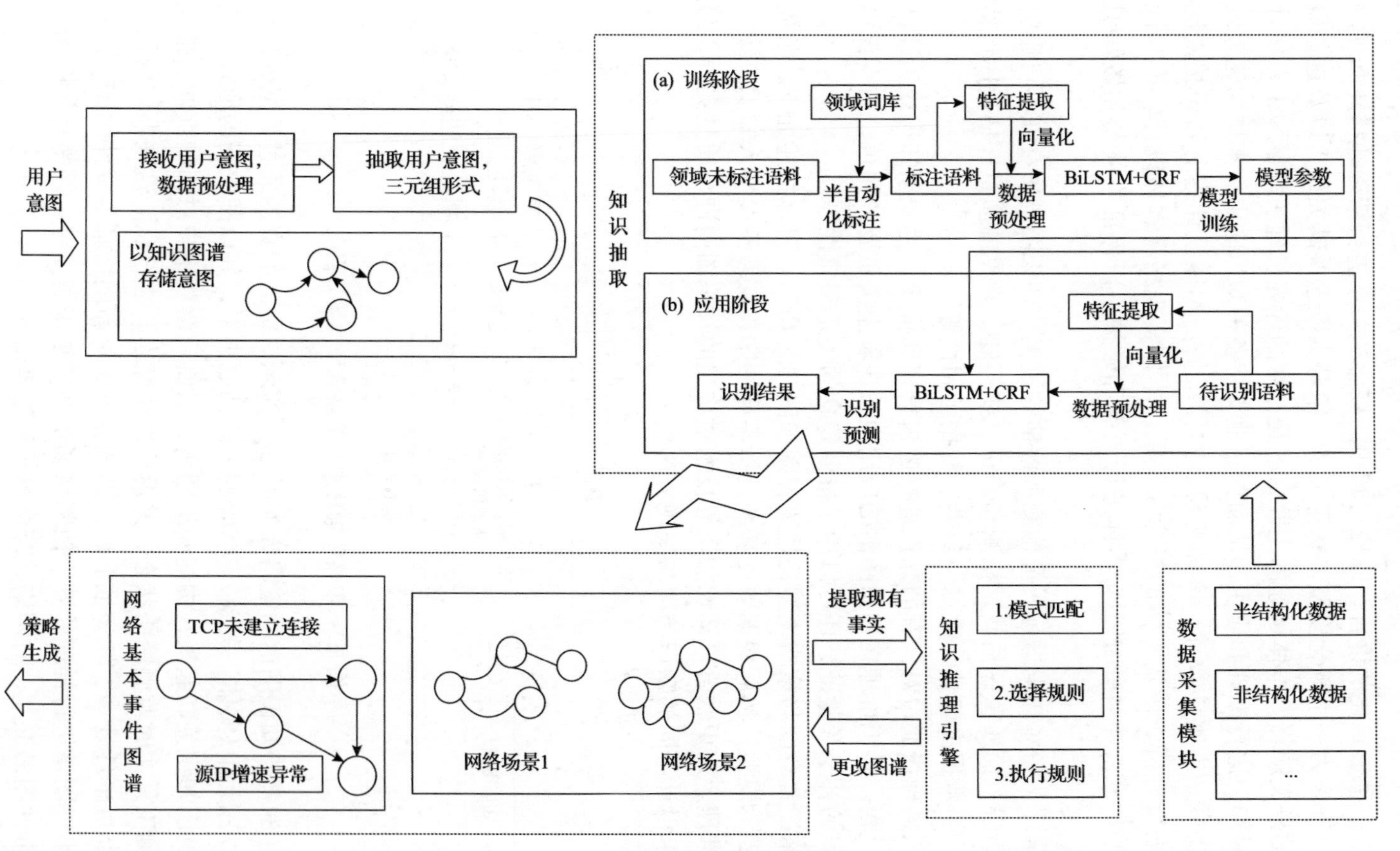

图5.3　基于知识图谱的策略库

2. 基于机器学习的策略优化

安全控制策略的生成可以认为是强化学习过程。与传统强化学习中动作选择的多样性不同，为了准确评估不同防御策略的性能，策略生成模型仅在起始阶段可以选择一个特定的防御策略。此后，在模型的动作选择中，应保持静默来观察和记录单一防御策略对网络性能指标的影响。为合理设计奖励函数，并确保该函数不仅易于收敛，而且能够清晰地反映各种防御策略的性能，设计者需综合考虑网络性能指标的变化和策略执行后网络达到稳定状态所需的时间。由于不同防御策略使网络达到稳定状态的用时存在差异，实施策略生成的智能体动作执行结束的标志应为网络达到一个稳定状态。为了准确判断网络是否已经平稳，需要构建一个合理的判断函数。该函数能够依据网络的性能指标变化做出准确的判断。

强化学习又称增强学习、评价学习、再励学习，是机器学习中与有监督学习和无监督学习并列的学习方法，用于描述和解决智能体在与环境的交互过程中通过学习策略以达成回报最大化或实现特定目标的问题[13]。

在强化学习基本模型中，具有四个基本要素，即环境模型、值函数、策略和奖励函数。强化学习建立在马尔可夫模型的基础上，整个学习过程是 Agent 在决策过程中不断优化的过程。其状态转移概率取决于当前状态和当前执行的动作，而与过去的状态和动作无关。马尔可夫决策过程(Markov decision process，MDP)可以通过五元组(S,A,P,R,γ)表示，其中S代表状态空间；A代表动作空间；P代表状态转移函数，用$P:S\times A\to\Delta(S)$表示，$\Delta(S)$表示在S上的概率分布；R表示奖励函数，用$R:S\times A\to\Delta(R)$表示，$\Delta(R)$表示在R上的概率分布。在许多强化学习问题中，奖励信号是人为设计的确定性函数，因此 R 也可表示$R:S\times A\to[0,r_{\max}]$。$\gamma\in[0,1]$表示折扣因子，是一个常数。

在马尔可夫决策过程的背景下，可以进一步描述智能体和环境交互的过程。基于强化学习的策略执行过程如图 5.4 所示。假定在离散的时间步t中，智能体从初始状态s_1出发，在每一个时间点，观测到环境状态$s_n\in S$，采取动作$\alpha_t\in A$，获得即时奖励$r_t=(s_t,\alpha_t)$，下一状态转移到s_{t+1}，此过程可以记录为$\tau=(s_0,\alpha_0,r_0,$

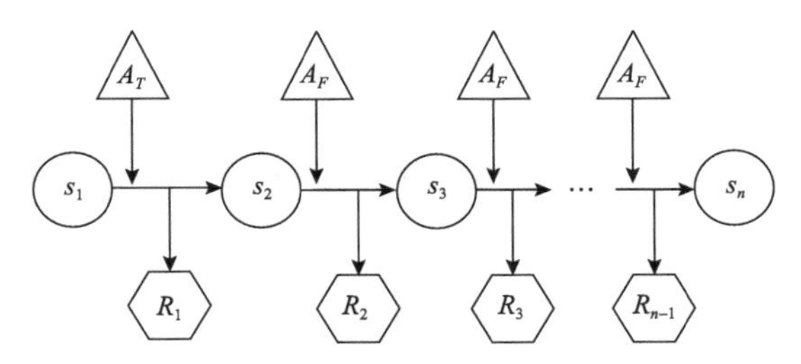

图 5.4 基于强化学习的策略执行过程

$s_1, \alpha_1, r_1, \cdots)$，并将其称为轨迹，在 S、A、R 的元素都有限的情况下，称 MDP 为有限马尔可夫决策过程。

强化学习模块的环境状态包含网络的各项指标，并以时间间隔划分状态。在起始时刻 t_1，从动作空间选取需要执行防御策略。此时，网络未响应策略，网络状态为网络攻击存在情况下的网络指标，记为 s_1；经过时间间隔 Δt，网络响应，记录此时网络状态为 s_2；经时间间隔 Δt，记录网络状态为 s_3，依此类推，直至网络指标达到相对稳定。

奖励函数的设定由网络的时延 D、丢包率 L，以及策略执行后网络状态达到稳定后的策略用时 T 三部分组成。

时延指一个报文或分组从一个网络的一端传送到另一个端需要的时间。对于一个好的防御策略，希望策略执行后网络时延尽可能低。

网络丢包率指数据包丢失部分与所传数据包总数的比值。

同理，希望防御策略执行后达到网络时延尽可能低的效果。

策略用时指从防御策略执行开始，到网络状态达到相对稳定所用的时间。策略用时在一定程度上反映防御策略的效率，策略用时越低，网络指标收敛越快。

基于上述指标，强化学习策略生成系统的奖励函数设定为

$$\text{Reward} = -\alpha D - \beta L - \mu \frac{T}{T_0} \tag{5-2}$$

其中，α、β、μ 为调节因子，用于平衡三个指标间的比例关系；T_0 为人为设定的策略用时基准，用于计算策略用时的相对长短。

智能体动作执行结束的标志是网络指标达到相对稳定，选取网络时延和网络丢包率共同衡量网络是否达到稳定状态。记网络状态 s_i 下，网络的时延和丢包率分别为 D_i 和 L_i，当 D_i 和 L_i 同时满足式(5-3)和式(5-4)时，认为网络达到稳定状态，即

$$\frac{D_i - D_{i-3}}{3} \geqslant 0.05 \frac{D_{i-3} - D_1}{i-3} \tag{5-3}$$

$$\frac{L_i - L_{i-3}}{3} \geqslant 0.05 \frac{L_{i-3} - L_1}{i-3} \tag{5-4}$$

基于强化学习的策略生成模块分别采用 Q 学习(quality-learning，Q-learning)和深度 Q 网络(deep quality-leaning network，DQN)模型实现本地最优控制策略的生成。

1) Q-learning 算法

Q-learning 算法又称离轨策略下的时序差分控制算法，是最经典的强化学习算

法。该算法使用 Q 值函数(表示在给定状态下执行特定动作的预期回报)指导智能体的决策[14]。

Q-learning 假设将智能体与环境的交互视为马尔可夫决策过程。在这个过程中，智能体的当前状态和选择的下一步动作决定了一个状态转移概率分布，导致状态的转移，并获得即时奖励值(回报)。Q-learning 算法建立了包含状态 s 和动作 a 的 Q 表，储存动作价值函数。Q-learning 学习过程包含的两个重要过程分别是 Q-learning 决策和对 Q 表的更新。

(1) Q-learning 决策。在环境中探索的过程中，智能体会根据当前状态读取 Q 表中的对应行，依据一定的探索方法进行当前状态下的动作决策。

(2) Q 表更新。在强化学习模型训练的过程中，智能体与环境交互并从环境中得到奖励，根据奖励对 Q 表中相应动作的 Q 值进行更新。

在 Q-learning 算法中，最重要的结构是包含状态 s 和动作 a 的 Q 表。在演进原子使用的 Q-learning 算法中，Q 表的行代表状态 s，列代表动作 a。Q 表示例如表 5.1 所示。$s_1, s_2, s_3, \cdots$ 代表网络的状态，$a_1, a_2, a_3, \cdots$ 代表网络的不同防御动作。

表 5.1　Q 表示例

状态	动作			
	a_1	a_2	a_3	…
s_1	$q(s_1, a_1)$	$q(s_1, a_2)$	$q(s_1, a_3)$	…
s_2	$q(s_2, a_1)$	$q(s_2, a_2)$	$q(s_2, a_3)$	…
s_3	$q(s_3, a_1)$	$q(s_3, a_2)$	$q(s_3, a_3)$	…
…	…	…	…	…

在 Q 表中，列数等于动作空间中动作的个数，行数等于状态空间中的状态个数。智能体每到达一个状态 s，就读取 Q 表中状态 s 对应的这一行所有动作的 Q 值，使用 ε-greedy 探索算法，即有 ε 的概率选择 Q 值最大的动作，或者随机选择一个动作。当智能体做出动作后会得到对应的奖励，通过奖励计算对 Q 表进行更新。更新方式为

$$Q(S,A) \leftarrow Q(S,A) + \alpha\left(R + \gamma \max_a Q(S',A) - Q(S,A)\right)$$

在 Q-learning 算法中，$Q(S,A)$ 也称 Q_{predict}，表示模型对动作 Q 值的估计，$R + \gamma \max_a Q(S',A)$ 也称 Q_{target}，表示环境反馈后的 Q 值目标。当动作执行到最后一步时，由于此时回合结束，不存在下一个状态，因此 $Q_{\text{target}} = R$。强化学习算法基本参数及含义如表 5.2 所示。

表 5.2 强化学习算法基本参数及含义

参数名	含义
ε	贪婪度，决定有多大概率选取 Q 值最大的动作
α	学习率，决定有多少误差需要被学习
γ	奖励递减值，表示对未来奖励的衰减值

2) DQN 算法

DQN 算法属于深度强化学习算法的一种。算法的主要思想是，把神经网络与 Q-learning 算法相结合，利用神经网络对数据的处理能力，把数据作为强化学习的状态，并输入神经网络模型(智能体)。随后神经网络模型输出每个动作的价值(Q 值)，从而得到当前状态下要执行的动作[15]。

DQN 算法框架图如图 5.5 所示。DQN 算法之所以能够较好地整合深度学习和强化学习，主要原因是 DQN 算法引入的三大核心技术。

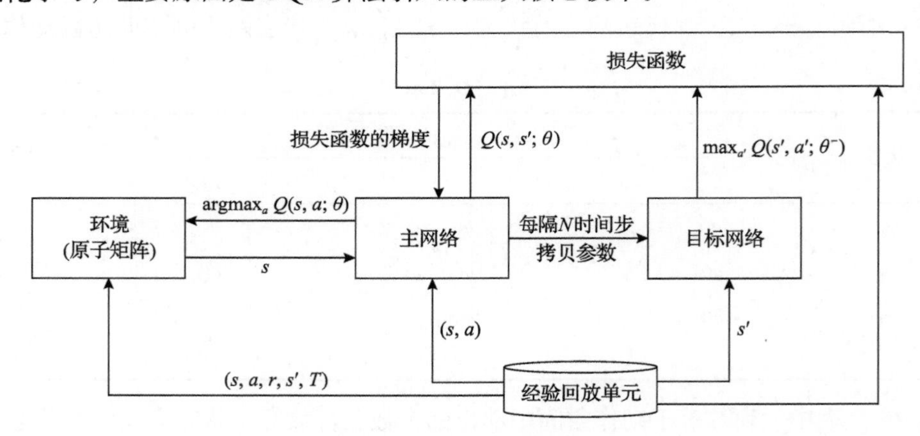

图 5.5 DQN 算法框架

(1) 目标函数。基于 Q-learning 算法，使用奖励构造标签，从而得到深度学习可用的目标函数。

(2) 经验回放。引入经验池，可以解决数据相关性及非静态分布问题。

(3) 双重网络。使用一个神经网络产生当前 Q 值，另一个神经网络产生目标 Q 值，改善模型不稳定的问题。

(1) 目标函数(损失函数)。

DQN 算法中的神经网络，作用在高维且连续状态下的动作价值函数，进行有效的近似估计。然而，在启动这一过程之前，需要先确定网络的优化目标，随后才能使用已有的参数学习方法更新模型的权重参数，进而获得近似价值函数。

DQN 算法通过 Q-learning 算法构建网络可学习的目标函数(损失函数)。

Q-learning 算法的更新公式为

$$Q(S,A) \leftarrow Q(S,A) + \alpha\left(R + \gamma \max_a Q(S',A) - Q(S,A)\right) \tag{5-5}$$

使用均方差定义 DQN 算法的损失函数，即

$$L(\theta) = E[(R + \gamma \max_{a'} Q(s',a',\theta) - Q(s,a,\theta))^2] \tag{5-6}$$

其中，γ 为折扣因子；$R + \gamma \max_{a'} Q(s',a',\theta)$ 为目标 Q 值。

得到损失函数之后，可直接采用梯度下降法或其他优化算法来更新权重参数。

(2) 经验回放。

DNN 作为有监督学习模型，要求输入的样本数据满足独立同分布。在强化学习任务中，样本数据往往呈现出时间序列上的依赖性，即当前的决策和状态不仅受到过去行为的影响，而且对未来的路径也具有潜在的连带效应。如果直接使用关联的数据进行 DNN 训练，会导致模型难收敛，损失值持续波动等问题。

鉴于此，DQN 算法引入经验回放机制，即把每一时间步智能体和环境交互得到的经验样本数据存储到经验池中，需要进行网络训练时，从经验池中随机抽取小批量的数据进行训练。每个经验样本数据以五元组 (s,α,r,s',T) 的形式存储，其中 T 为布尔类型，表示新的状态是否为终止状态。

通过引入经验回放机制，有助于去除样本间的相关性和依赖性，减少函数近似后进行价值函数估计时出现的偏差，从而解决数据相关性及非静态分布等问题，使网络模型更容易收敛。

(3) 双重网络。

在 Q-learning 算法中，当前 Q 值和目标 Q 值使用相同的参数模型，当前 Q 值增大时，目标 Q 值也会随之增大。这会在一定程度上增加模型振荡和发散的可能性。为了解决该问题，DQN 算法使用旧的网络参数 θ^- 评估一个经验样本中下一时间步的状态 Q 值，并且只在离散 θ 的多步间隔上更新旧的网络参数 θ^-，为待拟合的网络提供一个稳定的训练目标，并给予充分的训练时间，从而使估计误差得到更好的控制。

DQN 使用两个神经网络进行学习，即主网络 $Q(s,\alpha,\theta)$，用来评估当前状态-动作对的价值函数；目标网络 $Q(s,\alpha,\theta^-)$，用以产生目标 Q 值。每经 N 轮迭代，将主网络的参数复制给目标网络中的参数 θ^-。DQN 算法如算法 5.1 所示。

DQN 算法通过引入目标网络，使一段时间内目标 Q 值保持不变，并在一定程度上降低当前 Q 值和目标 Q 值的相关性，使训练时损失值振荡发散的可能性降低，从而提高算法的稳定性。

算法 5.1：DQN 算法

初始化经验池 D，设置最大样本存储容量为 N；
初始化主网络 Q，权重参数为 θ；
初始化目标网络 $\hat{Q}$，权重参数 $\theta^{-}=\theta$；
for episode = 1 to M
　　初始化状态 s_1，并转换为神经网络的输入 $\Phi_1=\Phi(s_1)$；
　　for t = 1 to T
　　　　以概率 ε 选择随机动作 α_t
　　　　否则选择 $\alpha_t=\arg\max_a Q(\Phi(s_t),\alpha,\theta)$；
　　　　执行动作 α_t，获得奖励 r_t；
　　　　设 $s_{t+1}=s_t\mid\alpha_t$，并转换为神经网络的输入 $\Phi_{t+1}=\Phi(s_{t+1})$；
　　　　将 $(\Phi_t,\alpha_t,\Phi_{t+1},T)$ 存储到经验池中；
　　　　从经验池 D 中随机采样小批量样本 $(\Phi_j,\alpha_j,\Phi_{j+1},T,r_j)$；
　　　　设 $y_j=r_j+\gamma\max_{a'}Q(\Phi_{j+1},\alpha',\theta^{-})$
　　　　　用梯度下降法更新 $y_j-Q(\Phi_j,\alpha_j,\theta)^2$ 中的网络参数 θ；
　　　　　每隔 C 步重设 $\hat{Q}=Q$；
　　end for
end for

3. 基于蚁群算法的策略生成

针对传统强化学习面临策略空间维度爆炸、随机探索效率低下的问题，研究基于蚁群算法的策略空间探索技术，将特定攻击下的网络防御动作抽象为蚁群算法中的路径，将强化学习模型中每个防御动作的归一化 Q 值作为路径的启发函数，实现策略空间下最优解的快速搜索，加快强化学习的算法收敛速度，减少网络恢复所需时间，提升控制策略演进的稳定性。

蚁群算法是一种受蚂蚁觅食行为启发的优化算法，由 Dorigo 于 1992 年提出。该算法模拟了蚂蚁寻找食物和返回巢穴的过程中的群体协作和信息传递，可以帮助解决各种优化问题[16]。蚁群算法在组合优化、路径规划、调度等领域有广泛的应用。其核心思想在于通过多个蚂蚁之间的协作和信息素的引导实现全局搜索和局部开发的平衡，从而找到问题的优化解。

蚁群算法的原理基于蚂蚁群体的行为和信息素传播，主要包括以下几个要点。

信息素指蚂蚁在路径上释放信息素，信息素的浓度表示路径的好坏。信息素浓度高的路径更有可能被其他蚂蚁选择。

路径选择指蚂蚁选择下一个节点的方式取决于信息素浓度和启发函数。信息素浓度高的路径和启发函数建议的路径更有可能被选择。

信息素更新指当蚂蚁完成一次路径选择后，根据路径的质量(通常是问题的适应度函数）更新路径上的信息素浓度，即好路径上的信息素增加，不好路径上的信息素减少。

信息素蒸发指为了防止信息素累积过快，引入信息素的蒸发机制，即每一轮后，信息素在路径上逐渐蒸发。

多蚂蚁协作指蚁群算法使用多个蚂蚁同时探索，它们可以同时在不同路径上搜索，并通过信息素的引导进行协作。

在特定攻击下的网络防御动作抽象为蚁群算法中的路径，将强化学习模型中每个防御动作的归一化 Q 值作为路径的启发函数，用于表示防御动作总体的优劣。同时，将历史数据中的一条数据作为蚂蚁的探索，对应的网络状态改变量作为路径信息素的改变量。

防御动作的计算公式为

$$P_{ij}=\frac{(\eta_j)^{\alpha}(\tau_{ij})^{\beta}}{\sum_{j=1}^{n}(\eta_j)^{\alpha}(\tau_{ij})^{\beta}} \tag{5-7}$$

设训练数据中攻击的种类数（行数）为 m，动作的总个数（列数）为 n，i 代表攻击种类，j 代表动作种类，P_{ij} 为计算后得到的在特定攻击下选择某一动作的概率，η_j 为此防御动作由强化学习模型中的 Q 值进行归一化后得到的适应性系数，τ_{ij} 为此类攻击下此防御动作的信息素浓度，α 和 β 分别为适应性函数和信息素浓度的权重参数。

适应性函数 η_j 在强化学习训练结束后根据模型参数计算得到。首先，将与该动作相关的模型参数（Q 值）求和，计算公式为

$$x_j=\sum_{i=1}^{m}Q_{ij} \tag{5-8}$$

式（5-8）表示在假设攻击种类数目为 m 的情况下，将同一种防御动作在所有种类的攻击下对应的 Q 值进行求和得到 x_j，直观表现出此种动作在不同攻击情况下表现的好坏。然后，对不同防御动作所对应的 x_j 进行 max-min 归一化后得到动作对应的 η_j，计算公式为

$$\eta_j=\frac{x_j-x_{\min}}{x_{\max}-x_{\min}}(b-a)+a \tag{5-9}$$

式（5-9）将计算得到的 x 值进行 max-min 归一化处理，a、b 为可调参数，作

用是将其值映射到$[a,b]$。通过式(5-9)可计算得到此种攻击的衰减系数η_j，当a_j越接近b时，代表此种动作在不同攻击下的防御效果越好，越接近a则越差。

信息素浓度τ_{ij}表示特定攻击下演进原子对防御动作的推荐程度，是强化学习模型对Q表中每一种攻击下不同防御动作的Q值评估后的结果。信息素计算公式为

$$\tau_{ij}=(1-\rho)\tau_{ij}+\sum_{k=1}^{m}\Delta\tau_{ij}{}^{k} \tag{5-10}$$

其中，τ_{ij}为特定攻击下该防御动作的信息素浓度值；ρ为信息素的蒸发率，表示信息素在一次迭代中的蒸发比例；m为蚂蚁数量，对应网络历史状态数据的增量；$\Delta\tau_{ij}{}^{k}$对应蚂蚁k在特定攻击下选择特定动作所释放的信息素增量，与原始数据中采取防御动作后网络状态的变化有关。

引入机器学习的优势在于在不同阶段都能基于对历史数据的分析对不同情况下的策略选择提供指导。因为推荐策略由模型参数计算得到，因此随着强化学习模型的训练，推荐策略与模型参数会同步更新，从而达到不断演进的目的。

5.4　自主策略生成流程

随着网络规模的日益扩大和网络架构的复杂性不断增加，策略配置管理的方法变得多样化。策略控制的粒度变得更加精细，这导致当用户意图发生变化时，所需的策略规则数量急剧增加，管理变得更加复杂。此外，人工智能和机器学习等先进信息技术的快速发展，推动了网络管理向自动化和智能化方向发展。因此，研究意图驱动的自动网络管理架构已成为当前紧迫的需求。

意图驱动的自主策略生成架构如图 5.6 所示，添加了外部输入意图和内生意图的策略自动生成，形成意图驱动的自主策略生成架构[17]。

该架构主要包括策略推理模块、策略库模块和策略执行模块。

(1)策略推理模块包括对外部输入意图进行策略保障和内生意图的自动策略生成。该模块由以下四个主要部分构成：本地策略推理模块、人工智能/机器学习模块、生成策略集模块，以及策略适配器模块。该模块将全域意图逐步分解为单域意图，并通过本地策略推理模块，以及人工智能/机器学习模块在单域内生成最佳的故障、配置、审计、性能和安全(fault、configuration、accounting、performance、security，FCAPS)策略，经过策略适配器模块，转换为设备可配置的策略，最后下发至可执行设备。

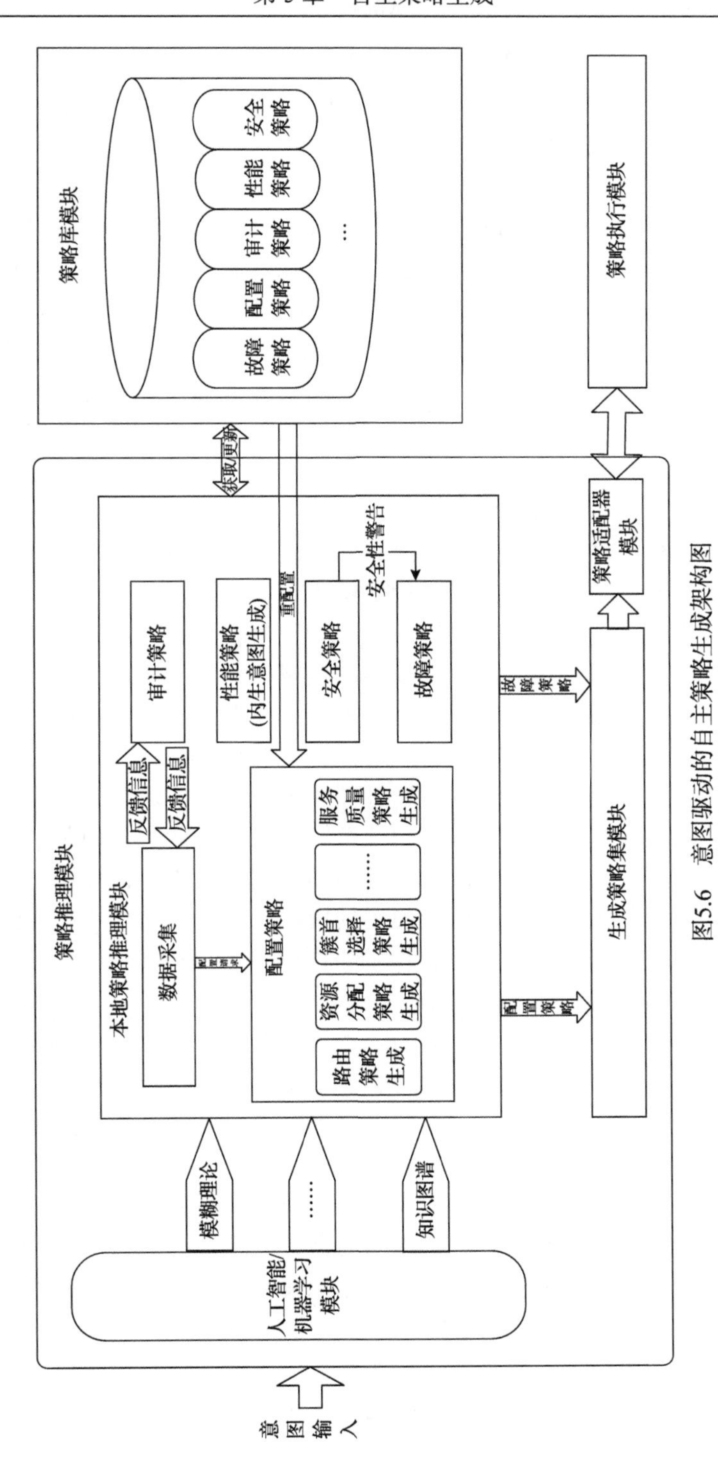

图5.6　意图驱动的自主策略生成架构图

(2) 策略库模块用来存储初始输入的网络配置策略，以及本地策略推理模块和人工智能/机器学习模块生成的策略。策略库根据网络管理的五种基本功能 FCAPS 分成五个子策略库分别存储对应的策略，其中 F 表示故障策略，C 表示配置策略，A 表示审计策略，P 表示性能策略，S 表示安全策略。以配置策略为例，又可细分为路由配置策略、资源分配策略等子策略。策略规则的生成需要查询现有策略库，由现有策略库组合生成或者学习生成新的策略规则。因此，本地策略推理模块需要获取策略库策略，并将学习的新策略存入策略库。

(3) 策略执行模块负责执行策略的逻辑实体，也称策略客户端。该模块通常部署于路由器、交换机等网络设备，负责执行由策略推理模块下发的策略，并将执行结果反馈给策略推理模块，使其可以实时感知策略的执行情况，以及网络状态的变化。

策略推理模块的各个组成部分如下。

(1) 本地策略推理模块：包括数据采集模块、故障策略模块、配置策略模块、审计策略模块、性能策略模块、安全策略模块。

①故障策略模块：用来生成相应的故障管理策略。故障管理是网络管理中最基本的功能之一。故障管理处理网络故障的监视、诊断和建议解决方案，一旦网络被配置，就必须对其进行监控，以确保各网元设备和服务正常运行，并提供可接受的性能水平。当网络出现故障时，故障管理功能必须收集此故障的所有证据，并诊断问题产生的根本原因。这是故障管理系统执行的关键功能之一。

②审计策略模块：用来生成相应的计费管理策略。计费管理用来记录网络资源的使用情况，目的是控制和监测网络操作的费用和代价，估算用户使用网络资源可能需要的费用和代价，以及已经使用的资源。此外，该模块还能够设置用户使用网络资源的最大费用限额，以此作为控制机制，防止用户过度占用网络资源。这也可以从另一方面提高网络的效率。

③配置策略模块：用来生成相应的配置管理策略。配置管理完成的功能是初始化网络，并配置网络使其提供网络服务。FCAPS 的其余管理类型只需要网络元素执行只读操作以收集状态信息，而配置管理需要对网络元素的配置进行更改以启用网络服务。配置管理是获取网络服务的第一步。FCAPS 的其余管理工具依赖配置管理完成策略的输出。配置管理包括网元设备和服务的配置、数据库管理配置、监察配置，以及配置回滚。意图驱动的自主策略生成架构图将网元设备和服务的配置再次细分为路由策略生成、资源分配策略生成、服务质量策略生成，以及特定网络场景需要用到的簇首选择策略生成模块。

④性能策略模块：用来生成相应的性能管理策略。性能管理用来评估系统资源的运行情况，以及通信效率等系统性能。其能力包括监视和分析被管网络及其提供的性能。性能分析的结果可能触发某个诊断过程或重新配置网络以维持网络

的性能。性能管理收集分析被管网络的数据信息。在意图驱动的自主策略管理架构图中，性能策略模块需要根据单个网络设备或者部分网络设备的监测数据，预测潜在的个体或者群体意图，即内生意图，进而触发配置策略模块生成相应的配置策略。

⑤安全策略模块：用来生成相应的安全管理策略。当前网络中存在以下安全问题，即网络数据的私有性问题(保护网络数据不被侵入者非法获取)、授权问题(防止侵入者在网络上发送错误信息)，以及访问控制问题(控制对网络资源的访问)，所以安全管理包括对授权机制、访问控制、加密管理，以及维护和检测安全日志。

⑥数据采集模块：用来存储从基础设施层采集到的数据，包括策略执行点的策略配置请求信息、策略执行反馈数据，以及检测数据等。

各模块直接或间接与配置策略模块有着紧密的关系。现在主要讨论性能策略、安全策略、故障策略、配置策略模块之间的相互关系。

配置、安全策略可以向故障策略提供一个触发条件，并生成相应的故障策略。策略决策点将故障策略下发给基础设施层的策略执行点。在策略执行点，故障策略被触发，策略执行点需向策略决策点的配置策略模块申请相应的解决故障的配置策略。配置策略模块通过人工智能及机器学习算法生成相应的配置策略，并下发给策略执行点。在此过程中，策略执行点的策略配置请求被存储在数据采集模块。

此外，数据采集模块还存储有性能策略模块需要的反馈信息。该反馈信息包含配置策略的执行效果反馈。若配置策略的执行结果不能满足性能要求，性能策略模块会要求配置策略模块重新学习新的策略规则，并重新下发。

本地策略推理模块的各组成部分关系密切。通过本地策略推理模块，底层控制器可以生成每个策略执行点需执行的策略规则，实现意图对整个网络的统一管控。此外，通过搜集策略执行的反馈结果，实现策略生成的自适应调整。通过搜集网络性能相关特征的变化信息，生成内生意图，进而及时调整配置信息，保障网络运行的稳定性。

(2)人工智能/机器学习模块：无论是利用现有策略演进形成新的策略，还是通过学习得到新的策略，都离不开人工智能技术与机器学习算法。机器驱动的方法使网络操作员不必通过大量的参数和状态空间进行手动测试，可以消除回路中的人为因素，保证结果的公正性，提高可重复性。

现有策略生成方法通过强化学习和蚁群算法动态演进策略，全面考虑历史数据、特别关注最新数据，实现控制策略的适应演进，确保网络持续正常运行。随着网络状态的变化和历史数据的积累，当环境发生改变使最优策略变化时，可以自适应演进到当前的最优解，并将生成的策略表上传至策略库模块中，实现网络防御策略的持续演进，提升应对动态网络环境的能力。

(3)策略适配器模块。生成策略集输出的策略是与设备无关的策略语言。此处，设备无关的策略语言指该策略语言是一种统一的格式，与具体的网络设备接口无关。为了确保这种策略语言适用于所有策略执行点的设备接口，需要一个策略适配器，能将设备无关的策略语言转换为适用于各个供应商设备有关的专用、可理解、可执行的语言。

(4)生成策略集模块。生成策略集是本地策略生成模块的关键输出组件。具体来说，它是一个专门用于存储和打包策略的缓存模块。在此模块内，可以将分配给各个策略执行点实体的策略进行整合，确保它们都遵循统一的格式。经过生成策略集处理的策略将被发送给策略适配器模块。

5.5 系统实现

用户在意图层输入网络安全意图，即使用用户界面编辑网络安全策略。用户界面提供给不同用户(管理不同的区域、不同类别的设备)可以使用的由标签管理服务模块从设备层捕获的标签信息。

用户使用拖拽的形式设置源端点组、目的端点组、分类器信息、服务链信息，以及组合约束。图组合器对来自不同用户的抽象图模型进行组合，输出一个归一化无冲突的抽象图，最后按照抽象图包含元素的数据结构，将抽象图转化为 Pyretic 程序的形式，通过北向接口下发到控制层。

如图 5.7 所示，用户在意图层输入网络安全意图，即使用用户界面编辑网络安全策略。用户界面提供给用户可以使用的由标签管理服务模块从设备层捕获的标签信息。

用户使用拖拽的形式设置源端点组、目的端点组、有向边(分类器信息、服务链信息、组合约束)，最终形成 PGA。图组合器对不同用户制定的多个的抽象策略图进行组合。这个组合过程分两步，即图规范化和图合并。每一步都需要对 PGA 中的端点组(endpoint group，EPG)、组合约束和有向边进行处理。由于这三个部分相互独立，因此分别对它们冲突处理完成就可以得到归一化的无冲突策略图。最后，意图层的策略自动生成模块根据图组合器生成归一化 PGA 并转化为 Pyretic 程序的形式，通过北向接口下发到控制层。

控制层主要由 SDN 控制器构成，包含 Pyretic 程序解释器，以对从北向接口下发的 Pyretic 程序进行解释运行。设备层主要为各类物理设备实体，并部署大量层级式、分布式的数据分析中心，为信息反馈和策略配置提供参数。

意图驱动网络安全部署仿真在设计时所用的技术主要包括用户界面设计、数据库、图编辑器和图组合器、云网环境模拟。

(1)用户界面设计主要使用 JavaScript 语言进行页面布局设计，通过监控鼠标

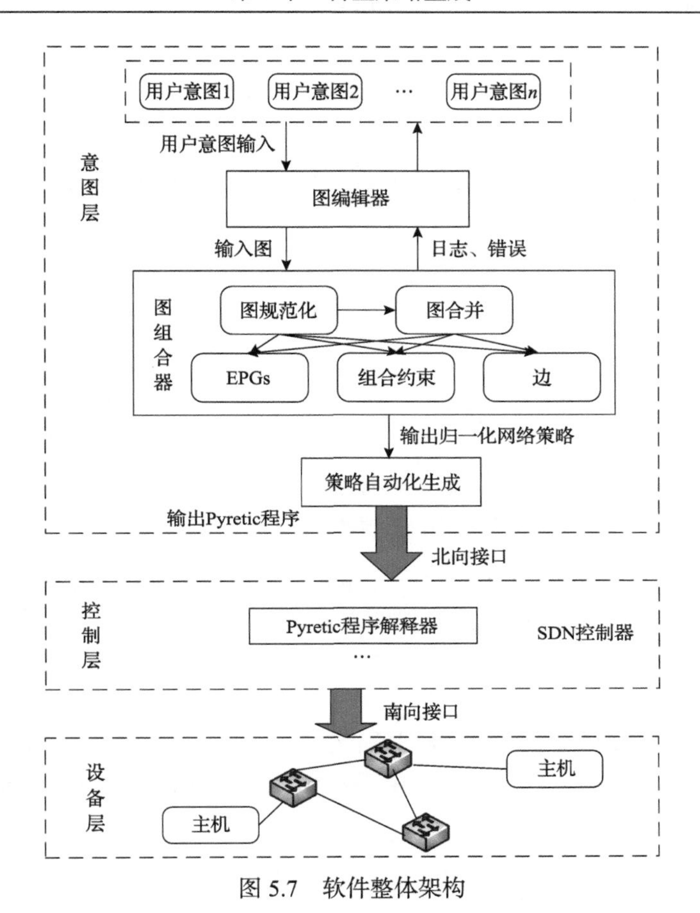

图 5.7　软件整体架构

与键盘动作，获取用户行为。

(2) 数据库由运行在服务器上的开源 MariaDB 组成项目设计。

(3) 图编辑器和图组合器主要实现多用户输入抽象策略图的归一化与 Pyretic 程序的转换，主要使用 Python 语言实现。

(4) 云网环境模拟主要模拟云网网络环境(表 5.3)。

表 5.3　仿真环境

集成开发环境	代码编译器	客户端软件	后台服务器	云网编排器	前端服务器
PyCharm 5.0	Python 2.7.0	Chrome、Firefox、IE 等浏览器	Django	OpenStack	nodejs=1.8

图编辑器是为用户提供的一个简单直观的图形界面，如图 5.8 所示。类似网络管理员通常在白板上可视化他们的策略。每个用户根据对他们有意义的逻辑端点属性为任意选择端点编写策略。这使用户能够灵活地编写彼此独立的策略，以及底层物理网络基础设施。

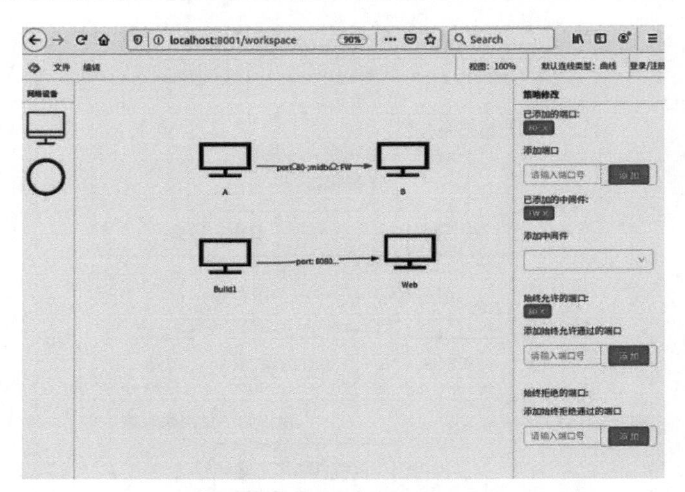

图 5.8　支持用户拖拽的网络安全策略编辑器

用户在意图编辑器中以文本的形式输入其对混合云业务的需求，并以 HTTP 请求的形式发送给后端，如“从西安的本地数据中心到西安的阿里云调一条重保等级的视频，时间要求为 2022 年 6 月 25 日 11 时 13 分至 2022 年 6 月 26 日 20 时 12 分”。

经过意图驱动网络按需编排处理后，在 OpenStack 中得到的网络拓扑如图 5.9 所示。路由器是预先在 OpenStack 中手动添加生成的，可以实现 OpenStack 与 Internet 的连接。

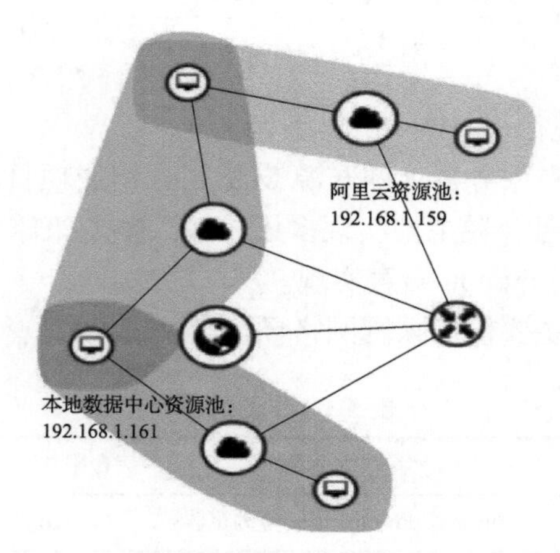

图 5.9　网络拓扑

图组合器为了对来自多用户的体现其意图的策略进行处理，设计基于 PGA 的组合器，对多个策略的冲突进行分解，以得到一致性的归一化策略。在策略冲突分解，以及组合的过程中，对用户输入的策略图中的元素进行分解，分解为 EPG、组合约束和有向边三个部分。三个部分独立组合在一起构成策略，所以对每个部分进行冲突消解，以形成具有一致性的归一化策略图。

冲突消解的过程分为两个部分，首先对用户在图编辑器制定的抽象策略图进行规范化，在这个过程中将 EPG 转换为全局不相交的 EPG；然后对组合约束进行合并，至此完成对 EPG 和组合约束这两个部分的冲突消解，可以看出图规范过程主要处理的是 EPG 和组合约束集合之间的重叠关系；最后在图合并过程中，对有向边之间的冲突进行消解，包括分类器的合并和服务链的合并。在第一步输入图 EPG 转换的过程中，借助控制层提供的标签层次结构和标签映射将多输入图的 EPG 转换为全局不相交的 EPG；第二步，组合约束的合并，采用基于韦恩图的合并方法，发现组合约束之间的冲突或冗余关系；最后，有向边的合并包括分类器的合并和服务链的合并。分类器的合并基于韦恩图的方法，服务链的合并考虑为每个中间件定义优先级，并根据优先级进行拓扑排序。如图 5.10 所示，设置网络功能应用使能界面，勾选一键使能网络安全应用，如中间件和防火墙等。

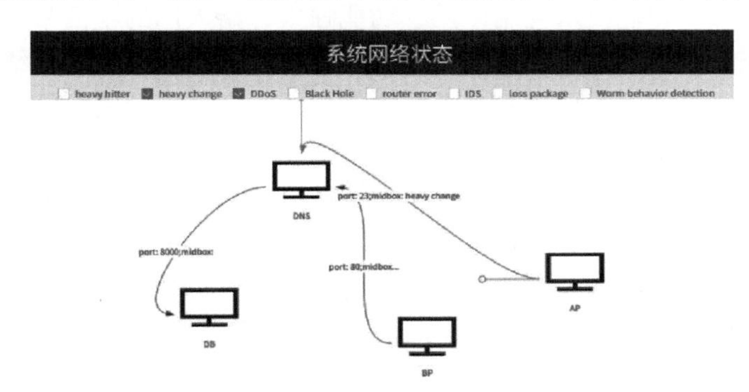

图 5.10　策略冲突分解结果图形化

冲突分解后的策略被部署到 OpenStack 中，由云资源池 1 向云资源池 2 发送大小为 20Mbit 的数据，并采用 iperf 网络测量工具对云资源池之间的网络带宽和抖动进行测量。如图 5.11 所示，网络可以提供大于 20Mbit 的带宽供视频数据传输，同时抖动值小于 0.8ms，以满足云业务抖动小于 1ms 的服务质量需求。可以看出，意图驱动网络的按需编排模型是有效的。

先进网络安全的内涵和外延将不断扩大，以实现从网络安全到网络空间安全的全面升级。先进网络不仅支持传统的通信业务，还能为大量新兴产业提供服务。随着智能产业和网络技术的发展，元宇宙、增强现实(augmented reality，AR)/虚拟现实(virtual reality，VR)、车联网、超高清视频等新业务不断出现，需要更多的网络带宽资源、计算资源，同时需要加强网络安全和隐私，以确保正常运行和用户体验。

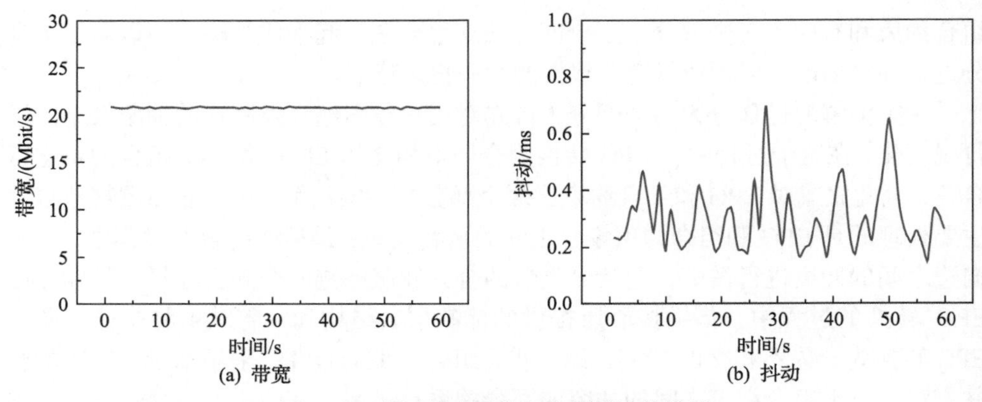

图 5.11　意图驱动网络安全部署性能模拟

人工智能技术飞速发展，作为人工智能技术应用的一个重要领域，网络安全中的许多问题都可以用人工智能技术来解决，如恶意流量识别、未知攻击识别、入侵检测等。人工智能技术应用广泛、功能强大，给人们的生活带来便利，在网络安全资源配置方面会给网络安全资源配置带来很多好处。随着网络规模的不断扩大，给网络安全资源的调度带来了巨大的挑战，网络安全资源的人工调度容易产生错误，因此基于人类意图的网络安全防御十分必要。

针对当前网络安全策略配置耗时长且易出错、对网络变化响应慢、灵活性差、策略更新时状态不一致等问题，研究网络安全策略自动生成技术，可以实现网络安全策略自动生成与调整、网络安全策略的一致性检测与冲突消解，构建网络安全策略一体化控制系统。

网络安全防御策略控制系统框架如图 5.12 所示。

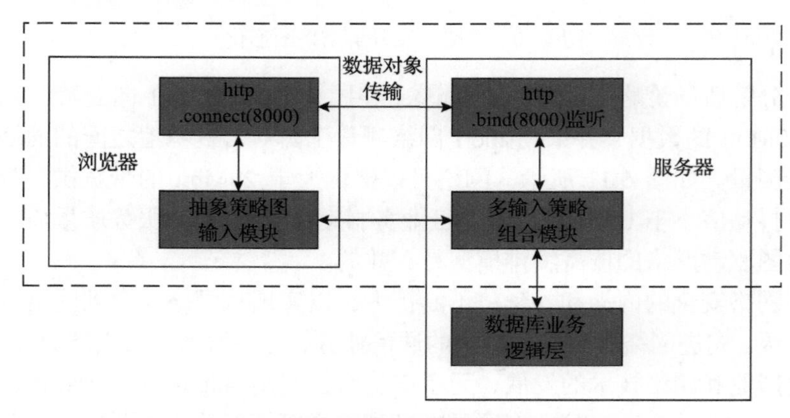

图 5.12　网络安全防御策略控制系统框架

网络安全防御策略控制系统需要实现服务器端对数据类型的封装、浏览器端对数据的解析显示、事件处理，以及服务器与浏览器之间的通信功能。

基于意图的安全配置与验证框架主要包括意图层、控制层、设备层。控制层主要由 SDN 控制器构成。设备层主要为各类物理设备实体，并部署大量层级式、分布式的数据分析中心，为信息反馈和策略配置提供参数。

为了更好地对网络策略进行高级抽象，意图层 PGA 模型应该具备以下性质。

(1) 简单而直观。许多网络管理员和云租户都是根据在白板上画图表来设计他们的策略。策略抽象必须像绘制图表一样简单，但是要有足够的表达能力来捕获它们对于具有复杂服务链需求的各种动态 SDN、云和 NFV 应用程序的意图。

(2) 独立且可组合。每个策略编写人员能够独立地编写策略，而不需要与其他策略编写人员进行协调，但是要确保他们的意图被正确地组合和执行，在出现冲突或需要更多信息时收到通知。

(3) 即时组合。组合策略并确保在部署之前满足各个策略意图。即时合成可以极大地减少运行时系统必须处理的冲突/错误的数量，支持快速运行时的操作，并且与延迟合成相比，可以减少系统错误行为的机会。然而，系统中没有实际端点的即时组合可能导致指数级状态爆炸，因为在最坏的情况下，应该考虑输入策略的每个组合。策略框架设计应该支持快速组合。

(4) 自动化。策略框架必须高度自动化，以便将网络管理员从手动和容易出错的策略组合中解放出来。在某些情况下，当系统不能识别最佳策略组合时，可能需要人工提供输入并选择一个组合。然而，这比现有的手工合成方法要高效。

(5) 格式良好。从输入策略生成的组合策略应该是格式良好的，这样就可以为任何给定的包和相关的动态条件选择唯一的策略。这使得运行时的操作具有确定性。

(6) 服务链分析。为正确的策略组合处理服务链是至关重要的。例如，一个错误放置的防火墙可以丢弃访问控制列表(access control list，ACL)策略合法允许的数据包。在可能的范围内，策略框架需要对服务功能的行为建模进行组合分析。

PGA 模型是一个简单而直观的基于图的抽象，用于每个子域分别表示端点上的网络策略，独立于底层网络基础设施。使用 PGA，用户可以使用类似网络管理员在白板上可视化策略的方式来制定网络策略。

PGA 模型自动将多个独立指定的策略图组合成一致的组合策略。这要求除了有访问控制策略，还需要有合并服务功能链的新能力。因此，策略图抽象模型包含三个支持组合的原语。

(1) 包处理行为。服务功能链中每个网络服务功能的包处理行为是由 Pyretic 网络编程语言的变体显式指定的。在组合过程中，将分析这些描述，以便自动组合服务功能链，正确地组合来自多个策略图的策略。

(2) 标签映射。引入标签映射来识别可能具有重叠端点成员关系的端点组。避免不必要地组合相互排斥的端点组，从而大大减少计算时间和内存需求。标签映射不仅可以检测不同图的端点组之间的重叠成员关系，还可以检测单个图中的重叠成员关系。

(3)组合约束。引入组合约束是为了让策略编写者(用户)能够灵活地表达在组合下永远不会被违反的不变量。每个策略编写者都可以独立地表达其预期的不变量，而 PGA 系统将在尊重不变量的同时自动组合这些单独的策略。

接下来，介绍基本的 PGA 的结构和支持组合的原语。

1)术语定义

(1)端点(endpoints，EP)是网络中具体的唯一可识别的实体。EP 是应用策略的最小抽象单元，如服务器、VM、客户端设备、网络、子网/最终用户。

(2)端点组(endpoint groups，EPG)是共享公共策略集的端点集。一个 EPG 包含满足为 EPG 指定的成员谓词的所有 EP。在图 5.13 中，每个成员谓词都被给出了一个标签，如 Web、DC 等。通常，一个成员谓词可以是所有标签上的布尔表达式。

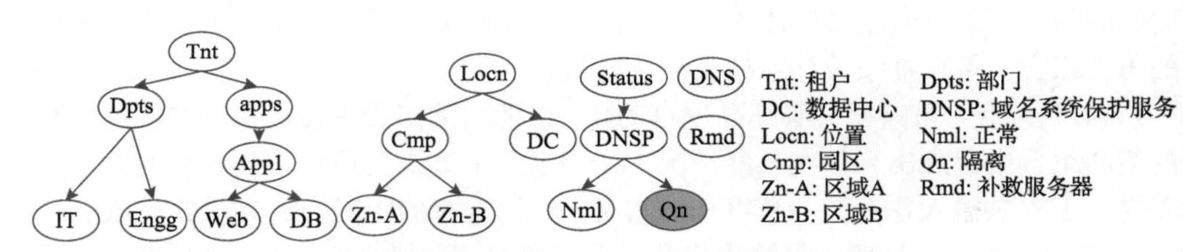

图 5.13 示例输入标签名称空间层次结构

(3)抽象策略图模型中的每个顶点(vertical)表示一个由一组 EP 组成的 EPG。

(4)标签(label)代表实体的不同属性，不需要列出实体的所有细节。标签是简单的键值对，用以表达实体的基本属性(Value)，包括计算(内存、CPU)、网络(接口、速度)、安全(补丁、感染)等信息。标签的基本属性会随着基础设施属性变化，在生命周期内动态改变。为实现此功能，需要在控制层提供标签管理服务。

标签可以分为三类，即标识最终用户或应用程序的租户标签、标识网络拓扑区域的网络位置标签、指示动态更改属性的状态标签。

(5)标签层次结构在层次结构中排列一组标签，包括叶标签和复合标签。图 5.13 为一个标签层次结构。其中，Tnt、Locn、Status 为根节点，树的根节点被视为键属性，定义标签树的名称/标识；根节点的名称在标签名称空间中是唯一的。除了根节点外的所有节点都是非根节点，是树根的值属性。非根节点分为两种子类型，即叶节点和非叶节点。叶节点是分配给云基础设施实体的基本元素和成员谓词，如图 5.13 中的 IT、Zn-A 等都是叶节点。叶节点是真正的基本元素。每个非叶节点标签都是一个复合标签，它只是所有后代叶节点标签逻辑分离(布尔或)的一个方便的缩写。例如，Cmp 相当于 Zn-A 或 Zn-B。

标签层次结构为 PGA 的合成提供了另一个重要的用途。借助标签层次结构，策略组合过程将输入图转换为所有 EPG 具有不相交成员关系的规范化形式。因此，PGA 需要知道哪些标签是互斥的，即不能同时分配给一个 EP。例如，在 DNS 保护器中，EP 不能同时是正常(Nml)和隔离(Qn)的。层次结构提供了这些信息。具体地说，在任何层次结构的单个树中，不具有祖先关系的任何一组标签都是互斥的，如{Zn-A、Zn-B}、{Cmp、DC}、{Dpts、App1}。

PGA 模型将每个策略编写者的范围限制在标签空间的特定相关子集内。例如，园区管理员可能只允许使用标签 Cmp、Zn-A、Zn-B 在其策略图中定义 EPG。每个叶标签代表一个布尔变量集合，每个 EP 就是叶标签 x 表示的布尔变量$\{e.x|e\in E\}$，其中 E 为所有 EP 的集合。将叶标签赋值给 EP 会将对应布尔变量的值设置为 True，否则为 False。为了说明如何使用标签，假设服务器 S 是位于数据中心的 EP，它承载着 Web 应用程序数据库。然后，服务器 S 将被分配标签 DC 和 DB，设置其布尔变量 S.DC 和 S.DB 为 True。

EP 可以在运行时动态地分配标签，使它们从一个 EPG 移动到另一个 EPG。例如，当网络监控器检测到服务器为已知的恶意网络域发出 DNS 查询时，被分配标签 Nml 的服务器随后可能被重新标记 Qn。因此，一个静态 PGA 模型实际上描述了一组网络策略。这些策略根据 EP 的状态随时间的变化动态地应用于每个 EP。此外，只有在添加、修改或删除策略图时才需要调用策略图分析，将策略图组合成完全组合的网络策略图。当 EP 改变 EPG 成员时，不需要进行分析。相反，运行时系统只需要执行轻量级操作，即根据当前 EPG 成员关系为每个 EP 查找和应用正确的规则。当 EP 跨 EPG 改变成员关系时，EPG 中包含的地址集也会改变。通常，一个 EPG 可以与表示 EPG 中某些 EP 的虚拟地址的变量关联。例如，用于服务器负载均衡的虚拟 IP 和策略也可以使用 EPG 变量来编写。

2) 关键组件

PGA 模型的关键目标是使策略编写者能够独立地指定策略，并将组合过程委派给系统，使系统根据组合约束从输入图中计算所有策略的并集，生成组合图。生成的组合图包括完全互斥的 EPG，以允许 PGA 运行时为每个 EP 确定唯一的 EPG，然后将相关的网络策略应用于 EP(或确定 EP 不在任何 EPG 中，因此不允许对其进行通信)。

一个简化形式的 PGA 策略是匹配+动作(match+action)的组合，即 EPG 标签和边分类器构成匹配空间，边类型和服务链构成动作部分。从概念上讲，PGA 组合采用输入图的匹配空间的并集；对于不重叠的匹配空间，从输入图中继承操作；对于受组合约束的重叠(交叉)匹配空间，则组合操作。EPG 可以在标签空间上以任意布尔表达式的形式指定重叠的 EP 成员关系。具体分两步完成这个合成。

(1)将输入图的 EPG 转换为一组等价的不相交的 EPG 来规范化，以便识别重叠空间并在组合图中生成格式良好的策略。

(2)通过创建与原始策略的并集等价的有向边来计算规范化图的并集，除非这样做会违反组合约束给出的不变量。

重叠策略由规范化图中相同“src-dst”EPG 对的公共分类器标识，可能需要在联合中合并两个服务链。为了选择合适的服务顺序，PGA 根据对包处理行为的建模来检测功能盒之间的依赖关系，并使用这些依赖关系确定有效的顺序。此外，还检测应该标记给策略编写者可能的剩余冲突。

为了对来自多用户的意图策略进行处理，需要设计基于 PGA 的组合器，对多个策略的冲突进行分解，以得到一个一致性的归一化策略。在策略冲突分解和组合的过程中，对用户输入的策略图中的元素进行分解，分解为 EPG、组合约束和有向边三个部分，因为这三个部分是组合到一起构成策略的，所以对每个部分进行冲突消解以形成具有一致性的归一化策略图。

冲突消解的过程分为两个部分，首先对用户在图编辑器制定的抽象策略图进行规范化，在这个过程中将 EPG 转换为全局不相交的 EPG，然后对组合约束进行合并。至此可以完成对 EPG 和组合约束这两个部分的冲突消解，可以看出图规范过程中主要处理的是 EPG 和组合约束的集合之间的重叠关系。最后，在图合并过程中，对有向边之间的冲突进行消解，包括分类器的合并和服务链的合并。

第一步，输入图 EPG 转换的过程，借助控制层提供的标签层次结构和标签映射将多输入图的 EPG 转换为全局不相交的 EPG。

第二步，组合约束的合并，采用基于韦恩图的合并方法，发现组合约束之间的冲突或冗余关系。

第三步，有向边的合并，包括分类器的合并和服务链的合并。分类器的合并基于韦恩图的方法，服务链的合并考虑为每个中间件分定义优先级，并根据优先级进行拓扑排序。

参考文献

[1] Bakhshi T, Ghita B. Towards dynamic network policy composition and conflict resolution in software defined networking// 2017 International Conference on Information and Communication Technologies, Karachi, 2017: 34-39.

[2] Capanella A. Intent based network operations// 2019 Optical Fiber Communications Conference and Exhibition, San Diego, 2019: 1-3.

[3] Chen Y T, Chen C C, Chang H Y, et al. Constructing eca rule for iot application through a novel S2RG process: The exemplary ECA rules for smarter energy applications// 2016 International Computer Symposium, Jiayi, 2016: 549-554.

[4] Isazadeh A, Pedrycz W, Mahan F. ECA rule learning in dynamic environments. Expert Systems with Applications, 2014, 41(17): 7847-7857.

[5] Cotrini C, Weghorn T, Basin D. Mining ABAC rules from sparse logs// 2018 IEEE European Symposium on Security and Privacy, London, 2018: 31-46.

[6] Karimi L, Joshi J. An unsupervised learning based approach for mining attribute based access control policies// 2018 IEEE International Conference on Big Data, Seattle, 2018: 1427-1436.

[7] Mocanu D, Turkmen F, Liotta A. Towards ABAC policy mining from logs with deep learning// Intelligent Systems 2015, Ljubljana, 2015: 278-295.

[8] Xiao X, Paradkar A, Thummalapenta S, et al. Automated extraction of security policies from natural-language software documents// The ACM SIGSOFT 20th International Symposium on the Foundations of Software Engineering, New York, 2012: 1-11.

[9] Siemer S. Exploring the apache Jena framework. Göttingen: George August University, 2019.

[10] Erling O, Mikhailov I. Networked Knowledge-Networked Media. Berlin: Springer, 2009.

[11] Miller J J. Graph database applications and concepts with neo4j//Proceedings of the Southern Association for Information Systems Conference, Atlanta, 2013: 141-147.

[12] Mavrogiorgos K, Kiourtis A, Mavrogiorgou A, et al. A comparative study of mongoDB, arangoDB and couchDB for big data storage// 2021 5th International Conference on Cloud and Big Data Computing, Liverpool, 2021: 8-14.

[13] Sewak M. Deep Reinforcement Learning. Singapore: Springer, 2019.

[14] Yan Y, Li G, Chen Y, et al. The efficacy of pessimism in asynchronous Q-learning. IEEE Transactions on Information Theory, 2023, 69(11): 7185-7219.

[15] Li J, Chen Y, Zhao X N, et al. An improved DQN path planning algorithm. The Journal of Supercomputing, 2022, 78(1): 616-639.

[16] Wu L, Huang X, Cui J, et al. Modified adaptive ant colony optimization algorithm and its application for solving path planning of mobile robot. Expert Systems with Applications, 2023, (215): 119410-119432.

[17] Angi A, Sacco A, Esposito F, et al. NAIL: A network management architecture for deploying intent into programmable switches. IEEE Communications Magazine, 2023, 10: 1-7.

第 6 章　意图态势感知

意图态势感知技术是确保意图状态正确变化的关键技术。该技术通过综合收集和分析网络中的数据流量、系统日志、入侵检测系统报警、威胁情报等多源数据，为网络安全代理提供准确把握网络内攻击行为、潜在威胁和漏洞的能力。这使代理能够及时采取必要的防御措施，应对各种安全挑战。意图态势感知技术的主要目标是提高网络安全防御的可见性和响应能力，以便于更好地预测、识别和应对网络攻击，保护网络安全性。因此，深入研究态势感知技术，提高其应用水平，对于保障网络安全稳定运行具有重要的意义。

6.1　意图态势感知定义

态势感知指在特定时间和空间内对环境元素进行感知，并对这些元素的含义进行理解，最终预测这些元素在未来的发展状态[1]。意图态势感知就是将态势感知的相关理论和方法应用到意图驱动网络中。意图态势感知可以使网络决策者宏观把握整个网络的态势，识别当前网络中存在的问题和异常活动，并提供及时的警报和建议，通过对一段时间内网络态势的分析和预测，为决策提供有力地支撑和参考，保障网络的可靠性、安全性和稳定性。

6.2　意图态势感知现状

1. 网络状态感知技术

网络状态感知技术通过综合运用多种技术手段和工具，对网络的实时状态和性能进行监测、分析、评估。该技术使网络管理员能够深入洞察网络中的流量、连接和使用情况，以及潜在的安全漏洞和风险。在网络状态感知中，状态指一个物质系统中各个对象所处的状况，由一组测度进行表征。网络状态作为一系列刻画网络性能的指标，从特定维度反映网络的性能。目前，网络状态感知技术主要采用主动测量和被动测量两种方法。网络状态感知分类如表 6.1 所示。

为实现网络状态感知，通常需要采用遥测技术收集网络状态数据。遥测指在非本地或难以企及的设备上对需要的网络状态数据进行统计，并按照设定的导出方式交付给统一的数据收集设备，对信息进行处理。Netflow 是原始的网络遥测技

表 6.1　网络状态感知分类

分类	网络性能指标	常见方案	优点	缺点
主动测量	丢包率、延迟、抖动和带宽	PING[2]、Traceroute、Pathload、PINGmesh[3]	使用灵活	给网络增加额外带宽/处理开销；测量有偏差
被动测量	包/字节统计值、协议类型、队列长度、延迟统计信息、网络带宽和路径吞吐量	NetFlow[4]、Wireshark、WinCap、Network General、SNOR[5]	不会产生额外的测量负担，因此不会影响网络本身特性	可扩展性不强，不能检测网络状态和丢包率等全局状态信息

术，基于计数器对每条流量维护统计数据，并将统计出来的数据按照特定格式上报给指定的收集器。带内网络遥测（in-band network telemetry，INT）是一种不需要网络控制平面干预、网络数据平面收集和报告网络状态的框架[6]。在带内网络遥测架构中，交换设备转发处理携带遥测指令的数据包。当遥测数据包经过该设备时，这些遥测指令告诉具备网络遥测功能的网络设备应该收集并写入何种网络状态信息。它可以监测网络流量、延迟、吞吐量、丢包率等关键性能指标，以及路由器、交换机、服务器等网络设备的状态。带内遥测技术可以帮助网络管理员实时监控网络运行状态，发现故障和瓶颈，并进行针对性地调整和优化，从而提高网络的可靠性、性能和效率。

基于 P4 实现的带内网络遥测是最早的带内网络遥测实现方案[7]。Liu 等[8]提出网络遥测即服务的概念，并设计了带内网络遥测平台 NetVision。NetVision 主动发送与网络状态和遥测任务相匹配的适当数量和格式的探针数据包，可以降低遥测开销，提高网络遥测的覆盖性和可扩展性。在路径规划方面，NetVision 采用段路由进行简单灵活的路由控制，通过更改 SR 标签的方式定制探测路径。

网络状态感知技术存在的问题及研究趋势是当前网络状态感知面临场景复杂、感知粒度不够、数据来源复杂、数据缺乏联系、数据类型多样、人工部署带内网络遥测难度大，以及遥测开销过大的问题。意图驱动网络状态按需感知可以通过用户意图确定需要感知的网络资源，实现按需的功能，减少不必要网络资源的收集，从而减少开销。

2. 闭环管理预测技术

为实现网络状态感知数据的有效利用，提高意图驱动网络自适应调整能力，需要开展闭环管理预测技术的研究。基于知识图谱的闭环管理效果预测是一种利用知识图谱技术分析和预测闭环管理效果的方法，通过建立包含所有管理策略和控制系统的知识图谱，并利用该图谱中的节点和边来表示它们之间的关系，通过机器学习和人工智能技术分析和预测不同管理策略和控制系统的效果，最终形成基于知识图谱表达的网络策略。

知识图谱是结构化的语义知识库，用于以符号形式描述物理世界中的概念及其相互关系。其基本组成单位是“实体-关系-实体”三元组，实体及其相关属性-值对，实体间通过关系相互联结，构成网状的知识结构。闭环管理是一种基于反馈机制的管理方式，通过识别问题、改进过程和评估结果提高组织绩效，不断优化管理策略和控制系统。

预测模型的建立是实现基于知识图谱的闭环管理效果预测的关键。目前预测模型的建立方法包括基于传统机器学习算法的方法和基于深度学习算法的方法等。例如，构建基于 LSTM-XGBoost 的网络安全态势预测模型，提高网络安全态势预测的准确性[9]，但是 LSTM 预测模型不能充分考虑数据的时间序列属性问题。因此，一种基于持续时间序列的新型自适应 LSTM 安全态势预测模型被提出，该方法可以有效提高网络态势预测的精确性[10]。

研究基于知识图谱的闭环管理效果预测模型，可以借助现有知识实现领域内的关系推理，结合已有网络状态的变化趋势，预测当前网络态势的发展，同时还可以利用知识图谱推理得到相似事件，并利用相似事件的属性丰富现有状态，最终实现意图需求与底层资源能力的匹配，形成基于知识图谱表达的网络策略。

6.3 意图态势感知算法

1. 粗细粒度结合攻击意图识别

随着网络攻击的不断演进，单一粒度的攻击意图识别难以应对复杂的攻击场景，因此研究粗细粒度结合的攻击意图识别，旨在提高检测的效率和准确性，实现对网络攻击更精确地识别。

粗细粒度结合的分布式拒绝服务(distributed denial of service，DDoS)攻击检测算法如图 6.1 所示。算法主要包含基于信息熵的粗粒度预检测模块和基于人工智能算法的细粒度精检测模块两部分。

粗细粒度结合的 DDoS 攻击检测算法的设计同时考虑检测的高效性与准确性。粗粒度检测模块进行 DDoS 攻击的预检测时，根据较少的具有代表性的数据特征判断网络是否异常，若有异常则快速做出反应，发出告警信息给细粒度精检测模块。即使此时有误检漏检的情况，一旦细粒度精检测模块获得告警信息，立即根据获取的多维数据特征(包含交换机流表项特征、流量特征、协议特征等)进行细粒度的深度检测，得到最终的检测结果。

1)粗粒度检测模块

基于信息熵的 DDoS 攻击粗粒度预检测模块主要研究针对服务器和主机的 DDoS 攻击。因为熵值通常表征随机信息的不确定性程度，当信息的随机性越高

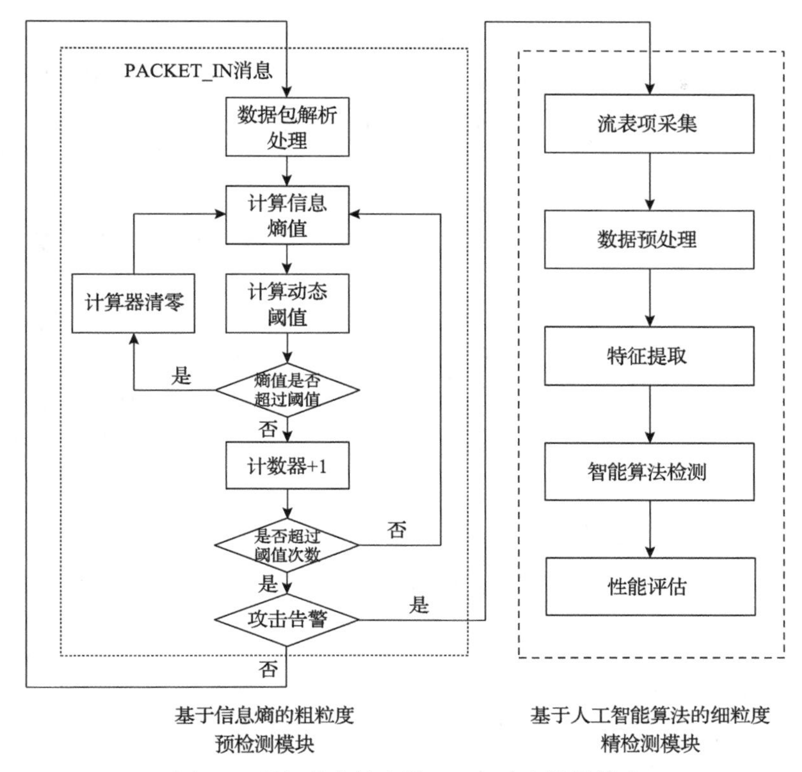

图 6.1　粗细粒度结合的 DDoS 攻击检测算法

时，其熵值越大；当信息的随机性越低时，其熵值越小[11]。该检测方法也能有效检测针对控制平面的 DDoS 攻击。通过对检测流程进行分析，主要可以分为检测窗口大小的设定、数据包解析处理、熵值的计算及阈值的计算。粗粒度检测模块的训练数据集基于历史数据及日志记录中的数据整合处理而成。测试数据集来源于网络实时采集的 Packet-In 数据包解析出的源 IP 地址、目的 IP 地址等信息。

(1) 检测窗口大小的设定。

检测窗口大小的设定通常根据统计时长或数据包数量进行设定。基于统计时长的方式更加高效，虽然这种方式可能由时间边界的设置问题导致不同时间窗口内数据包数量有所差别，但是整个窗口内攻击数据包的存在比例往往是稳定的，不会对整体结果造成影响，所以采用较小长度窗口的短时检测效率更高。

(2) 数据包解析处理。

通过解析交换机传递到控制器的 Packet-In 数据包，信息五元组包含源 IP 地址、目的 IP 地址、源端口号、目的端口号、协议类型。根据 DDoS 攻击原理及攻击手段等相关理论基础不难发现，一般攻击者通过控制僵尸主机或者随机伪造数据包源 IP 地址的方式发送大量的攻击数据包，使网络瘫痪。随着攻击流量的增加，源 IP 地址及源端口号随机性较大，熵值较大；目的 IP 地址及目的端口号的随机性较小，熵值较小。这里选取源 IP 地址或者目的 IP 地址实时计算当前窗口的熵值。以选择目的 IP 地址作为计算信息熵的数据特征为例，当针对同一主机或者同一网段主机发起 DDoS 攻击时，网络中会出现大量目的 IP 地址相同的数据包，此时熵值减小。若该熵值小于设定的阈值，则认为该窗口为异常窗口，若连续出现几个异常窗口，则认为当前网络中疑似存在 DDoS 攻击行为和异常流量，发出告警信息。

(3)熵值计算。

信息论中应用最广泛的熵的概念是由香农提出，主要应用于通信，所以又称香农熵，用于解决对信息的量化度量问题。信息变量的随机性越高，熵值越大。相反，信息变量的随机性越低，熵值越小。一般来说，网络中正常主机通信机会大致相等，即

$$H(X) = -\sum_{i=0}^{n} p_i \log(p_i) \tag{6-1}$$

其中，$H(X)$表示信息熵(香农熵)，衡量信息的随机性程度，$X = \{x_1, x_2, \cdots, x_i, \cdots, x_n\}$表示所有样本的集合；$p_i$表示样本$i$出现的概率。

传统的信息熵计算依赖香农熵的计算方法，但是该方法对数据量较小且数据特征不明显的检测样本数据集效果较差，所以考虑适用性较强的瑞利熵计算方法，即

$$H_\alpha(X) = -\frac{1}{\alpha - 1} \log E_X P(X)^{\alpha - 1} \tag{6-2}$$

瑞利熵是香农熵的一般形式，α阶瑞利熵的定义如下，当α趋近于 1 时，瑞利熵退化为香农熵，即

$$\lim_{\alpha \to 1} H_\alpha(X) = H(X) \tag{6-3}$$

其他情况下，瑞利熵是α的单减函数。

选取瑞利熵的计算方法主要用来反映数据包中选取的信息特征的混乱程度，表示在一定时间或者一定窗口下选取的信息特征的随机性，若熵值较高，则表示测量的数据特征分布比较分散，反之表示数据特征分布较为集中。发生 DDoS 攻击时，通常是多对一攻击。例如，多台僵尸主机向被攻击的目的主机发送攻击报文。大量具有相同目的 IP 地址的数据包会降低网络的随机性。与正常流量的目的 IP 地址分布相比，DDoS 攻击流量的目的 IP 地址分布相对集中，攻击流量的熵小

于正常流量的熵。因此，针对意图驱动网络的 DDoS 攻击，可以利用数据包解析中选取的目的 IP 地址来计算熵值。

(4) 阈值计算。

阈值一般可通过人为设定或自动更新。人为设定一般根据经验设置阈值，计算复杂度较低，但往往存在局限性；自动更新设置阈值的方式运算复杂度较高，且需根据网络环境实时更新，存在时延较高的问题。所以，采用模拟实验及历史数据人为设定的方式计算阈值。

如果计算出的熵值持续固定窗口并且小于阈值，那么可知在粗粒度预检测模块中，攻击正在进行。为找到最佳的阈值，首先计算正常流量熵的可能最小值，这可以通过计算正常流量的平均熵和置信区间之间的差异来实现；然后计算攻击流量可能达到的最大值，这可以通过计算攻击流量的平均熵和置信区间来实现。

2) 细粒度检测模块

当粗粒度预检测模块发出报警信息时，会自动触发细粒度检测模块。细粒度检测模块从交换机的流表项入手，采用数据原始特征和人工特征合成基于流表项的特征向量，并在此基础上生成流表项数据集，通过智能算法在更细粒度层面获取网络中受攻击的检测结果。细粒度检测模块的训练数据集基于历史数据及日志记录中的数据整合处理而成；测试数据集源于网络实时收集的交换机流表项信息和流量信息等。

(1) 流表项采集。

针对不同类型的 DDoS 攻击方式，设计具体的交换机流表项采集方案，收集 OpenFlow 交换机的流表，作为原始的数据特征，将其与流量相关特征及 Packet-In 数据包信息特征处理形成人工合成的数据特征，将原始数据特征和人工合成数据特征整合获得原始数据集。

数据特征如表 6.2 所示。

表 6.2 数据特征

名称	含义	名称	含义
timestamp	时间戳	ev.msg.datapath.id	路径 ID
flow_id	流 ID	ip_src	源 IP 地址
tp_src	源端口号	ip_dst	目的 IP 地址
tp_dst	目的端口号	stat.match['ip_proto']	协议类型
icmp_code	ICMP 编码	icmp_type	ICMP 类型
stat.duration_sec	持续时间/s	stat.duration_nsec	持续时间/ns
stat.idle_timeout	空闲超时	stat.hard_timeout	忙碌超时

续表

名称	含义	名称	含义
stat.flags	标识	stat.packet_count	数据包数量
stat.byte_count	字节数量	packet_count_per_second	数据包数量/s
packet_count_per_nsecond	数据包数量/ns	byte_count_per_second	字节数量/s
byte_count_per_nsecond	字节数量/ns	label	标签

(2)数据预处理。

原始数据不同特征之间存在不同的数据类型和量纲类型，所以对原始数据集进行标准化、归一化及特征缩放处理可以得到适合检测的数据集。数据预处理的方法主要包括唯一属性去除、缺失值处理、特征编码、数据标准化、正则化、特征选择、主成分分析等。

缺失值主要包含完全随机缺失的数据、随机缺失的数据、完全不随机缺失的数据三种。处理方法包含均值插补、利用同类均值插补、极大似然估计、多重插补、插值法填充、模型填充等。

特征编码方式主要包含特征多元化、独热编码两种。检测过程采用独热编码方式采用 N 位状态寄存器对 N 个可能的取值进行编码，并且在同一时刻只有一位生效。其优点在于能够处理非数值属性，使特征多元化。

数据标准化是将样本的特征属性缩放到某个特定的范围，主要包括归一化、正则化和规范化等方法。因为某些算法要求样本具有零均值和单位方差，所以需要消除样本不同属性具有不同量级时的影响。

(3)特征提取。

采用递归特征消除等方法减少特征向量的冗余信息，对数据集中的关键特征提取，可提升入侵检测模型的训练速度，简化神经网络模型，提高检测效率。特征提取的过程只是从数据集的原始特征进行选择或者删除，并不会改变数据集的原始特征。

特征提取的两大关键环节分别是子集搜索和子集评价。子集搜索的过程是根据评价结果获取下一个特征子集的过程，包括前向搜索、后向搜索和双向搜索三种方式。确定搜索策略后，子集评价的过程是对模型评价标准的优化过程。常见的特征提取方法主要包含过滤式、包裹式和嵌入式三种。

(4)智能算法检测。

智能算法检测是细粒度精检测模块的核心，可以实现对不同网络行为的高精度分类。由于 DDoS 攻击的种类有限，并没有较为成熟的异常分类体系，特征维度也不是很多，因此设计基于反向传播神经网络(back propagation neural network，BPNN)、k 近邻、决策树等分类算法区分正常和异常流量。这里重点选用 BPNN

进行 DDoS 攻击检测。

BPNN 根据实际的输入和输出数据计算模型的参数，并且通过误差反向传播，不断调整 BPNN 各层的权重和阈值，从而使模型的误差平方和最小。其基本思想是梯度下降法，将网络的实际输出与期望输出的平方误差之和最小化，最终推导出输入和输出之间的映射关系。BPNN 的架构如图 6.2 所示。BPNN 由输入层、隐藏层和输出层组成，每层包含多个神经元。BPNN 作为最基础的神经网络，采用前向传播的方式进行结果输出，反向传播的方式进行误差计算。BPNN 的基本原理如下。

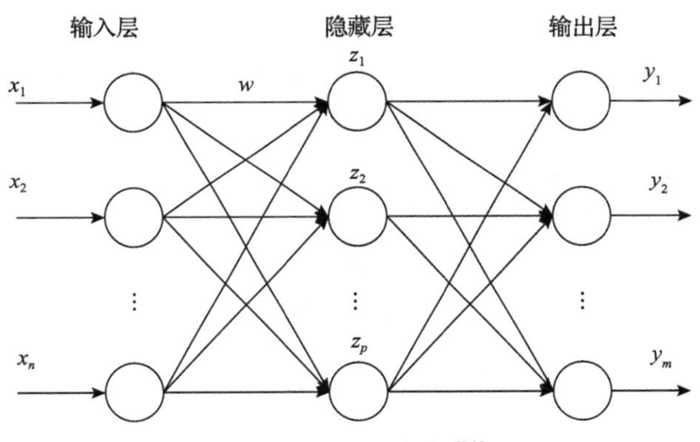

图 6.2　BPNN 架构[12]

在这个模型中，输入层的节点数为 n，隐藏层中的节点数为 p，输出层中的节点数为 m。输出层的节点数为 1 时，BPNN 完成对 $f: R^n \to R^1$ 的映射。隐藏层中每个节点的输入为

$$R_j = f_1\left(\sum_{i=1}^{n} w_{ki} x_i - \theta_j\right), \quad j = 1, 2, \cdots, p \tag{6-4}$$

其中，w_{ki} 为输入层到隐藏层的权重；θ_j 为隐藏层节点的阈值。

输出层节点的输入可表示为

$$C = \sum_{k=1}^{P} v_{jk} z_j - \gamma \tag{6-5}$$

其中，v_{jk} 为隐藏层到输出层的权重；γ 为输出层的阈值。

BPNN 采用 Sigmoid 激活函数，即

$$f(x) = \frac{1}{1 + \mathrm{e}^{-x}} \tag{6-6}$$

隐藏层节点的输出表示为

$$O_i = \frac{1}{1+\mathrm{e}^{\left(-\sum_{i=1}^{n} w_{ki}x_i + \theta_j\right)}}, \quad j=1,2,\cdots,p \tag{6-7}$$

输出层节点的输出为

$$b_j = \frac{1}{1+\mathrm{e}^{\left(-\sum_{k=1}^{p} v_{jk}b_k + \gamma\right)}} \tag{6-8}$$

BPNN 用于连接的权重值 w_{ki}、v_{jk}，以及阈值 θ_j、γ 可以从训练中获得。式(6-8)是整个神经网络的学习模型。BPNN 每层的权重值和阈值的初始值都在[0,1]随机分配，然后在不断训练中更新自己。

BPNN 主要具备以下几个优点。

①非线性映射能力。BPNN 本质上实现的是从输入到输出的映射功能，内部神经网络可近似看成“黑盒”，理论证明“黑盒”中三层神经网络即可学习到任何非线性连续函数，所以使用该网络比较适合解决内部机制较复杂映射关系的问题。

②自学习与自适应能力。BPNN 凭借高度自学习与自适应的能力，训练时可根据不同的数据特征自适应地学习输出与输入间的规则，通过不断更新权重和偏置值，可获取最优的神经网络参数，学习到最优的映射规则。

③泛化能力。BPNN 进行训练时，不仅会对库中已有的分类类型准确识别，还会对未知的类型或被噪声污染过的类型准确识别，即 BPNN 对训练学习过程中可识别新的未知的类型并做出准确分类，具有较强的泛化能力。

④容错能力。BPNN 在局部或部分神经元受到破坏后对全局的训练结果不会造成很大的影响，而且在系统被损伤后可以自学习重新进行高效准确分类，体现 BPNN 较高的容错能力。

结合 BPNN 优势，选用其作为细粒度 DDoS 攻击检测的智能算法，输入为表 6.2 所示的多维数据特征，输出为网络受攻击情况及攻击类型，如网络异常且正在遭受用户数据报协议流攻击。其中的映射函数即学习攻击情况和多维数据特征间的映射关系。选用该算法可提高检测的准确度，并对多种攻击类型进行准确分类。

(5) 性能评估。

通过对准确率、精准率、召回率等指标分析，可以获取不同智能算法的性能优劣。

2. 意图驱动的多维态势感知

当前网络技术的迅猛发展带来网络环境的异构性和高度复杂性。与此同时，网络态势数据也呈现出多源异构、非结构化、海量，以及价值密度低等大数据特征。面向网络安全场景，为满足意图驱动自智网络对多维态势感知的性能需求，设计网络态势感知分析模块（图 6.3），根据网络态势关键数据要素，将其划分为频域资源、时域资源、空域资源、链路资源等多维资源的态势信息。每种资源的态势信息由多个状态参数进行表征，各节点通过对多维资源的各状态参数进行跟踪采集、数据处理，以及细化表征，以便获取其完整态势信息。普通节点动态上报网络态势信息，管理节点实时更新其维护的局部态势数据库或全局态势数据库，为实现智能决策和各层资源的动态调度提供可靠的数据支撑。

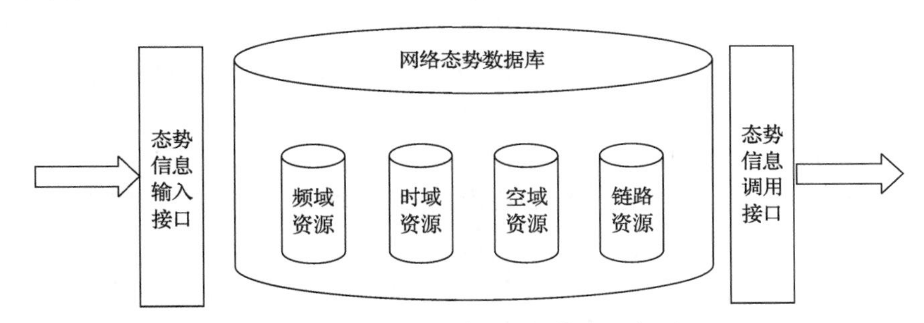

图 6.3　网络态势感知分析模块示意图

网络态势感知分析模块按照节点能力等级部署网络态势感知功能和网络态势管理功能。其中，资源态势感知功能提供环境态势数据实时采集服务和关键数据要素提取服务、资源信息存储与融合处理服务，以及资源态势预测服务；普通节点具备网络态势感知能力，负责进行网络态势信息的分布式采集、共享与上报；管理节点具备网络态势感知能力和网络态势管理能力，负责完成子网内各节点态势信息的集中式融合处理，维护局部态势数据库，并动态地向全网管理中心上报态势信息，更新整个感知域的全局态势数据库。

多维资源态势信息库如图 6.4 所示，包含时、空、频等多域资源态势信息[13]。具体地，频域资源态势信息描述第 n 个节点感知到的第 t 个时隙、第 i 个频段的受干扰等级与可用程度；空域资源态势信息描述第 n 个节点的收发天线增益、发射功率大小，以及与各邻居节点的距离；时域资源态势信息描述各个时隙的占用状态，以及时隙剩余量；链路资源态势信息描述第 n 个节点到各邻居节点的链路可用带宽、信干噪比、传输时延、传输速率，以及丢包率。

网络态势感知周期包括数据采集、数据处理与细化表征、信息传输、信息融合、态势数据库生成与维护等环节。

频域资源

Struct
S_spec{
节点ID；
时间；
频点；
干扰等级；
可用程度；
}

时域资源

Struct S_slot{
时隙编号；
时隙状态；

}

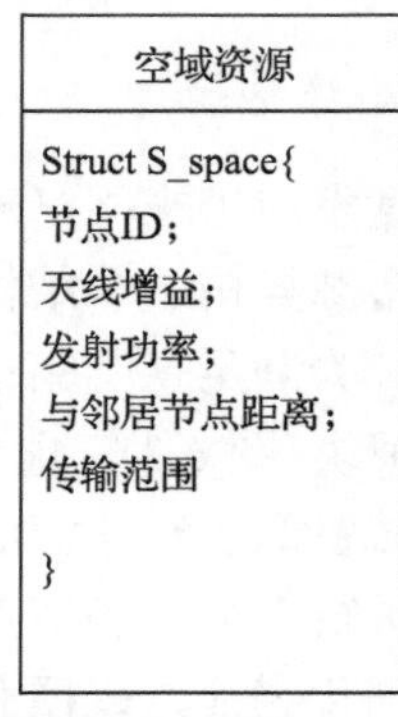

空域资源
Struct S_space{
节点ID；
天线增益；
发射功率；
与邻居节点距离；
传输范围
}

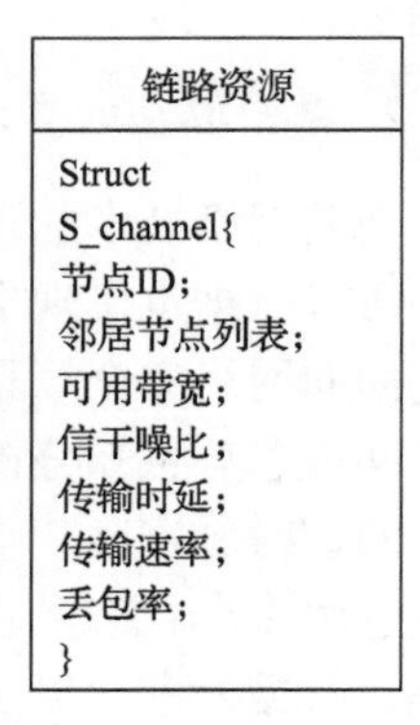

链路资源
Struct
S_channel{
节点ID；
邻居节点列表；
可用带宽；
信干噪比；
传输时延；
传输速率；
丢包率；
}

图 6.4　多维资源态势信息库

首先，通过部署探针、设计追踪系统，利用各种信息源捕获信号功率、噪声功率、信道带宽、节点的发射时隙、接收时隙、位置信息、收发天线增益、收发数据包时间、收发数据包大小、收发比特率等网络配置参数及网络状态信息，以实现网络运行过程中多维资源态势相关数据的采集。

在完成数据采集的基础上进行数据处理，利用信道带宽、信号、噪声功率等信息求得链路信噪比，根据特定时间段内的数据传输速率计算实际可用带宽；利用各节点的发射时隙和接收时隙信息，得到各时隙占用状态及时隙剩余量；利用节点位置信息计算节点间距离，根据收发天线增益，以及发射功率进一步计算节点传输范围；利用收发数据包时间、收发数据包大小、收发比特率等网络流量信息得到传输时延、传输速率、丢包率。

网络态势感知信息的采集、处理与表征如图 6.5 所示。各节点完成数据处理后，对多维资源态势信息进行细化表征并写入数据包，在传输数据包的过程中与邻居节点进行态势信息的交换、融合，实现各子域内多维资源态势信息的高效共享，并向子网管理节点动态上报各节点感知到的多维资源态势信息，管理节点融合各普通节点的态势信息形成局部态势数据库。

根据多维资源的各状态参数属性、请求频率，以及时延敏感度采用不同的方式向全网管理中心上报资源态势信息。网络态势感知信息的上报策略流程图如图 6.6 所示。对于资源的固有属性均采用请求应答式上报的方式；对于资源的动态属性进一步根据请求频率，以及时延敏感度采用不同上报方式：对于网络请求频率高且时延敏感度高的资源态势信息采用随数据帧传输的方式，即将资源态势信息封装成元数据嵌入数据帧，随业务数据一起排队转发；对于网络请求频率高且时延敏感度低的资源态势信息采用周期性上报的方式，即在每个周期将资源态势信息嵌入子节点心跳帧或发送邻居信息与父节点信息的命令帧中进行传输；对于网络请求频率低且时延敏感度低的资源态势信息采用请求应答式上报的方式，即全网管理节点将请求信息插入请求帧，对网络各区域的资源态势信息进行按需感知，同时将感知的状态信息嵌入应答帧进行传输；对于网络请求频率低且时延敏感度高的资源态势信息采用主动上报的方式，即当节点状态突发变化时，主动将资源态势信息发送给上级节点，将资源态势信息嵌入入网申请帧或故障上报帧进行传输。

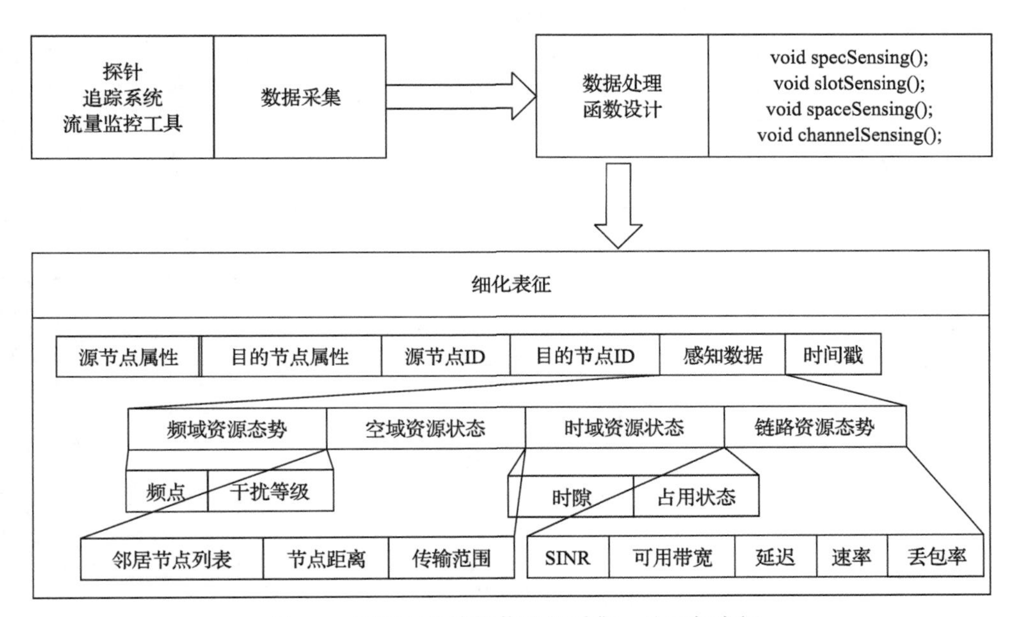

图 6.5　网络态势感知信息的采集、处理与表征

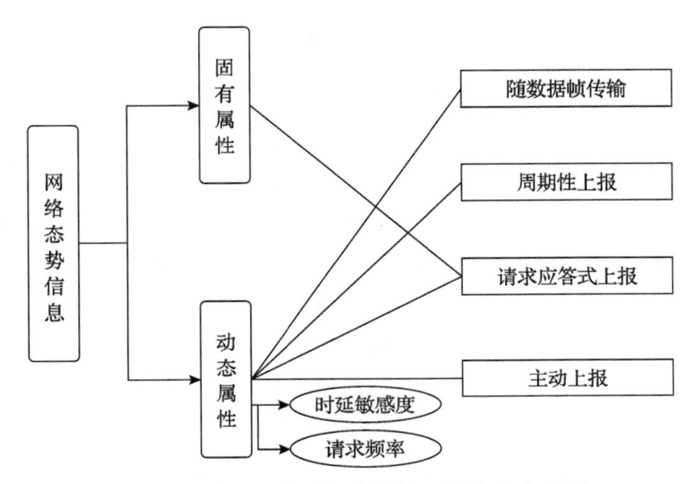

图 6.6　网络态势感知信息的上报策略流程图

6.4 意图态势感知流程

现有的网络攻击检测与防御技术存在无法去除人工干预、故障定位速度缓慢，以及无法实时生成有效防御策略等局限性，亟须设计一个意图驱动的攻击检测架构模型。意图驱动的攻击检测架构图如图 6.7 所示。

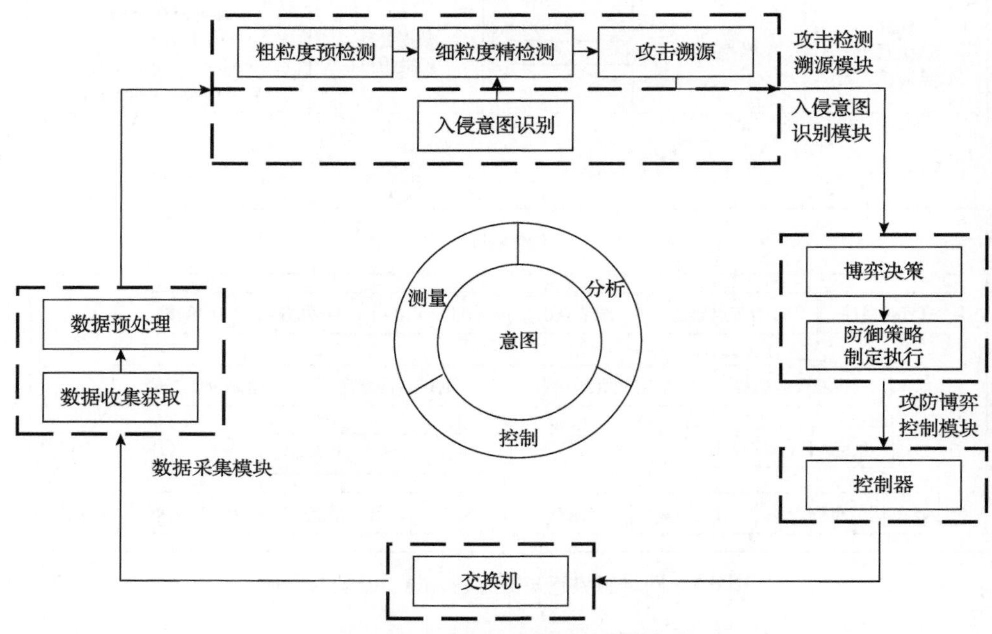

图 6.7 意图驱动的攻击检测架构图[14]

该架构主要包括数据采集、入侵意图识别、攻击检测溯源、攻防博弈控制四个模块。这四个模块主要部署在控制器的应用层。

数据采集模块主要由数据收集获取和数据预处理两个部分组成。为确保数据收集和处理的实时性与高效性，模块采用网络监控工具对检测识别模块所需的数据及网络态势信息进行实时采集与计算。其主要使用的流量收集和网络监控工具包括 Snort、sFlow、NetFlow 等，可以实现对网络信息及网络状态的实时监控。网络流量测量即对网络中经过设备的数据报文进行监控、记录、量化处理的过程。短期的数据测量可用以检测网络资源利用率及网络受攻击情况；长期的数据测量可用于对网络流量进行统计预测等。分级监控设计（图 6.8）分为四个级别 L1、L2、L3、L4，其中第一级（L1）和第二级（L2）对大量的流量进行轻量级监控，在第三级（L3）和第四级（L4）对强可疑流量进一步检测。

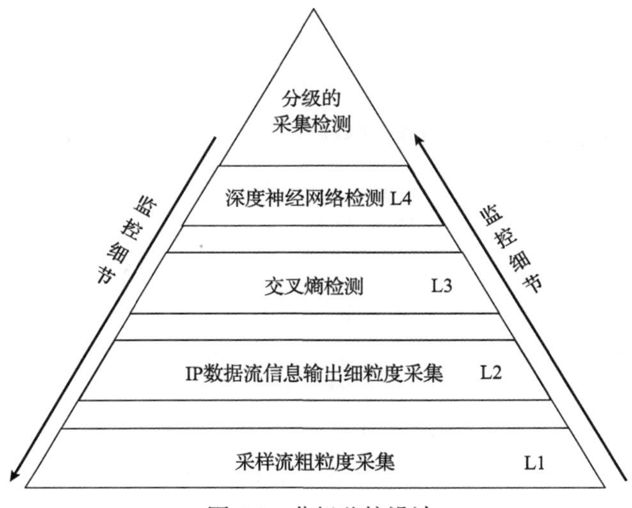

图 6.8　分级监控设计

在第一级采集(L1)中，采用采样流(sampled flow，sFlow)实现对网络流量的持续在线监测。sFlow 支持配置在非 SDN 交换机上，因此它提供传统网络的可见性。网元中的 sFlow 代理被配置为采样信息导出到 sFlow-RT，然后将告警信息报告给控制器，以便进行补救并支持多阶段的攻击检测。采样率、轮询率和数据包头长度可以根据网络状态和即时监控的要求动态更新、自主配置。

在第二级采集(L2)中，采用 IP 数据流信息输出(IP flow information export，IPFIX)协议，对网络态势进行细粒度的监测。通过部署在服务器上的入侵检测系统对超速报警交换机的转发流量进行判断，一旦匹配预定义的恶意攻击规则，则定位到攻击者 IP 并上报。L2 层的监控设计可以提供更加精细且连续的流量监控能力，适合无法被检测判断的攻击。

在第一级识别(L3)中，采用交叉熵检测，对可疑流量进行分类。具体是将高度可疑的流量转发给网络快照，并进行粗细粒度的检测和分类。随着网络规模的增加，以及检测模块处理吞吐量的降低，额外的检测模块实例可以被即时应用，从而确保最佳的网络安全能力。

在第二级识别(L4)中，采用 DNN 检测，通过模拟人脑神经网络的运作方式，学习和提取网络态势的特征，从而实现对目标的高精度检测。相比于传统的检测方法，DNN 检测具有更高的准确率和鲁棒性，能够更好地处理复杂和多样的数据[15]。

入侵意图识别模块通过对当前网络拓扑结构、当前网络受攻击状态及流量信息识别分析入侵意图，确定受攻击概率最大的路径和节点，用于指导攻击检测及溯源过程。该模块是体现意图驱动理念的关键模块。识别攻击者的入侵意图技术主要包括基于文法的意图识别、基于警报关联的有向无环图的意图识别、基于贝叶斯推理的意图识别等。如果攻击意图是人为设定的，或者是将网络优化的需求作为意图的情况，可以根据具体的业务需求，选择最合适的意图识别技术实现，体现意图驱动的思想。

攻击检测溯源模块主要包括粗粒度预检测、细粒度精检测、攻击溯源三部分。在传统控制平面检测的基础上，为提高攻击检测的性能同时减少检测时延，设计粗细粒度检测相结合的方法提高检测效率和检测准确率。首先，根据数据收集模块处理的数据先经基于信息熵的粗粒度预检测判断当前网络状态是否异常，仅在检测出异常时才发送报警信息给细粒度检测模块，然后基于智能算法的细粒度检测网络是否受到攻击，当受到攻击时进行攻击溯源，确定受攻击路径及节点。检测技术主要包括基于信息熵、智能算法等。溯源技术主要包括分组标记、日志记录、链路测试等。攻击检测模块是体现网络自动驾驶的关键组成部分，选取高准确率、具有快速反应能力且资源节省的检测和溯源技术是实现网络自智自愈的关键。

攻防博弈控制模块主要包括博弈决策和防御策略制定执行两部分。博弈决策模块根据攻击检测溯源模块和入侵意图识别模块的结果对网络状态性能监控分析，得到当前网络状态信息及未来网络可能出现的状态信息，然后对是否满足网络意图优化目标分析判断，降低虚警率并做出正确决策。如果满足意图优化目标（如关键节点或关键链路未受网络攻击），则重新生成其他意图优化的目标；如果不满足当前的意图优化目标（如某个关键节点或某条链路检测到网络攻击），则经防御策略制定执行模块生成部署控制策略再执行该策略。如果检测溯源到网络攻击源及攻击路径，该模块对攻击快速做出反应，部署执行相应的网络攻击缓解防御策略，然后经控制器将策略下发给交换机，形成闭环反馈结构。

意图驱动的攻击检测架构实现流程图如图 6.9 所示。其中，输入的高级意图，如保护网络中 50%的关键节点；生成的意图优化目标，如确保这些关键节点及其构成的拓扑能够安全可靠地保障正常业务运行。因为意图驱动网络环境下的流量都是实时收集获取的，上述意图中的保护作用体现在只针对关键节点及其构建的网络拓扑进行实时的数据采集进而分析控制，当网络流量正常时，只在网络流量不均衡时触发负载均衡模块，实现网络的流量均衡；当网络流量异常时，经入侵意图识别检测模块及攻防博弈控制模块实现攻击检测防御恢复等。策略需求测量计算，如对当前网络的流量、数据包、流表项等信息的收集测量预处理等。监控状态性能分析，如流量是否异常、网络是否受到攻击、业务是否正常运行等。

判断模块是该流程的关键部分，如果满足意图优化目标（关键节点未受攻击或构建的拓扑中流量均衡或业务正常运行等其中之一），则重新生成其他意图优化的目标；如果不满足当前的意图优化目标（如某个节点或某条链路检测到网络攻击），则先生成部署控制策略再执行该策略，如先检测溯源出攻击源及攻击路径再进行

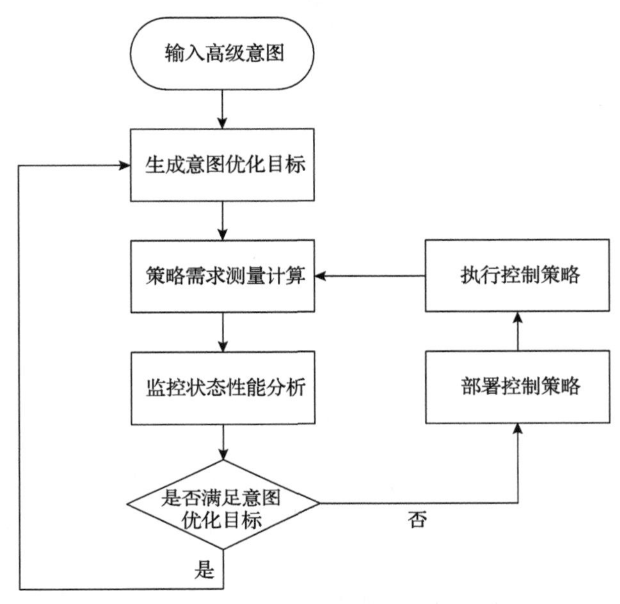

图 6.9　意图驱动的攻击检测架构实现流程图

攻击防御恢复等，然后进行策略需求重计算和网络态势重分析，进而判断形成闭环反馈结构。

整个环路是意图驱动网络双闭环反馈机制驱动的，贯彻在整个检测防御流程，能实现对网络环境的实时管控，使网络受到攻击时能结合当前和未来的网络状态制定并执行实时的检测防御策略，确保系统应对网络攻击时能及时做出反应。该模型融合了意图、智能算法、网络遥测及策略自动生成技术，能对网络攻击实时检测并较快做出对应的防御策略。

6.5　仿 真 实 现

1. 仿真环境

实验仿真环境如表 6.3 所示。实验选择的 Ryu 控制器便捷灵活，并且具有良好的可编程性，使用 Mininet 拓扑仿真软件模拟真实环境中的网络拓扑结构，Wireshark 实时监控网络流量。HPING3 作为网络流量生成工具，既可以生成网络正常流量，又可以模拟攻击数据包对目标发起 DDoS 攻击的异常流量，支持 TCP、UDP，以及 ICMP 等多种协议，同时可以构造具有不同参数、不同攻击类型的数据包。实验使用 OpenvSwitch 作为虚拟交换机。OpenFlow 协议选的是 OpenFlow1.3 版本。

表 6.3　实验仿真环境

仿真环境	版本参数
操作系统	Ubuntu 16.04
内存	6GB
Ryu 控制器	Ryu 4.3.4
网络仿真工具	Mininet 2.3.2
网络监控工具	Wireshark 3.4.7
流量生成工具	HPING3
Python	Python3.6
OpenFlow	OpenFlow1.3

在 Ryu SDN 架构中，攻击可能发生在数据平面、控制平面，以及控制平面和数据平面之间的链路。当来自攻击者的新数据包到达 OpenFlow 交换机时，就会发生 Table-miss 事件。在这种情况下，Ryu 控制器必须处理每个传入的数据包，并下发给交换机新的流规则。这些规则会消耗控制器和交换机上的系统资源。在提出的 DDoS 攻击检测架构中，攻击检测模块主要做攻击流量和正常流量的分类。

2. 网络拓扑

Mininet 是对 SDN 架构进行拓扑搭建常用的主流软件，支持基础设施层与单个或多个控制器相连，支持 OpenFlow 协议的虚拟交换机与多个虚拟主机节点互联，而且可自由设计拓扑结构，如树形结构、环形结构、星型结构等[16]。

这里搭建的树形网络拓扑如图 6.10 所示。

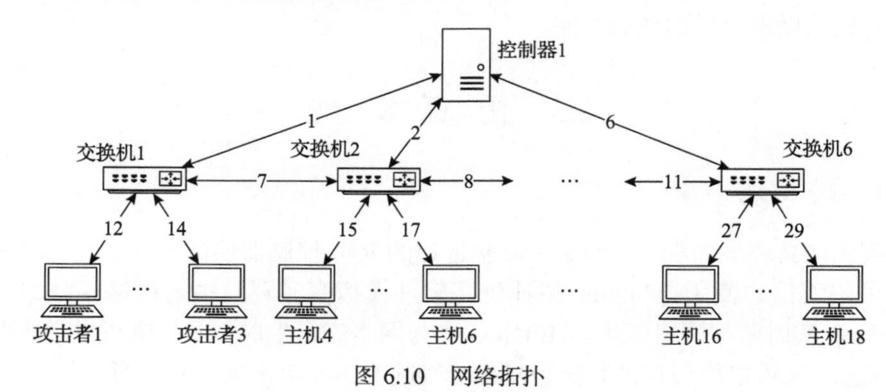

图 6.10　网络拓扑

选用 Mininet 作为拓扑仿真工具的主要原因如下。

(1)作为轻量级的拓扑仿真工具，操作人员可以快速便捷地创建一个自定义拓扑的 SDN 架构，搭建好的网络拓扑支持快速更改，占用资源较少且使用难度较低。

(2) 支持很多网络工具，如 Wireshark、HPING，以及支持 OpenFlow 协议的相关硬件等。

(3) 提供 Python 接口，可设计编辑网络拓扑结构，并对拓扑可视化。

该网络拓扑包含一台 Ryu 控制器。6 台 OpenFlow 交换机与 Ryu 控制器相连，且交换机之间彼此互连。每台交换机下面连接三台主机，共 18 台主机。18 台主机随机生成正常数据包作为背景流量，攻击者通过控制僵尸主机(主机 1、主机 2、主机 3)向目标主机(其他 15 台主机)发送大量伪装源 IP 地址的不同类型的 DDoS 攻击数据包，模拟真实网络中的 DDoS 攻击。

6.6 实 验 结 果

1. 功能测试结果

首先，使用 Xterm 命令通过开启除主机 1、2、3 外的其他主机，从特定网址下载文件或者和其他主机进行 PING 操作作为网络背景流量，网络流量正常，分别获取此时的粗粒度检测结果，以及攻击意图识别结果。

其次，在网络存在背景流量的基础上，使用 Xterm 命令分别开启主机 1、主机 2、主机 3 的终端窗口，通过控制它们作为傀儡主机，向特定主机发送 DDoS 攻击数据包，此时网络流量异常。

1) 验证粗细粒度检测

当产生背景流量时，粗粒度预检测模块开始检测。网络流量正常时的粗细粒度检测结果如图 6.11 所示。单位时间内窗口中数据包的信息熵值在 0.7 和 0.8 附近，超过设置的阈值但处于正常范围内，表明当前网络处于正常状态，不会产生 alarm1 的告警信息。

```
result**************************************************0.7063556214509031
result**************************************************0.8188506601846736
result**************************************************0.8160946507295552
result**************************************************0.7063556214509031
result**************************************************0.8188506601846736
result**************************************************0.8160946507295552
result**************************************************0.7063556214509031
result**************************************************0.8188506601846736
result**************************************************0.8160946507295552
result**************************************************0.7063556214509031
result**************************************************0.8188506601846736
result**************************************************0.8160946507295552
result**************************************************0.7063556214509031
```

图 6.11　网络流量正常时的粗细粒度检测结果

当产生 DDoS 攻击时，用 Xterm 命令打开主机 1 的终端，模拟对主机 12 发动包头 40 字节，数据 120 字节的 UDP Flood 攻击数据包。粗粒度检测出网络流量异常，触发 alarm1 告警信息的检测结果(图 6.12)，单位时间内连续 5 个窗口的熵值小于阈值，触发告警信息。

图 6.12　网络异常时的粗细粒度检测结果

接到 alarm1 告警信息后，细粒度检测模块进行基于 BPNN 算法的深度检测，结果如图 6.13 所示。可以看到，已检测出网络中存在 DDoS 攻击，且受害者为主机 12。

```
ddos trafic ...
victim is host: h12
```

图 6.13　接收到 alarm1 后基于 BPNN 的细粒度检测结果图

2) 验证攻击意图识别

当产生背景流量时，攻击意图识别模块开始执行，用 Xterm 命令打开主机 1 与主机 18 进行 PING 操作，网络流量正常时的攻击意图识别结果如图 6.14 所示。单位时间内统计窗口中数据包的目的 IP 地址数量，只有主机 1 和主机 18 的 IP 地址，频数为 1，证明只有这两台主机之间的通信正常，此时不会产生 alarm2 告警信息。

```
dst****************************************************1    i:10.0.0.18
dst****************************************************1    i:10.0.0.1
dst****************************************************1    i:10.0.0.18
dst****************************************************1    i:10.0.0.1
dst****************************************************1    i:10.0.0.18
dst****************************************************1    i:10.0.0.1
dst****************************************************1    i:10.0.0.18
dst****************************************************1    i:10.0.0.1
dst****************************************************1    i:10.0.0.18
dst****************************************************1    i:10.0.0.1
dst****************************************************1    i:10.0.0.18
dst****************************************************1    i:10.0.0.1
dst****************************************************1    i:10.0.0.18
```

图 6.14　网络流量正常时的攻击意图识别结果

当产生 DDoS 攻击时，用 Xterm 命令打开主机 2 的终端，模拟对主机 16 发动包头 40 字节，数据 120 字节的 SYN Flood 攻击数据包，攻击意图识别模块统计出目的 IP 地址的频数。网络异常时触发 alarm2 的攻击意图识别结果如图 6.15 所示。

单位时间内窗口发现主机 1 和主机 18 的 IP 频数仅为 1，主机 16 的 IP 频数超过设定的报警阈值 500，发出 alarm2 告警信息，即识别的攻击意图为主机 16，然后将主机 16 的信息传递给细粒度检测模块。

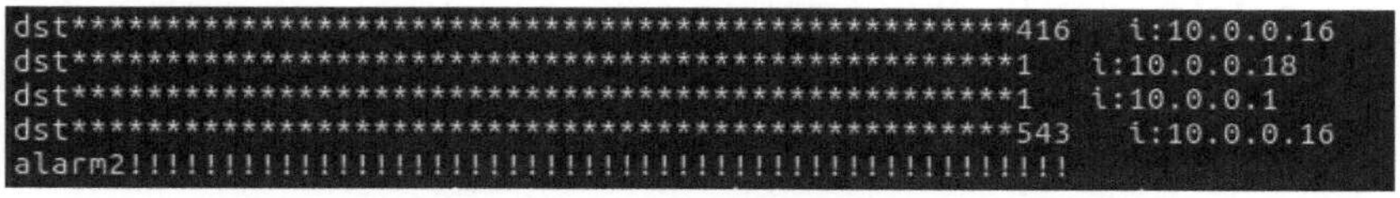

```
dst****************************************************416   i:10.0.0.16
dst****************************************************1   i:10.0.0.18
dst****************************************************1   i:10.0.0.1
dst****************************************************543   i:10.0.0.16
alarm2!!!!!!!!!!!!!!!!!!!!!!!!!!!!!!!!!!!!!!!!!!!!!!!!!!!!
```

图 6.15　网络异常时触发 alarm2 的攻击意图识别结果图

如图 6.16 所示，已检测出网络中存在 DDoS 攻击，且受害者为主机 16，证明攻击意图识别模块识别出的受害者是正确的。

```
ddos trafic ...
victim is host: h16
```

图 6.16　接收到 alarm2 后基于 BPNN 的细粒度检测结果图

2. 性能测试结果

基于 BPNN 的 DDoS 攻击细粒度检测的准确率和损失曲线如图 6.17 和图 6.18 所示。

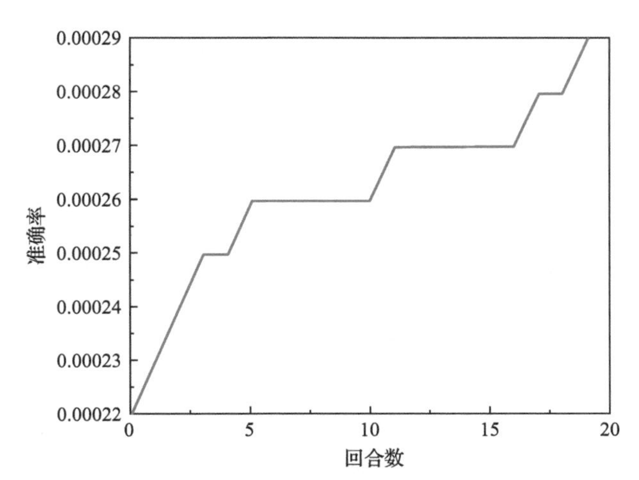

图 6.17　基于 BPNN 的 DDoS 攻击细粒度检测的准确率

两张图中的横坐标均为训练过程的回合数，纵坐标分别为单位批次的准确率和损失率，因为数据量共 3000 批，每个批次有 32 个，共九万余条数据。随着训练迭代次数的增加，训练学习的准确率不断增加，损失率不断降低。由此可知，准确率会达到 90%以上，收敛速度也相对较快。模型训练的过程在线下完成，而

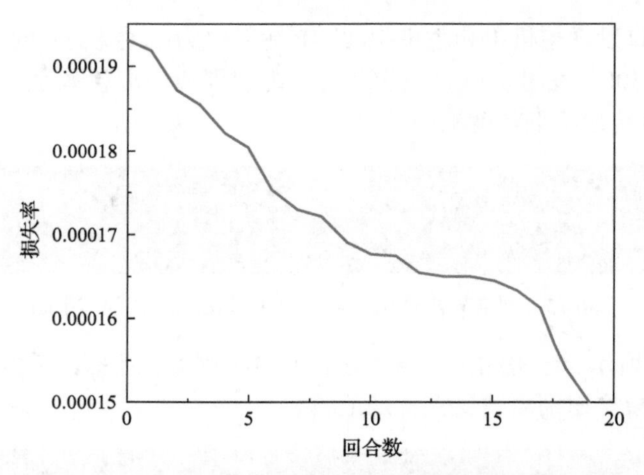

图 6.18　基于 BPNN 的 DDoS 攻击细粒度检测的损失曲线

系统功能测试与系统性能测试均在线上完成，可以节省大量的资源。提出的模型在检测准确率、检测时间、模型大小等方面都较现有的模型有较高的性能增益，在保证快速反应、精确检测的基础上体现了 DDoS 攻击检测的高效性。

参 考 文 献

[1] Li Y, Huang G, Wang C, et al. Analysis framework of network security situational awareness and comparison of implementation methods. EURASIP Journal on Wireless Communications and Networking, 2019, 2019(1): 1-32.

[2] Zhang H, Cai Z, Liu Q, et al. A survey on security-aware measurement in SDN. Security and Communication Networks, 2018, 2018(4): 1-14.

[3] Guo C, Yuan L, Xiang D, et al. Pingmesh: A large-scale system for data center network latency measurement and analysis//2015 ACM Conference on Special Interest Group on Data Communication, New York, 2015: 139-152.

[4] Ye M, Zhang J, Guo Z, et al. Date: disturbance-aware traffic engineering with reinforcement learning in software-defined networks// 2021 IEEE/ACM 29th International Symposium on Quality of Service, Tokyo, 2021: 1-10.

[5] Bajpai V, Schönwälder J. A survey on internet performance measurement platforms and related standardization efforts. IEEE Communications Surveys & Tutorials, 2015, 17(3): 1313-1341.

[6] Kim C, Sivaraman A, Katta N, et al. In-band network telemetry via programmable dataplanes// ACM Special Interest Group on Data Communication, London, 2015, 15: 1-2.

[7] INT. Improving network monitoring and management with programmable data planes. https://p4.org/p4/inband-network-telemetry[2024-1-25].

[8] Liu B, Kong J, Tang S, et al. Visualize your IP-over-optical network in realtime: A p4-based

flexible multilayer in-band network telemetry (ml-int) system. IEEE Access, 2019, 7: 82413-82423.

[9] Shang L, Zhao W, Zhang J, et al. Network security situation prediction based on long short-term memory network// 2019 20th Asia-Pacific Network Operations and Management Symposium, Matsue, 2019: 1-4.

[10] Niu D, Xia Z, Liu Y, et al. Alstm: Adaptive LSTM for durative sequential data// IEEE 30th International Conference on Tools with Artificial Intelligence, New York, 2018: 151-157.

[11] Koay A, Chen A, Welch I, et al. A new multi classifier system using entropy-based features in DDoS attack detection// 2018 International Conference on Information Networking, Chiang Mai, 2018: 162-167.

[12] Dong Y, Watanabe T. Network on chip architecture for bp neural network// 2008 International Conference on Communications, Circuits and Systems, Xiamen, 2008: 964-968.

[13] Marojevic V, Salazar J, Revés X, et al. Resource modeling for a joint resource management in cognitive radio// 2008 IEEE International Conference on Communications, Beijing, 2008: 4175-4180.

[14] 冷常发，杨春刚，彭瑶．意图驱动的自动驾驶网络技术．西安电子科技大学学报，2022, 49 (4): 60-70.

[15] Ouyang W, Wang X, Zeng X, et al. Deepid-net: Deformable deep convolutional neural networks for object detection// The IEEE Conference on Computer Vision and Pattern Recognition, Boston, 2015: 2403-2412.

[16] Zulu L L, Ogudo K A, Umenne P O. Simulating software defined networking using mininet to optimize host communication in a realistic programmable network// 2018 International Conference on Advances in Big Data, Computing and Data Communication Systems, Durban, 2018: 1-6.

第 7 章　意图驱动智能运维

随着网络信息体系中的设备不断增多、网络结构日益复杂且各级各类信息系统独立发展，网络运维在复杂环境中面临应对动态多变的运维业务挑战，实现互联互通和高效精准的统一管理变得愈发困难。传统网络运维存在易出错、效率低和定位难等问题，因此研究意图驱动智能网络运维变得十分必要。

本章针对端到端视频流传输业务的服务质量保障问题，研究意图驱动的智能化运维应用实例。基于 SDN 架构利用开放网络操作系统(open network operating system, ONOS)控制器和 Mininet 搭建网络仿真环境，利用 VideoLAN 客户端(video LAN client，VLC)在 Mininet 中模拟端到端视频流传输。通过研究异构运维意图的通用表征技术，以及多类来源智能转译技术完成端到端视频流传输质量的保障，实现网络链路波动时的路由自主调整。本章从意图驱动运维应用中的关键技术和仿真实现两方面进行阐述。

7.1　意图驱动智能运维定义

意图智能运维指将意图驱动网络方法论与实际应用场景相结合，利用意图涵盖网络全生命周期的特性，结合人工智能方法，实现网络的智能运维。意图驱动的网络运维在提高网络创新性的同时，为网络运维的完善和发展提供了重要契机。意图驱动智能运维体系包括异构运维意图的通用表征技术，以及多类来源意图智能转译技术。异构运维意图的通用表征技术旨在针对异构运维意图，构建标准范式的意图语言规范和通用意图表征模型，实现异构运维意图的规范表征。基于意图语法规则输出标准格式的网络需求，可以确保异构运维意图的准确表征，为后续的意图转译奠定基础。多类意图来源的智能转译技术则是针对多类来源的运维意图与多维网络态势精准适配的需求，实现多种运维意图智能自主的转译。

1. 意图驱动智能化网络运维技术架构

意图驱动智能化网络运维技术架构如图 7.1 所示，自顶向下由意图表征、意图转译、策略映射三个技术组成。具体来说，意图表征通过意图知识图谱构建、意图语法设计，将输入的异构意图表征为规范的意图表达。意图转译通过意图实体识别、意图状态转移，将规范化的意图形式具化为网络需求。进一步，策略映射通过意图知识图谱与网络状态知识图谱的交互，生成韧性网络策略下发至控制平面。

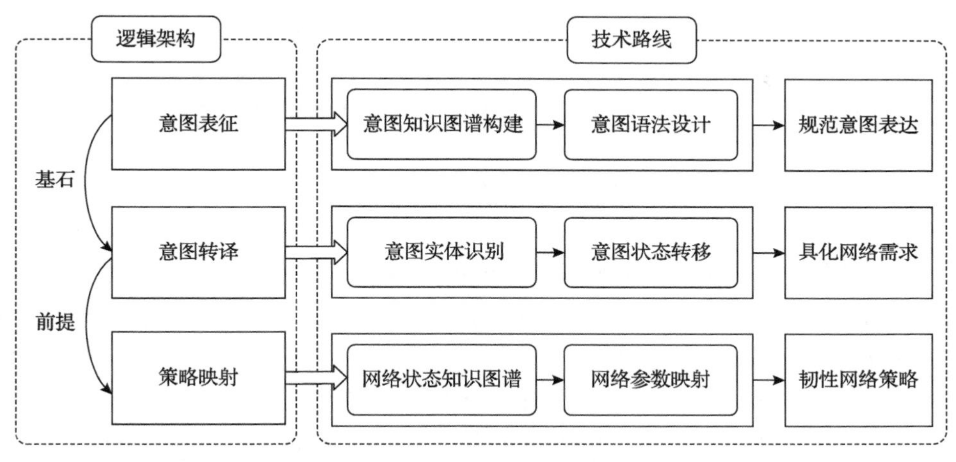

图 7.1　意图驱动智能化网络运维技术架构

2. 意图驱动智能化运维意图层次流程

运维意图层次解析如图 7.2 所示。用户意图描述“对象”，网络意图描述“对

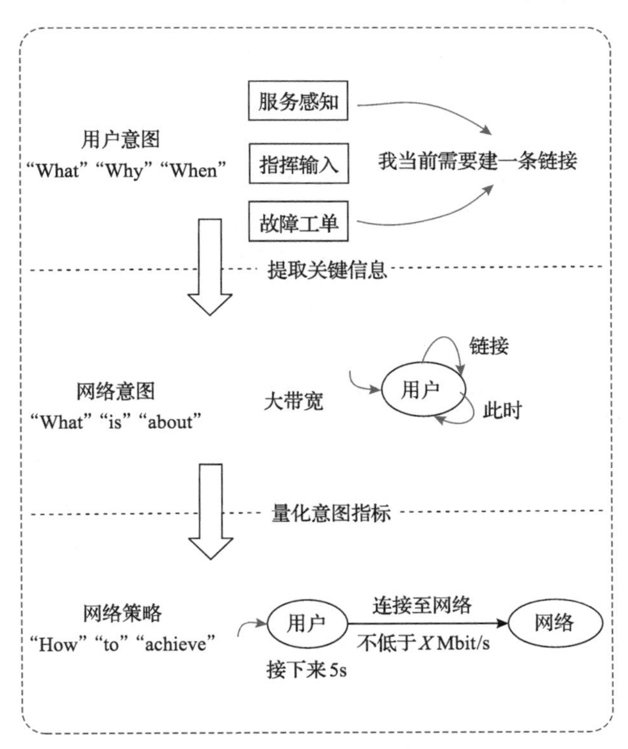

图 7.2　运维意图层次解析

象、操作”，网络策略描述“对象、操作、结果”。在意图转译的过程中，可逐步提取意图表达中的关键信息并补充网络相关参数。网络意图初步解构了输入意图的基本网络需求，进一步通过量化意图指标，将网络意图细化为网络策略。

7.2 网络智能运维研究现状

当前网络规模巨大、网络建设快速发展、网络设备数量激增，给网络运维带来巨大的压力。同时，现有基础网络中的多网协同已成为趋势，也使日常的运维方式难以承载现有的网络管理需求。因此，基于人工智能的网络智能运维开始快速发展，下面对现有的智能运维现状进行阐述。

在第五代移动通信技术(5th generation mobile communication technology，5G)网络领域，由于基站数量激增，网络运维愈发复杂，因此一种基于人工智能的5G网络运维规划方法被提出[1]。该方法首先构建5G中心网络运维体系架构，以获取数据信息的传输流程，同时利用动态配置的网络运维方式，实现巡检点数据到数据中心的传输。该方法通过人工智能的方式分析路测数据，以精准定位基站并识别和判断网络状态，相较于传统运维方式可以在一定程度上提高智能水平，并促进5G网络的发展，但是仍然无法满足网络运维方面激增的智能需求。

同时，有研究将人工智能技术应用于网络运维场景流量预测、日志分析、故障预测方面，并搭建人工智能运维平台加速网络智能化，助力网络运维的发展[2-4]。其运用人工智能和大数据技术，从服务场景化出发，以算法结合网络运维场景，并使用若干算法进行模型训练。在运维系统方面，现有研究实现了从早期单场景智能运维到多场景的全面嵌入运维系统智能化服务的发展，提高智能化项目的落地效率，降低算法工程师对底层数据和网络的关注[5,6]。

在网络服务设备的运行过程中，运行状态数据具有定时采集的特点，因此时间序列是一种常见的数据格式。针对此特点，文献[7]考虑时序数据时间信息和不同指标的特征信息，提出面向复杂多维网络场景的智能运维技术研究，并且在短期流量预测、无监督异常监测和多指标根因定位场景下进行技术研究，包括针对强周期性时间序列建立高精确性短期流量预测模型，同时应用特殊符合损失函数的序列提高序列预测的精度，有效解决逐点预测累积误差造成的预测精度下降的问题。但是，该研究仅局限于智能运维理论研究方面，对输入数据要求较高，不具备实际应用的能力。

综上所述，网络智能运维领域已经开展了如火如荼的研究，包括运营商应用、关键技术研究等方面。然而，现有研究多针对将人工智能算法和大数据分析能力应用到运维系统，实现单点技术的关键突破，仍未形成覆盖全生命周期流程的应用模式。同时，关键技术研究应用门槛高，导致研究难以落地。因此，本节针对上述问题提出意图驱动智能运维体系及案例实现。

7.3　意图驱动智能运维算法

1. 知识图谱辅助运维意图通用表征

在网络运维业务中，运维意图信息数据类别多样、结构不同，需要设计标准范式的通用意图表征模型和意图语言规范，而知识图谱有直观的表征能力[8]。因此，基于知识图谱提出面向异构运维意图的通用表征技术，以处理异构运维意图输入的问题。

通过对运维意图关键信息的抽取，将运维意图以知识图谱的形式刻画出来，进而实现异构运维意图的规范化表征[9]。意图知识图谱辅助的运维意图表征如图 7.3 所示。

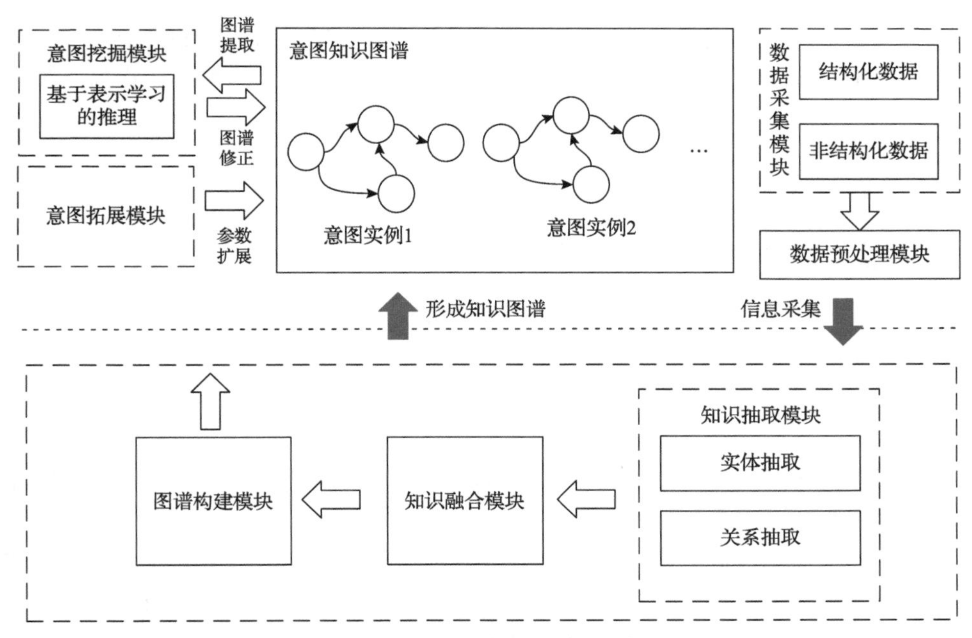

图 7.3　意图知识图谱辅助的运维意图表征

1) 数据采集模块

数据采集模块包括结构化数据采集和非结构化数据采集两个部分。

结构化数据采集指从数据库这种结构化数据中采集所需的数据。例如，基于存储网络管理相关信息的数据库，可以通过访问数据库采集服务感知获取的结构化数据。这类以统一格式存储的数据可以通过相关下载规则获取并设置定时任务进行同步更新，该过程通过相关获取脚本完成。

非结构化数据采集指从自由文本中采集所需的数据，主要是通过人机交互，采集网络管理人员输入的非结构化意图信息。

2) 数据预处理模块

数据预处理模块主要针对非结构化文本数据，需先将各个数据源的信息进行清洗。通过正则表达式将文本数据中的特殊符号，如@、%、*等去掉，以确保网络运维数据质量，然后对分散在多个文本的数据进行整合，以便后续的网络运维知识抽取。其具体工作流程包括，启动数据预处理程序，读取文件系统中的网络运维文本数据并加载到内存中，然后调用正则匹配规则对文本数据中的特殊符号等进行去除处理，最后将清洗过滤后的文本数据存储到整合的文件中。

3) 知识抽取模块

知识抽取任务流程如图 7.4 所示。首先，对输入的意图数据进行数据分析。例如，统计句子长度、每个句子中的三元组数量、关系数量分布。然后，将数据分别输入实体识别模型和关系分类模型。接着，基于知识抽取中的管道方法，先通过实体识别模型预测实体，再通过关系分类预测实体之间的关系。最后，输出有效的三元组数据。

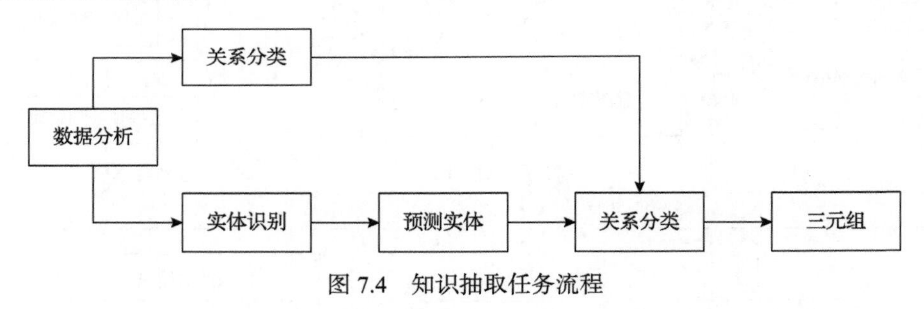

图 7.4　知识抽取任务流程

对于结构化数据，将关系数据库中的数据映射为 RDF 格式，实现结构化数据的知识抽取。

对于非结构化数据，首先利用训练好的命名实体识别模型从经过预处理后的网络运维文本数据中抽取相关网络运维意图实体，然后利用关系模板对意图实体之间的关系进行构建，并生成相应的网络运维意图知识。

(1) 实体识别模型。

在命名实体识别中，文本以序列的形式存在，一个句子可以看作符合一定自然语言规则的词的序列[10]。对于实体抽取，基于 BiLSTM-CRF 的命名实体识别模型是比较常见的实体抽取算法。该模型自底向上分别是 Embedding 层、双向 LSTM 层、注意力机制(Attention)层和 CRF 层。Embedding 层是句子中词的向量表示，作为双向 LSTM 的输入，通过词向量学习模型获得；双向 LSTM 层通过一个正向

LSTM 和一个反向 LSTM 分别计算每个词考虑左侧和右侧词时对应的向量，然后将每个词的两个向量进行连接，形成词的向量输出；Attention 层对双向 LSTM 层的输入向量与输出向量之间的相关性进行重要度计算，实现重要特征的提取；CRF 层以 Attention 层输出的特征作为输入，对句子中的命名实体进行序列标注。其中，模型的输入层表示待标注的序列，模型的输出层表示已标注的序列。基于 BiLSTM-CRF 模型的网络运维实体识别框架如图 7.5 所示。

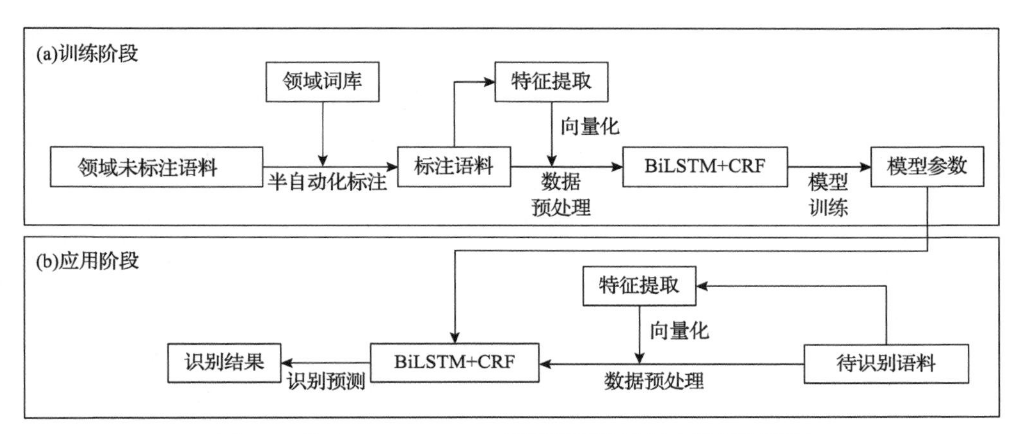

图 7.5　基于 BiLSTM-CRF 模型的网络运维实体识别框架

在训练阶段，首先基于运维领域词库，对领域未标注语料进行半自动化标注并得到标注语料。然后，对标注语料进行数据预处理和特征提取，并将处理后的数据送入 BiLSTM-CRF 模型。最后，经过模型训练得到满足要求的模型参数。在应用阶段，当待识别语料输入时，经过数据预处理和特征提取的操作，数据被送入 BiLSTM-CRF 模型(该模型参数由训练阶段给出)，最后模型输出实体识别结果。

该模型主要由四个部分组成，即输入层、BiLSTM 层、Attention 层和 CRF 层。

①输入层。在 NLP 相关任务中，最细粒度的是字词，由字词组成句子，最后由句子组成段落、篇章、文档。因此，在处理 NLP 任务的问题时，最先处理的是字词。在神经网络的架构中，往往需要构建映射，但是模型只接收数值型的输入，而 NLP 任务的文本数据是人类抽象符号的总结，所以需要将词语转换成数值的形式，或者说——嵌入数学空间，这种嵌入方式称为词嵌入。

②BiLSTM 层。在命名实体识别任务中，实体的识别不仅与过去时刻的信息相关，而且与后续的信息相关，即需要在模型训练中访问过去和未来的输入特征，因此采用 BiLSTM 作为 DNN 模型。在特征提取中，通过前向状态提取过去的特征和后向状态提取后向特征，并使用通过时间的反向传播算法训练 BiLSTM。通过使用 BiLSTM 模型，可以极大地提升 LSTM 模型的性能，使训练生成的网络模型不仅可以“往前看”还能“往后看”，符合中文命名实体识别任务中密切贴合前

后文的要求。将字向量序列输入 BiLSTM 层，前向 LSTM 可以得到字向量的前向隐藏层序列，后向 LSTM 可以得到字向量的后向隐藏层序列。按位置拼接将得到最终的隐藏层序列，最后输入下一层。

③Attention 层。注意力机制一般可以用作一个神经网络结构中的组件，主要用来筛选关键信息，从而获取局部特征。通过 BiLSTM 层输入序列至注意力模型，利用注意力机制对每个位置的标签生成一组注意力权重参数，并对输出序列进行加权计算后得到标注分数值，从而达到提取 LSTM 全局特征，获得局部特征的综合效果。

④CRF 层。模型的最外层接入 CRF 模型，作为命名实体标注的分类结果。CRF 作为最可靠的序列标注之一，在命名实体任务中取得了良好的性能，成为最佳选择。在序列的标注中，CRF 模型作用于整个句子的结构，而不是独立的单个位置。因此，通过将 LSTM 层输出的特征矩阵输入 Attention 层计算每个字向量的重要度，再输出到 CRF 层进行下一步的分类标注。CRF 层使用状态特征作为当前节点的状态分数表示，转移矩阵用上一个节点到当前节点的转移分数表示。CRF 层可以在标签之间自动设置一些合法的约束性条件。因此，CRF 的优点是能对隐含状态建模，学习状态序列的特点，通过在标签之间增加约束性的条件，可以更好地符合语言逻辑性，生成符合人类的语言模型[11]。

(2)关系分类模型。

关系分类模型结构如图 7.6 所示，该模型基于 ALBERT 模块、双向门控循环单元(bidirectional gated recurrent unit，BiGRU)层、注意力机制层和全连接(fully connected，FC)层来预测实体之间的关系。

BiGRU 模型是一种双向门控 RNN，是基于 GRU 模型的扩展。BiGRU 模型可以同时考虑输入序列的过去和未来信息，从而提高模型对序列数据的建模能力。在 BiGRU 模型中，输入序列首先经过前向门控循环单元(gated recurrent unit，GRU)和后向 GRU 两个子网络处理。前向 GRU 网络从序列的第一个时间步开始按顺序处理输入序列，后向 GRU 网络从序列的最后一个时间步开始按倒序处理输入序列。这样可以使模型在每个时间步都能够获取该时间步之前和之后的信息。在每个时间步中，前向 GRU 和后向 GRU 的输出会被连接起来，并输入下一个层级进行处理。由于 BiGRU 模型具有双向性质，因此在对序列进行分类或预测等任务时，模型可以更全面地考虑输入序列的信息，提高模型的性能。

Attention 模型主要用于对输入序列中的关键信息进行加权聚合，以使模型可以更加关注对当前输出有用的信息。在 Attention 模型中，首先输入序列经过编码器进行编码。然后，在每个时间步中，模型计算当前时间步的上下文向量，即加权求和后的所有输入向量。该权重由注意力机制决定，通常是通过计算当前时间步的查询向量和每个输入向量的相似度得到。最终，通过将当前时间步的上下文

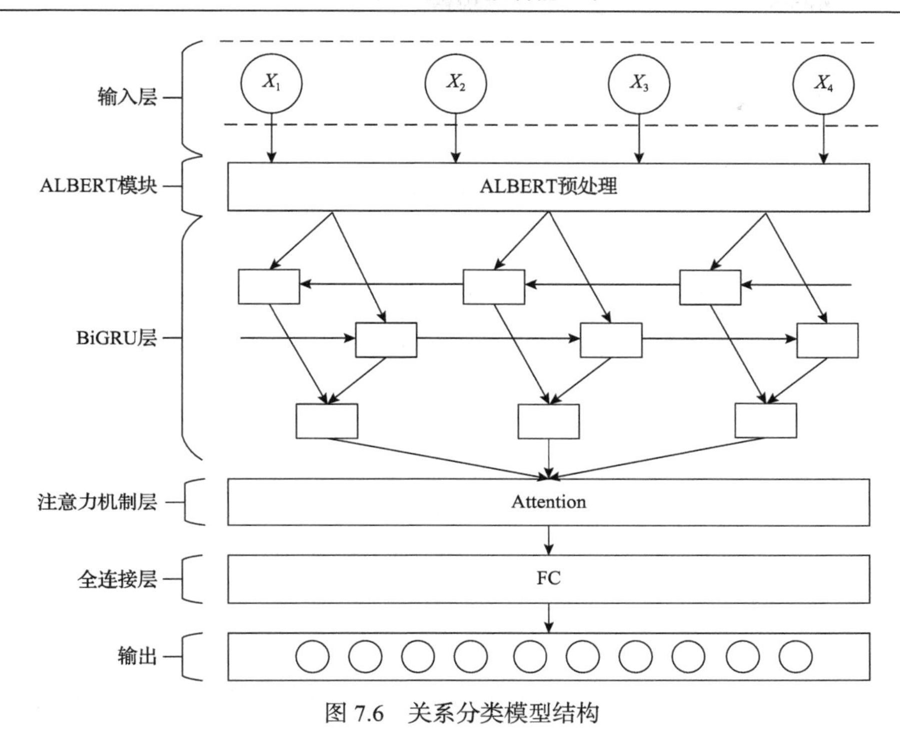

图 7.6　关系分类模型结构

向量和解码器的输入向量结合，可以生成与输入序列相关的输出序列，从而提高模型的性能和泛化能力。

FC 层是深度学习神经网络的基本结构，通常用于分类任务，将输入特征映射到对应的类别标签上。在 FC 层，每个输入神经元与当前层所有输出神经元相连接，并且每个连接都有一个权重。这意味着，FC 层将上一层的所有输入信息转化为一组输出，这组输出的维度通常与所需输出的维度相同。在训练过程中，全连接层的权重通过反向传播算法进行优化，以最小化损失函数。

4) 知识融合模块

知识融合表示将多个数据源中的知识进行融合，包括实体消歧和实体对齐两个任务。实体消歧用于解决同名实体之间存在的歧义问题，通常借助上下文语义环境解决异构数据中实体指代不明等问题。

由于网络运维意图知识图谱属于专业领域的小规模知识图谱，因此在很大程度上可以避免实体之间的歧义性。对于实体对齐问题，来自不同源的网络运维意图信息之间的数据存在一定的差异。例如，同样是对端口号的描述，有的描述为 PORT，有的描述为 PORT_ID，此处两种描述表达的语义信息是相同的，因此通过实体对齐，将端口号的描述统一为 port_id。

知识融合模块的任务主要包括待融合数据获取和数据融合。知识融合示意图如图 7.7 所示。首先，通过文件加载器读取采集到的结构化网络运维意图数据，并接收知识抽取获取的网络运维数据。然后，基于编写的知识匹配融合规则，利用融合脚本将网络运维意图知识融合，并生成标准化格式的数据。最后，该模块将融合后的知识发送到消息中间件中用于构建后续网络运维知识图谱。

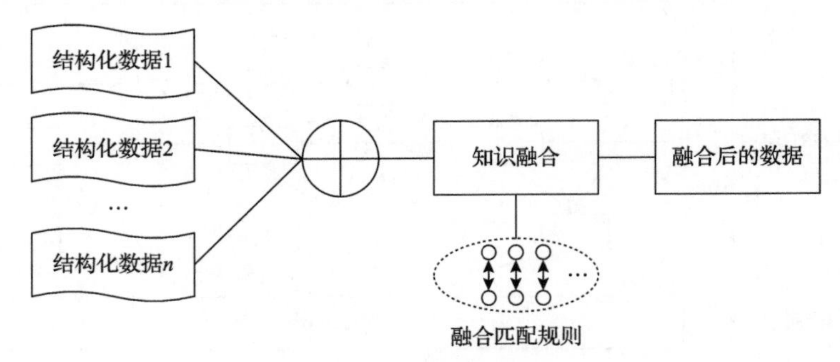

图 7.7　知识融合示意图

5) 图谱构建模块

首先，进行模式设计，人工构建运维领域本体，设计知识图谱的模式层，使用七步本体构建方法，同时引入反馈机制，对构建的本体进行评估分析以确保构建的本体质量。

七步本体构建法如图 7.8 所示。首先，确定本体的领域与范围，目的是将网络运维相关数据进行融合并标准化表示，为构建意图知识图谱提供顶层模式，因此本体范围是网络运维领域内的知识。其次，在确定本体领域与范围后，对已有的网络运维领域本体进行复用，提高本体构建效率。再次，基于现有数据源的特点分析，实现本体体系构建，包括网络运维领域类集合确定、类之间关系确定、属性集合确定三个部分。最后，针对构建好的网络运维领域本体进行评估，考察确定本体是否能有效整合当前网络运维数据源，并参考评估结果对网络运维领域本体进行调整修改以确保构建的本体完全适用，从而完成网络运维领域本体构建。

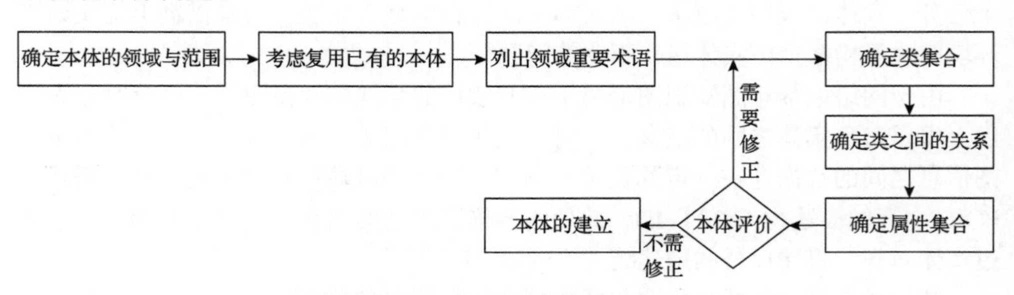

图 7.8　七步本体构建法

本体构建完成之后，需要对知识融合模块得到的知识进行处理，主要包括知识纠错和知识更新两个任务。为了提高意图知识图谱的质量，通过专家人工手段，进行相应的知识纠错工作。人工通过抽样检测评估知识的错误率，若错误率达到预期，则认为达到构建意图知识图谱的标准。另外，随着时间的推移，数据是变动的，对于变化的数据或新增的数据，需要进行知识的周期性更新，以便保持知识图谱中数据的“新鲜度”。

通过上述几个模块的处理，最终形成网络运维意图知识图谱。意图知识图谱对外开放接口，允许用户编辑知识图谱。另外，在应用意图知识图谱的过程中，不断反馈信息，对模式设计进行修改，有利于进一步提高知识的质量。

经过规范化处理的意图知识通过 Py2neo 构建意图知识图谱，并保存至图数据库 Neo4j 中。Py2neo 是一个 Python 库，可以轻松地构建和执行 Cypher 查询，并通过内置的 JSON 序列化和反序列化实现与其他数据格式的交互[12]。基于 Py2neo 构建知识图谱的图谱构建流程如图 7.9 所示。

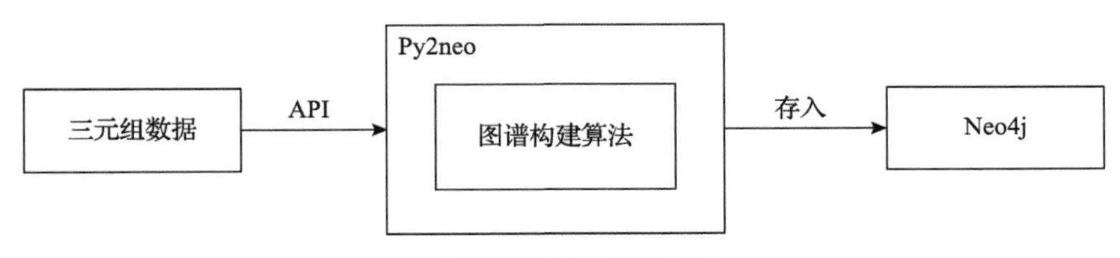

图 7.9　图谱构建流程

图谱构建算法的基本思路如下。

(1) 基于 Py2neo 连接图数据库 Neo4j。

(2) 读取三元组数据，并构造列表，例如

src_intent = triple_list[0]

rel_intent = triple_list[1]

dst_intent = triple_list[2]

其中，src_intent 表示源节点；dst_intent 表示目的节点；rel_intent 表示源目的节点之间的关系；triple_list[]中的 0、1、2 表示列表中的第 1、2、3 个元素，对应三元组中的“实体-关系-实体”。

(3) 查询源节点、目的节点是否已经创建。

①如果源节点和目的节点均已存在，先处理特殊节点，为特殊节点创建节点和关系。此处的特殊节点指非拓扑结构节点，表示特殊含义，如“视频业务”“话音业务”这样的节点。然后，为源目的节点之间创建关系。

②如果源节点已经存在而目的节点不存在，先处理特殊节点，为特殊节点创建节点和关系。然后，创建目的节点，并为源节点和目的节点创建关系。

③如果目的节点已经存在而源节点不存在，先处理特殊节点，为特殊节点创建节点和关系。然后，创建源节点，并为源节点和目的节点创建关系。

④如果源节点和目的节点均不存在，先处理特殊节点，为特殊节点创建节点和关系。然后，创建源节点和目的节点，并为源节点和目的节点创建关系。

(4) 在意图知识图谱和网络状态知识图谱中查找同一标签的所有节点。

(5) 更新意图知识图谱节点和关系的属性信息，完成图谱构建。

下面通过一个简单的运维实例展示意图知识图谱对用户意图的刻画。用户输入非结构化意图“对于项目 1，连接节点 A 和 B，链路没有带宽限制，现在开始执行”，通过数据采集模块、数据预处理模块和知识抽取模块，提取意图关键信息端点 A 和 B、带宽要求、意图执行时间，以及 AB 之间的关系，通过知识融合模块和图谱构建模块，将抽取的知识构建为意图知识图谱。基于知识图谱的意图刻画如图 7.10 所示。

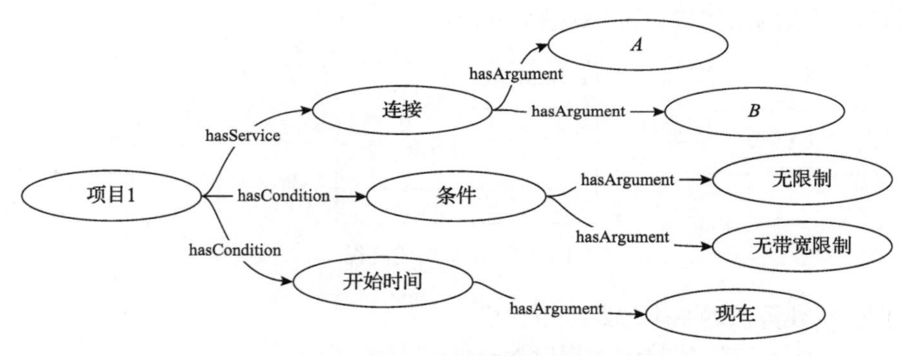

图 7.10　基于知识图谱的意图刻画

6) 意图拓展模块

为了提高意图表征的准确性，需要对初始的意图知识图谱进行扩展，为意图实体添加相应的条件和属性信息。意图扩展模块主要进行意图知识图谱中关键实体的属性补齐，以及参数映射过程。例如，用户输入意图“从 A 到 B 建立一条重保等级的视频业务”。在构建知识图谱的过程中，系统检测到在网络状态知识图谱中存在名称为“视频业务”的特殊节点。该节点具有带宽和时延两个条件，并且两个条件都设定有默认的属性值。因此，在意图三元组数据导入 Neo4j 的过程中，系统为三元组数据中的“视频业务”添加“带宽”和“时延”条件，并将它们具有的属性值一同更新到意图知识图谱中，进而实现意图的拓展。需要说明的是，意图拓展模块将根据逻辑层中网络状态知识图谱的信息在意图知识图谱中做相应的拓展。当系统检测到网络状态知识图谱中的信息没有可以扩展的意图实体时，则视为完成意图扩展。意图拓展前后效果如图 7.11 所示。

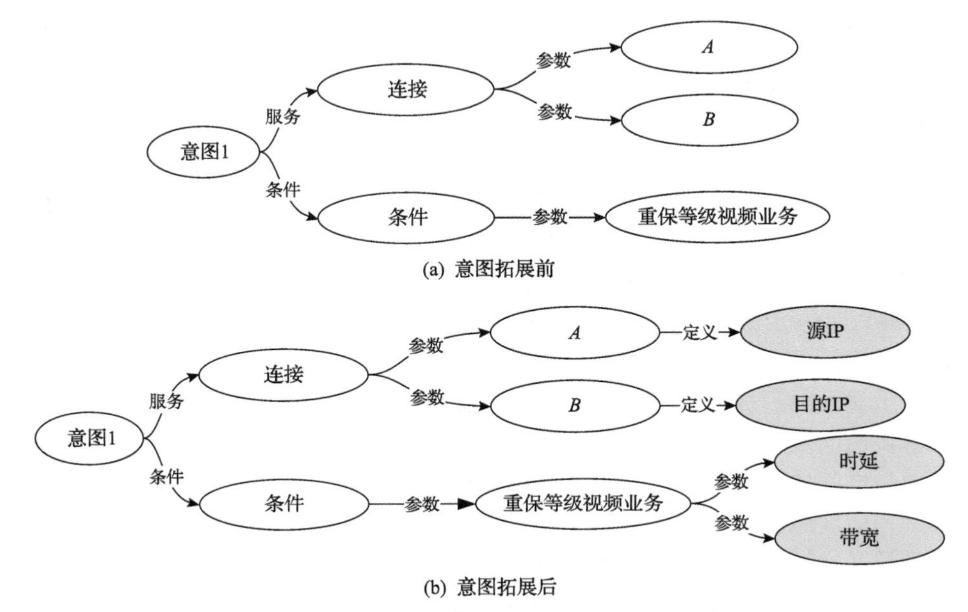

图 7.11　意图拓展前后效果图

在完成意图拓展后，系统进行参数映射。由于网络参数信息存储在逻辑层的网络状态知识图谱中，系统将根据网络状态知识图谱中的信息将参数添加到意图知识中。首先，对意图知识图谱中的实体和关系进行解析。然后，查询这些实体和关系的名称是否包含在网络状态知识图谱中。当网络状态知识图谱中匹配到一致的实体或关系名时，系统将网络状态知识图谱中这些实体或关系名对应的网络参数信息更新到意图知识图谱。最终，网络参数信息以属性值的形式添加到意图知识图谱相应的实体和关系中。在本用例中，当系统读取意图实体“北京用户 *A*”，并在网络状态知识图谱中查询到节点“北京用户 *A*”时，将该节点的属性值，例如 IP 地址 10.0.0.1、端口号 1257 等信息，更新到意图知识图谱中“北京用户 *A*”节点中。重复类似的步骤，直至为全部的意图实体、关系添加对应的网络参数信息。参数映射效果如图 7.12 所示。

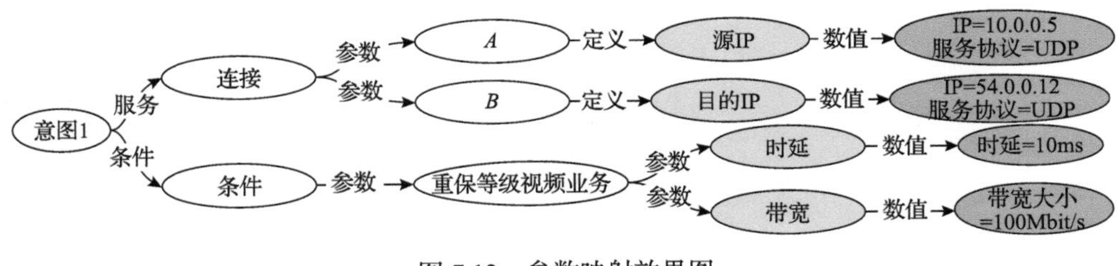

图 7.12　参数映射效果图

至此，获得一个含有详细网络参数信息的意图知识图谱。之后，可行性验证模块验证意图执行的可行性。在可行性验证的过程中，系统根据底层网络提供的资源能力修正意图知识图谱。最终，形成基于知识图谱表达的网络策略，并记录在意图知识图谱中。

7) 意图挖掘模块

意图挖掘模块的功能是挖掘用户的潜在意图信息，需要对知识图谱进行推理计算，以丰富知识图谱信息，增强知识图谱对用户意图的表征能力。知识推理指对于知识库中存在的三元组等结构化信息，经具有智能系统的机器以人类的思维方式，并根据一定的推理模式，找出实体间潜在的或者新的关系，发现新的知识。设计的意图挖掘模块利用基于表示学习的推理实现意图的挖掘。

表示学习的目标是通过机器学习的方法将知识图谱中的实体与关系表示为低维稠密实值向量。通过将实体 h 和关系 r 投影到低维向量空间，得到其向量并表示在向量空间中，通过欧氏距离等计算任意两个对象间的相似度，距离越近说明其语义相似度越高，进而得到正确三元组。这样能够高效地计算知识图谱中实体和关系及其之间复杂的语义关联，同时也充分利用了对象间的语义信息。

本方案采用 TransE 表示学习模型作为所构建知识图谱的知识推理算法模型。假定一个由 (h,r,t) 三元组结构组成的知识图谱训练集 S，其中头实体和尾实体 $h,t \in E$（实体集），$r \in R$（关系集）。TransE 模型能够通过学习得到知识图谱中所有实体和关系的低维嵌入式向量表示，向量用 h、r、t 表示，且各向量维度相同，由模型统一设定。

如图 7.13 所示，对于知识图谱中的每一个三元组 (h,r,t)，TransE 将关系向量看作头实体向量 h 到尾实体向量 t 的翻译。因此，训练时遵循 $h+r \approx t$ 的翻译原则，即如果三元组满足 $h+r \approx t$（$h+r$ 和 t 距离接近），则判断该三元组是成立的，反之，若 $h+r$ 和 t 互相远离，则该三元组是不成立的。根据该翻译原则，定义 TransE 得分函数为

$$f_r(h,t) = \| h+r-t \|_{L1/L2} \tag{7-1}$$

得分函数通过衡量 $h+r$ 和 t 的距离判断三元组的准确性。通过设置适宜的步长，学习率和维度等参数，通过梯度下降算法对三元组中的实体和关系进行训练，

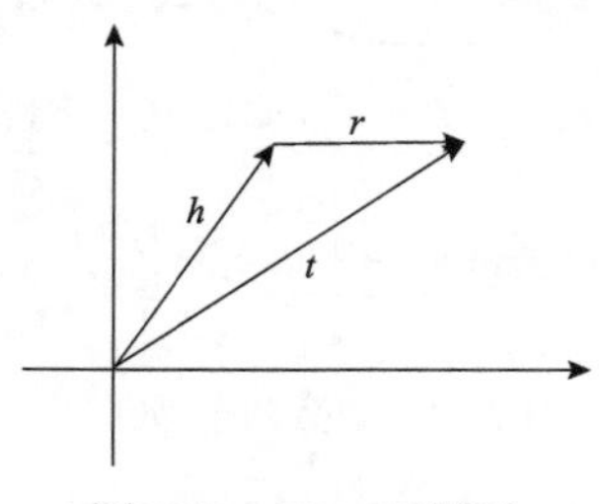

图 7.13 TransE 图示

其中 $L1/L2$ 表示 $L1$ 和 $L2$ 两种范式。

在实际的学习过程中，TransE 将知识图谱中的每一个三元组的头实体、关系、尾实体随机替换成其他的实体或者关系产生负例三元组，并使用最大间隔的方法，设置正例三元组与负例三元组得分之间的间隔距离 γ ，定义的损失函数为

$$L = \sum_{(h,r,t)\in S(h,r,t)} \sum_{(h',r,t')\in S'(h,r,t)} [f_r(h,t) + \gamma - f_r(h',t')]_+ \tag{7-2}$$

其中， $[f_r(h,t) + \gamma - f_r(h',t')]_+ = \max(0, f_r(h,t) + \gamma - f_r(h',t'))$ ， γ 是正例三元组和负例三元组之间的边界值； $S(h,r,t)$ 为知识库中所有正确三元组的集合；错误三元组不是随机产生的，而是将正例三元组集合 S 中的每个三元组的头实体或者尾实体随机替换成其他的实体或关系，最终得到负例三元组集合 S' ，所以 $S' = \{(h',r,t),(h,r,t')\}$ ； $f_r(h,t)$ 表示三元组的得分函数，用于表示实体和关系之间的某种联系。

损失函数用于优化目标的训练，提升知识表示的学习能力。

综上所述，基于已构建的运维意图知识图谱，运用 TransE 表示学习模型，利用知识图谱节点、边的特性，对意图知识图谱中的(实体，关系，实体)进行知识计算。该过程可以推理出新的实体、新的关系，以及新的规则等，进而实现利用现有意图信息挖掘隐含意图信息的目的，提高系统的表征能力，进而改善意图转译的质量。

2. 知识图谱辅助运维意图策略映射

基于构建的意图知识图谱，为实现网络状态知识在策略映射过程中的合理利用，将网络运行产生的数据刻画为网络状态知识图谱。接着，在意图知识图谱和网络状态知识图谱的交互过程中，生成基于知识图谱表达的网络策略。

1) 网络状态知识图谱刻画

本节结合 ONOS 构建逻辑层从物理网络的状态数据中抽取知识，从而抽象物理网络并辅助验证意图执行的可行性。

(1) 逻辑层构建基本思路。

系统采用实时或非实时的方式，从物理网络层收集各种数据，包括网元实体数据、日志，以及其他一些资源数据和协议等。

系统将经过处理的数据保存至数据库，为构建网络状态知识图谱提供数据支撑。同时，ONOS 通过相应的测量手段获得物理网络状态信息，这些信息同样为网络状态知识图谱的构建提供数据支撑。系统通过从数据库中读取数据，利用知识图谱构建算法构建网络状态知识图谱，并根据实时采集的指标数据，动态更新网络状态知识图谱中节点和边的属性。这种方法使网络状态知识图谱反映网络状

态的变化，达到抽象物理网络的目的。

(2) 网络状态知识图谱构建基本方法。

构建网络状态知识图谱的方法大致有三种，本实例选择混合使用这三种方法。

①基于 Cypher 语言，在 Neo4j 中手动创建与网络状态知识图谱相关的信息，对于个别节点和关系信息，进行手动修改或更新。

②根据现有的底层网络状态数据，如网元实体数据等，将这些存储在数据库中的数据转化为 JSON 格式的结构化数据，并通过知识图谱构建算法将该结构化数据构建为知识，然后将这些知识导入 Neo4j，进而实现对网络状态知识图谱的修改和更新。

③基于 Flask 服务，利用 Python 编写自动化脚本，并基于脚本程序操作 Py2neo 对 Neo4j 进行删除、添加、更新、融合等操作，更改网络状态知识图谱中的节点、关系、属性等信息，从而实现对存储在 Neo4j 中网络状态知识图谱的自动化修改。

(3) 网络状态知识图谱的动态更新。

此过程包括网络节点和链路属性的动态更新和拓扑结构变化的动态更新。由于刻画网络状态需要的网络参数信息有很多种，包括网元的标识信息、传输协议、拓扑结构、带宽、时延、丢包率、抖动等信息，因此基于 sFlow-RT 和 ONOS 采集分析网络状态信息，将相关的网络参数信息实时动态地更新到网络状态知识图谱中。sFlow-RT 是一种基于 sFlow 的流量分析工具，主要用于实时监测和分析网络流量[13]。sFlow 收集器通过分析 sFlow 报文对网络状态进行有效监控[14]。sFlow 的系统结构示意图如图 7.14 所示。在 SDN 中应用 sFlow 技术，可以降低流收集算法复杂度和 CPU 资源消耗。

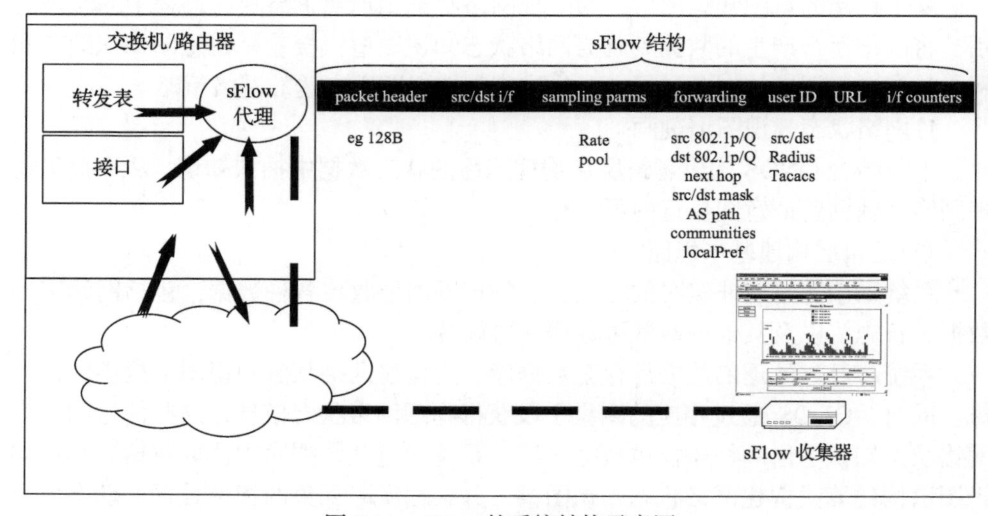

图 7.14　sFlow 的系统结构示意图

系统可以从 sFlow-RT 开放的表现层状态转移(representational state transfer, REST) API 实时获得源 IP、目的 IP、源介质访问控制(medium access control,MAC)地址、目的 MAC 地址、端口号、协议等参数信息。这些参数信息在经过处理后，通过 Py2neo 同步更新至网络状态知识图谱，实现对网络状态的动态刻画。下面介绍系统如何基于 sFlow-RT 和 ONOS 实时获取时延、带宽和丢包率信息，进而将这些信息同步更新至网络状态知识图谱中的过程。

①时延信息获取。通过一个基于 ONOS 的时延测量应用程序(application, APP)获取网络中链路的时延信息。该时延测量 APP 通过在链路层发现协议(link layer discovery protocol, LLDP)数据包中加入时间戳字段来记录控制器发送包和接收包的时间，并利用这些时间戳计算链路传输时延。以下是该时延测量 APP 基于 LLDP 获取链路时延信息的一般步骤。

步骤 1，记录将 LLDP 包由控制器发送到设备 A 时的时间戳 T_1，并将 T_1 放入 LLDP 包中。

步骤 2，通过 echo 报文测得控制器到设备 A 的时延 T_A。设备 A 在收到 LLDP 包后，向相邻的设备 B 转发。设备 B 在收到 LLDP 包后，将其发回控制器。

步骤 3，通过 echo 报文测得设备 B 到控制器的时延 T_B。记录控制器收到该 LLDP 包后解析出的 T_1 和当前时间 T_2。

步骤 4，计算链路时延 $T_d = T_2 - T_1 - (T_A + T_B)$。

步骤 5，计算其他链路的时延信息。

然后，在每个单位时间间隔内，根据链路 ID 将测得的链路时延信息通过 Py2neo 即时更新到网络状态知识图谱对应边的属性中，实现时延信息的动态更新。

②带宽信息获取。通过 sFlow-RT 获取网络中链路的带宽信息。对于链路的总带宽，这是链路的物理属性，可以通过接口查询获得。对于数据传输速率，通过 sFlow-RT 采集流量数据，在每条链路上计算单位时间间隔内的总字节数并乘以 8 即可得到数据传输速率。通过计算数据传输速率和链路总带宽的比值即可得到带宽利用率。最后，根据链路 ID，在每个单位时间间隔内测得链路总带宽、数据传输速率、带宽利用率，通过 Py2neo 实时更新到网络状态知识图谱中对应边的属性中，实现带宽信息的动态更新。

③丢包率信息获取。通过 sFlow-RT 获取网络中链路的丢包率信息。在单位时间间隔内，计算该链路上丢失的数据包数与发送的总数据包数之比，即可获得该链路上的丢包率信息。最后，根据链路 ID，将每个单位时间间隔内测得的链路丢包率信息通过 Py2neo 实时更新到网络状态知识图谱中对应边的属性中，实现链路丢包率信息的动态更新。

最终，动态更新网络状态知识图谱中的网络节点、链路的属性等信息在知识图谱中存储的情况，如图 7.15 所示。

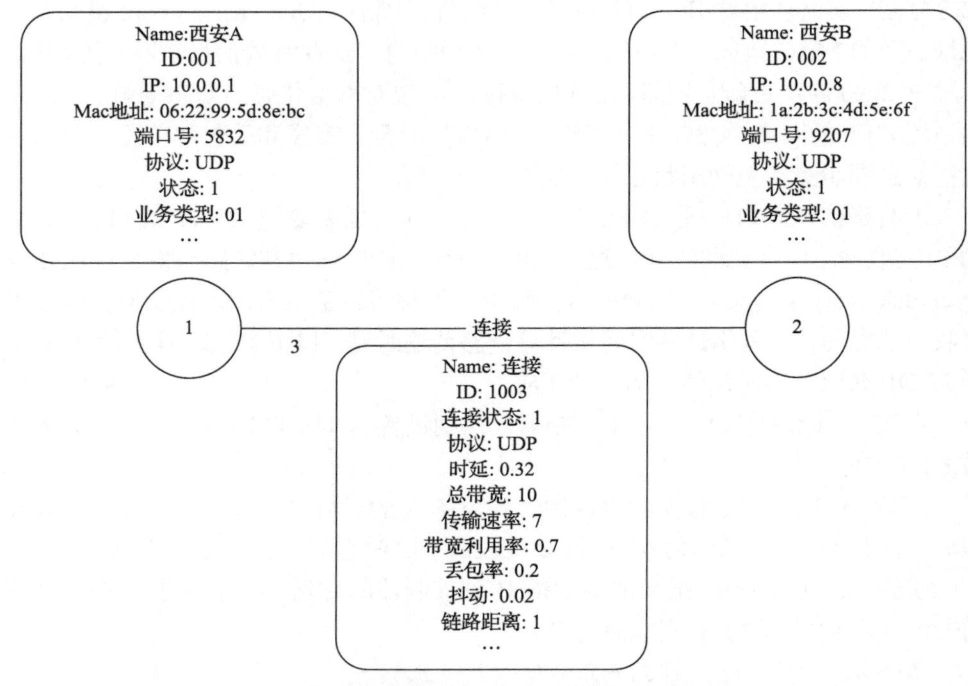

图 7.15　节点和链路属性信息在知识图谱中的存储情况

在网络运行过程中，网络拓扑结构可能不断变化。例如，会有新的网络设备添加到网络中，也会有设备因为某种原因出现链路断开，或是从网络中移除的情况。为实现网络拓扑存在的这些情况，也可以通过网络状态知识图谱实时反映出来，选择基于 ONOS 提供的 REST API 获取网络拓扑结构变化信息。例如，在单位时间间隔内，通过专用接口可以获得链路在该时间段内的连接信息，如源端的设备号和端口号、目的端的设备号和端口号、链路状态和链路类型。通过处理这些信息，可以分析得出是否有新链路或新节点建立，以及是否有链路断开。然后，通过 Py2neo 在网络状态知识图谱中添加对应的节点、边，或者删除对应的边。网络状态知识图谱对网络拓扑变化的刻画如图 7.16 所示，展示了网络中某一节点出现故障与其他节点连接中断时，网络状态知识图谱对这一状态变化的刻画。系统通过 Py2neo 删除了边 8 和边 9，并将节点 4 的状态置 0。

2) 网络策略自主生成

在意图知识图谱和网络状态知识图谱的交互过程中，基于知识图谱实现策略的生成。通过这种方式，可以弥合用户意图、策略管理和网络状态之间的语义鸿沟。

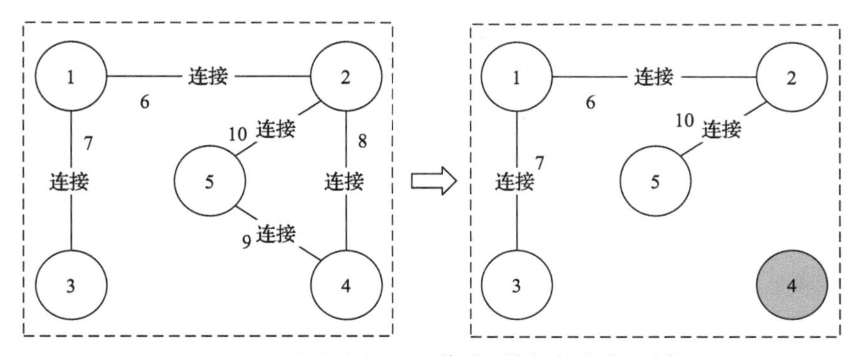

图 7.16　网络状态知识图谱对网络拓扑变化的刻画

意图知识图谱和网络状态知识图谱的交互过程如图 7.17 所示。通过两个知识图谱之间的交互过程，可以逐步实现意图扩展、参数映射和意图验证，并在这个过程中逐渐形成基于知识图谱表达的网络策略。知识图谱交互过程大致可以分为以下三个步骤。

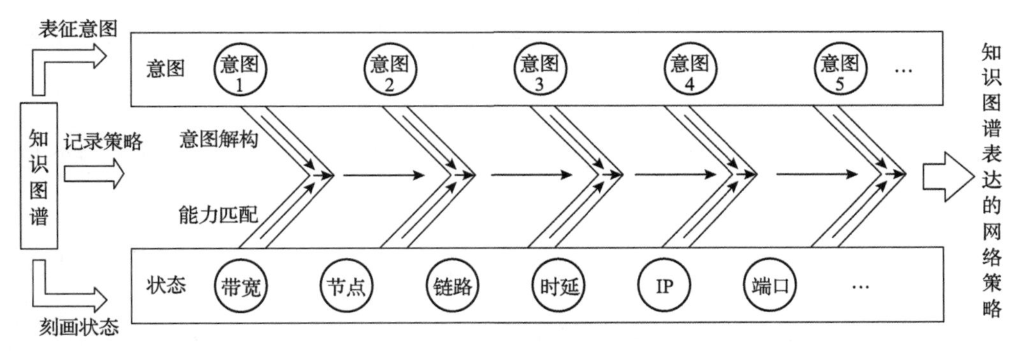

图 7.17　意图知识图谱和网络状态知识图谱交互过程

步骤 1，完成参数映射后，系统对意图知识图谱进行解析，以了解用户意图的需求。这些意图需求以参数信息的形式表达，如对带宽、时延、丢包率等参数的具体要求。例如，一个意图需求可以表示为(bandwidth=50Mbit、delay=100ms、packet_loss_rate=1%)，其中 bandwidth、delay 和 packet_loss_rate 分别表示对带宽、时延和丢包率的要求。

步骤 2，解析网络状态知识图谱以了解底层网络所提供的资源能力。系统通过查询网络状态知识图谱可以获得网络拓扑的链路连接信息和链路参数信息。根据步骤 1 解析出的源节点和目的节点，系统遍历两节点之间的所有路径，并记录每条路径中的链路信息。

步骤 3，根据解析出的意图需求信息和网络状态信息进行计算，判断在带宽、时延、丢包率等方面底层网络提供的资源能力能否满足意图要求。如果在两节点之间能够找到一条满足意图需求的路径，则认为此条意图可以下发到底层网络，并将所有可行的路径存储至数据库。如果在两节点之间无法找到满足意图需求的路径，则认为此时底层网络不具备执行此条意图的能力，并将结果反馈至前端界面，通知用户修改意图或等待意图执行。

在整个过程中，系统可以实现意图需求与底层网络资源能力的适配，验证意图执行的可行性。一旦所有意图得到验证，就得到基于知识图谱表达的完整有效的网络策略。至此，系统就完成意图表征、策略记录和网络刻画的全过程。

在完成策略生成后，需要从网络拓扑中选出一条最优的数据包转发路径来执行策略，以保障业务意图(用户创建的业务意图)的服务质量。因此，在 ONOS 的应用层设计了一个路径规划 APP，在收到 JSON 格式的网络策略后，自动执行路径规划算法，为意图选择一条最优的数据包转发路径，并由 ONOS 将策略下发至物理网络中。

本节设计的路径规划 APP 兼顾用户意图需求和网络状态。同时，对意图需求、链路性能和意图满意度进行建模。此外，考虑网络是动态变化的，设计一个路径调整模块，根据网络状态变化重新确定最优路径，以便更好地应对网络状态变化对保障业务服务质量的挑战。

(1) 刻画意图需求。

基于带宽、时延和丢包率来刻画意图需求。例如，节点 e_1 和 e_2 之间的一个意图需求可以表示为

$$I_i(e_1, e_2) = \{\alpha_i, B_i, \beta_i, D_i, \lambda_i, P_i\} \tag{7-3}$$

其中，B_i、D_i 和 P_i 为节点 e_1 和 e_2 之间的第 i 个用户意图期望的带宽、时延和丢包率需求；α_i、β_i 和 λ_i 为 B_i、D_i 和 P_i 在一个意图需求中的权重大小，且满足 $\alpha_i + \beta_i + \lambda_i = 1$。

(2) 刻画链路性能。

在链路性能刻画方面，结合剩余带宽比的思想，网络拓扑中每条链路权值的计算公式为

$$\xi = 1 - \frac{B - B_u}{B} \tag{7-4}$$

其中，ξ 为链路权值；B 为当前链路的总带宽；B_u 为当前链路中各业务占用的带宽。

链路权值 ξ 越小，说明链路的带宽利用率变小，此时链路的剩余带宽比变大，链路的性能更好。

(3) 刻画意图满意度。

为了刻画网络链路对意图需求的满足度，每条路径意图满意度值的计算公式为

$$W\left(I_i\left(e_1,e_2\right)\right)=\alpha_i\left(\ln B_k-\ln B_i\right)+\beta_i\left(\ln D_k-\ln D_i\right)+\lambda_i\left(\ln P_k-\ln P_i\right) \quad (7\text{-}5)$$

其中，B_k 为路径 k 的剩余带宽；D_k 为路径 k 的平均时延；P_k 为路径 k 的平均丢包率；W 越大，说明此条路径越符合用户意图的需求。

(4) 路径规划 APP 设计。

本节设计的路径规划 APP 工作流程如下。

步骤 1，根据上层下发的策略，解析用户意图，并刻画意图需求。

步骤 2，根据 ONOS 提供的网络拓扑信息，基于深度优先搜索算法对源节点和目的节点之间的路径进行递归遍历。在递归遍历的过程中，将源节点到目的节点的路径记录在路径集合 S_2 中，并记录该路径中节点和链路状态信息。

步骤 3，在完成路径搜索后，计算 S_2 中每条链路的权值，将该路径中所有链路权值的最大值记为该路径的权值。同时，设置一个路径权值阈值 σ，将路径权值小于 σ 的所有路径记录在新的路径集合 S_2 中，S_2 中的路径被视为优选路径。

步骤 4，计算 S_2 中所有优选路径的意图满意度值，将意图满意度值最大的一条路径视为源节点和目的节点之间的最优路径。

(5) 路径调整模块。

根据上述路径规划 APP 工作流程，在执行到步骤 3 时，将根据链路权值计算出的所有优选路径作为备选路径保存在数据库中。由于网络状态会发生变化，业务的服务质量会受到影响。当一个业务流量按照路径规划 APP 计算出的最优路径在 SDN 中传输时，系统实时监测该条路径的网络参数指标，并根据带宽、时延和丢包率计算此时链路的质量是否达到事先设置的质量容忍阈值 μ。若链路质量小于 μ，则认为此时的业务服务质量能够满足用户意图，用户对网络变化无感。若链路质量大于 μ，则认为此时的业务服务质量不能满足用户意图，用户对网络变化有感。当链路质量达到质量容忍阈值 μ 时，根据网络参数指标计算意图满意度值，从备选路径中迅速选取新的最优路径对最初的策略进行调整，实现意图驱动的业务服务质量持续保障的闭环控制。

7.4　意图驱动智能运维流程

意图驱动智能运维可实现智简化网络运维、高效化业务下放、新服务快速上线、网络部署自优化等端到端管控能力。为了使普通用户和专业用户以声明性语言描述意图，屏蔽底层网络细节与操作实现细节，提出意图驱动智能运维实现流

程框架，进一步分析意图驱动智能运维中各平面的技术实现途径。

本节面向多样化用户意图输入、多场景任务意图运维的需求，初步提出意图驱动智能运维流程架构(图 7.18)，包含意图平面、知识平面、管理平面、控制/数据平面。来自用户(普通用户或专业用户)的意图传输至意图平面，在意图平面执行意图转译流程。管理平面需确保网络中有充足的资源响应当前意图，经过验证的意图可交付至控制/数据平面执行具体策略。知识平面负责收集多源数据，并对数据进行过滤、调整与分类，利用大数据算法、机器学习等对知识进行深度分析与处理，形成网络知识图谱，传递至意图平面的解译系统。

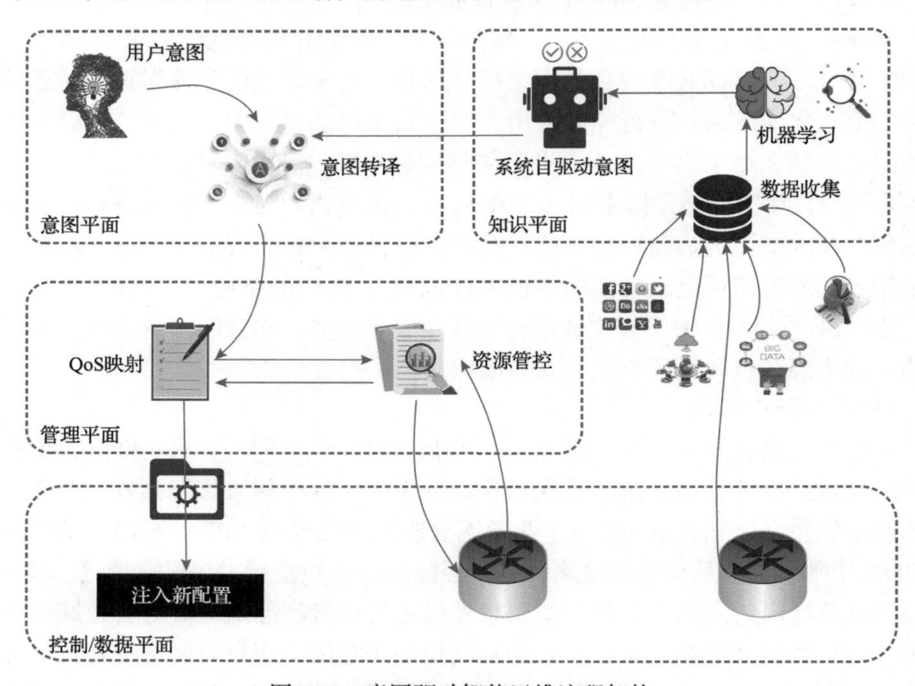

图 7.18　意图驱动智能运维流程架构

意图驱动智能运维解决意图转译技术问题能够简化上层应用与底层控制器之间的交互，为用户屏蔽多协议标签交换、路由协议等具体网络技术，使网络变得更加敏捷、可编程、可编排。研究意图驱动智能运维方法旨在同时为专业管理人员和普通网络用户提供声明式的意图描述方式，通过与底层细节分离的应用层需求实现跨域意图运维、跨平台可移植。

7.5　意图驱动智能运维系统搭建

为实现意图驱动智能运维用例验证，本节提出基于知识图谱的意图驱动智能运维系统。该系统在处理与网络管控相关的问题时，具有较好的通用性和可迁移性。本节以端到端视频流传输业务的服务质量保障这一特定应用场景为切入点，详细介绍系统的实现过程。其他应用场景中的实现过程与此类似。

所述系统实现基于用户意图和业务目标，根据当前的网络状态信息，自动生成保障服务质量的路由策略，以提供高质量的视频流服务。当网络状态发生变化或基于意图的服务质量保障策略受到干扰时，可以进行端到端视频服务的自我修复，实现服务管理的自动化和敏捷性，提高视频业务服务质量保障的可靠性和稳定性。该实验场景端到端视频流传输场景示意图如图 7.19 所示。

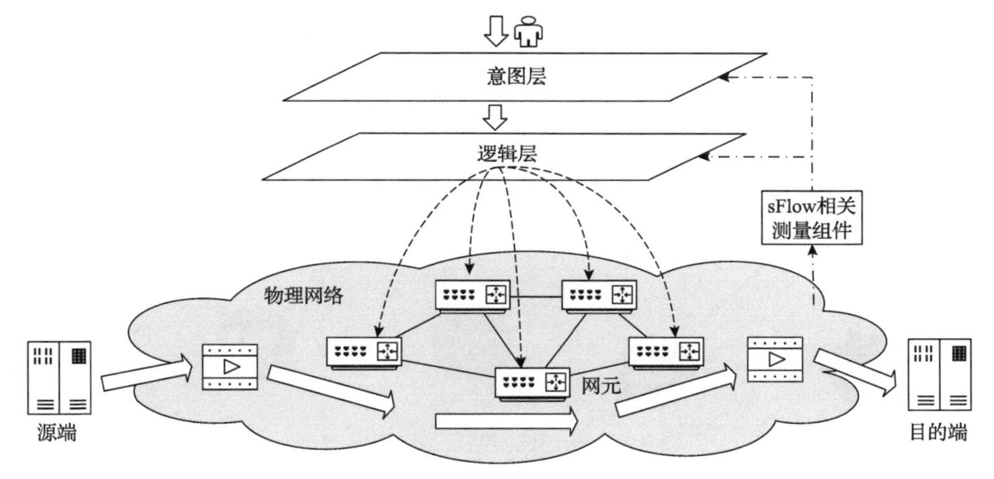

图 7.19　端到端视频流传输场景示意图

7.6　意图驱动智能运维仿真

本节从意图驱动智能运维典型应用中的相关仿真进行介绍，从关键功能点验证所提体系的可用性和有效性。

1. 意图驱动智能运维功能仿真

1) 网络状态知识图谱的构建与动态更新

在 Neo4j 视图下构建的网络状态知识图谱如图 7.20 所示。它不仅包含主机、路由器/交换机、网络链路和其他相关的网络状态信息，还包含一些特殊节点信息。其中，网络状态信息通过 Python 脚本程序自动构建为知识图谱并存入 Neo4j，特殊节点信息则是根据应用场景和专家经验进行设计，然后构建知识图谱并更新到网络状态知识图谱中。

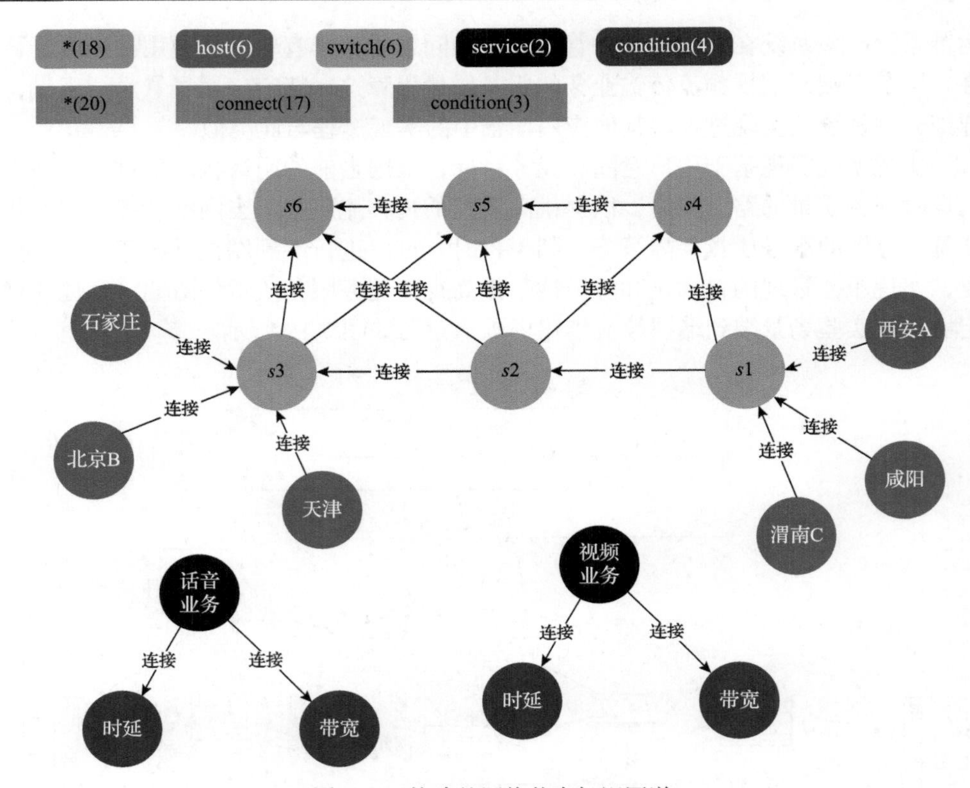

图 7.20　构建的网络状态知识图谱

对于初步构建的网络状态知识图谱，其节点数约为 50，边数约为 90，节点类型主要有 5 类，节点属性取值主要有 8 类，边的类型主要有 2 类，边的属性取值主要有 11 类。其中，节点类型主要有主机、交换机/路由器、服务、条件和特殊节点；节点的属性取值主要有节点名称、节点标识号、IP、MAC、端口号、支持协议、节点状态和业务类型；边的类型主要有连接和条件。边的属性取值主要有边名称、边标识号、连接状态、协议、总带宽、传输速率、带宽利用率、丢包率、抖动和链路距离。在后续的运行过程中，节点类型、节点属性取值、边类型和边属性取值均可根据实际情况进行添加或删除。网络状态知识图谱规模随着网络拓扑规模的增加而变大。

通过 ONOS 时延测量 APP，测量网络中各条链路的时延信息，这些信息通过处理后经 Py2neo 即时更新到网络状态知识图谱中。通过 sFlow-RT 获取某条链路的带宽、数据传输速率和带宽利用率信息(图 7.21)，显示了在每个单位时间间隔内，经过计算处理后，获取的网络中某条链路的带宽信息、数据传输速率和带宽利用率。这些信息作为属性信息，通过 Py2neo 实时更新到网络状态知识图谱各个边的属性中。

```
Link {src=of:0000000000000003/2, dst=of:0000000
[1] 20, 13.847, 0.692
[2] 20, 13.497, 0.674
[3] 20, 13.925, 0.696
[4] 20, 13.896, 0.694
[5] 20, 14.015, 0.700
[6] 20, 14.343, 0.717
[7] 20, 14.610, 0.730
[8] 20, 14.526, 0.726
```

图 7.21　某条链路的带宽、数据传输速率和带宽利用率信息

通过 sFlow-RT 获取网络中链路的丢包率信息。获取的某条链路的丢包率信息(图 7.22)显示了在每个单位时间间隔内，经过计算处理后网络中某条链路的丢包率信息。这些信息同样作为属性信息通过 Py2neo 实时更新到网络状态知识图谱各个边的属性中。

```
Link {src=of:0000000000000002/3, dst=of:000000000000
packet_loss_rate: 0.021
packet_loss_rate: 0.021
packet_loss_rate: 0.021
packet_loss_rate: 0.023
packet_loss_rate: 0.023
packet_loss_rate: 0.022
packet_loss_rate: 0.023
packet_loss_rate: 0.022
packet_loss_rate: 0.021
packet_loss_rate: 0.023
packet_loss_rate: 0.022
packet_loss_rate: 0.023
packet_loss_rate: 0.023
packet_loss_rate: 0.022
```

图 7.22　获取的某条链路的丢包率信息

基于 ONOS 提供的 REST API 获取网络拓扑结构变化的信息。获取的链路连接状况信息(图 7.23)显示了在每个单位时间间隔内，此时间段内网络节点的连接状况。通过处理这些信息，可以进一步分析得出是否有新链路或新节点建立，以


```
{'links': [{'state': 'ACTIVE', 'dst': {'device': 'of:0000000000000006', 'port': '2'}, 'src': {'device': 'of:0000000000000003', 'por
t': '2'}, 'type': 'DIRECT'}, {'state': 'ACTIVE', 'dst': {'device': 'of:0000000000000005', 'port': '3'}, 'src': {'device': 'of:00000
00000000002', 'port': '3'}, 'type': 'DIRECT'}, {'state': 'ACTIVE', 'dst': {'device': 'of:0000000000000005', 'port': '1'}, 'src': {'
device': 'of:0000000000000004', 'port': '2'}, 'type': 'DIRECT'}, {'state': 'ACTIVE', 'dst': {'device': 'of:0000000000000006', 'port
': '1'}, 'src': {'device': 'of:0000000000000005', 'port': '2'}, 'type': 'DIRECT'}, {'state': 'ACTIVE', 'dst': {'device': 'of:000000
0000000003', 'port': '1'}, 'src': {'device': 'of:0000000000000002', 'port': '2'}, 'type': 'DIRECT'}, {'state': 'ACTIVE', 'dst': {'d
evice': 'of:0000000000000006', 'port': '3'}, 'src': {'device': 'of:0000000000000002', 'port': '4'}, 'type': 'DIRECT'}, {'state': 'A
CTIVE', 'dst': {'device': 'of:0000000000000004', 'port': '1'}, 'src': {'device': 'of:0000000000000001', 'port': '2'}, 'type': 'DIRE
CT'}, {'state': 'ACTIVE', 'dst': {'device': 'of:0000000000000004', 'port': '3'}, 'src': {'device': 'of:0000000000000002', 'port': '
5'}, 'type': 'DIRECT'}, {'state': 'ACTIVE', 'dst': {'device': 'of:0000000000000002', 'port': '4'}, 'src': {'device': 'of:0000000000
000006', 'port': '3'}, 'type': 'DIRECT'}, {'state': 'ACTIVE', 'dst': {'device': 'of:0000000000000003', 'port': '2'}, 'src': {'devic
e': 'of:0000000000000006', 'port': '2'}, 'type': 'DIRECT'}, {'state': 'ACTIVE', 'dst': {'device': 'of:0000000000000002', 'port': '3
'}, 'src': {'device': 'of:0000000000000005', 'port': '3'}, 'type': 'DIRECT'}, {'state': 'ACTIVE', 'dst': {'device': 'of:00000000000
00001', 'port': '2'}, 'src': {'device': 'of:0000000000000004', 'port': '1'}, 'type': 'DIRECT'}, {'state': 'ACTIVE', 'dst': {'device
': 'of:0000000000000002', 'port': '5'}, 'src': {'device': 'of:0000000000000004', 'port': '3'}, 'type': 'DIRECT'}, {'state': 'ACTIVE
', 'dst': {'device': 'of:0000000000000003', 'port': '3'}, 'src': {'device': 'of:0000000000000005', 'port': '4'}, 'type': 'DIRECT'},
 {'state': 'ACTIVE', 'dst': {'device': 'of:0000000000000001', 'port': '1'}, 'src': {'device': 'of:0000000000000002', 'port': '1'},
'type': 'DIRECT'}, {'state': 'ACTIVE', 'dst': {'device': 'of:0000000000000004', 'port': '2'}, 'src': {'device': 'of:00000000000000
5', 'port': '1'}, 'type': 'DIRECT'}, {'state': 'ACTIVE', 'dst': {'device': 'of:0000000000000005', 'port': '2'}, 'src': {'device': '
of:0000000000000006', 'port': '1'}, 'type': 'DIRECT'}, {'state': 'ACTIVE', 'dst': {'device': 'of:0000000000000002', 'port': '2'}, '
src': {'device': 'of:0000000000000003', 'port': '1'}, 'type': 'DIRECT'}, {'state': 'ACTIVE', 'dst': {'device': 'of:0000000000000002
', 'port': '1'}, 'src': {'device': 'of:0000000000000001', 'port': '1'}, 'type': 'DIRECT'}, {'state': 'ACTIVE', 'dst': {'device': 'o
f:0000000000000005', 'port': '4'}, 'src': {'device': 'of:0000000000000003', 'port': '3'}, 'type': 'DIRECT'}]}
```


图 7.23　获取的链路连接状况信息

及是否有链路断开。进一步，通过 Py2neo 在网络状态知识图谱中添加对应的节点、边，或删除对应的边。

2) 知识抽取与意图知识图谱构建

以输入的两条用户意图为例，“从西安用户 A 到北京用户 B 建立一条重要等级的话音业务，时间要求 2020 年 6 月 5 日 10 时 30 分至 2020 年 6 月 5 日 12 时 30 分”、“从渭南用户 C 到北京用户 B 建立一条重要等级的视频业务，时间要求 2020 年 6 月 5 日 13 时 30 分至 2020 年 6 月 5 日 14 时 30 分”，经过知识抽取等步骤处理后，抽取的三元组数据结果如图 7.24 所示。

```
原文:    从西安用户A到北京用户B建立一条重要等级的话音业务，时间要求2020年6月5日10时30分
至2020年6月5日12时30分。
三元组:    [['西安用户A', '建立业务', '北京用户B'], ['西安用户A', '开始时间', '2020年6
月5日10时30分'], ['西安用户A', '结束时间', '20年6月5日12时30分'], ['西安用户A', '重要
等级', '话音业务']]
原文:    从渭南用户C到北京用户B建立一条重要等级的视频业务，时间要求2020年6月5日13时30分
至2020年6月5日14时30分。
三元组:    [['渭南用户C', '建立业务', '北京用户B'], ['渭南用户C', '开始时间', '2020年6
月5日13时30分至'], ['渭南用户C', '结束时间', '2020年6月5日14时30分'], ['渭南用户C', '
重要等级', '视频业务']]
```

图 7.24 抽取的三元组数据结果

基于 Py2neo，通过图谱构建算法将抽取的三元组数据构建为意图知识图谱并存入 Neo4j。

根据网络状态知识图谱，对意图知识图谱进行拓展。Neo4j 视图下意图知识图谱拓展结果如图 7.25 所示。从图 7.16 和图 7.25 可以看出，系统根据网络状态知识图谱拓展了视频业务和话音业务需要具备的条件，如链路带宽、链路时延、业务优先级等信息。

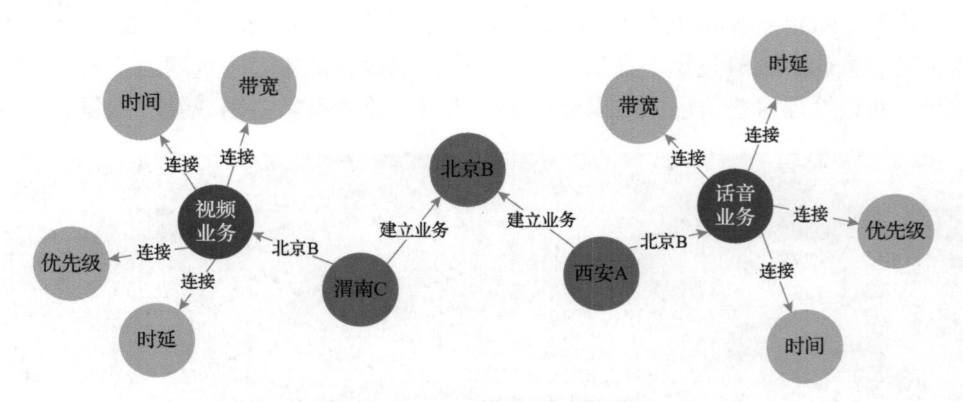

图 7.25 意图知识图谱拓展结果

3) 网络状态知识图谱与意图知识图谱的交互过程

根据网络状态知识图谱，对意图知识图谱进行参数映射，网络状态知识图谱

中的参数信息更新到意图知识图谱过程(图 7.26)展示了系统将网络状态知识图谱中的参数信息更新到意图知识图谱的部分过程。例如，将网络状态知识图谱中的节点“西安 A”的 IP 为“10.0.0.4”和端口号“1221”更新到意图知识图谱中节点“西安 A”的属性信息中。

```
********更新意图知识图谱属性信息********
{'name': '渭南C', 'ip': '10.0.0.6', 'port': '1241'}
********更新意图知识图谱属性信息********
{'name': '西安A', 'ip': '10.0.0.4', 'port': '1221'}
********更新意图知识图谱属性信息********
{'name': '北京B', 'ip': '10.0.0.1', 'port': '2221'}
********更新意图知识图谱属性信息********
{'name': '时延', 'delay': '50'}
********更新意图知识图谱属性信息********
{'name': '带宽', 'maxbandwidth': '100'}
********更新意图知识图谱属性信息********
{'name': '时延', 'delay': '50'}
********更新意图知识图谱属性信息********
{'name': '带宽', 'maxbandwidth': '100'}
********更新意图知识图谱属性信息********
{'name': '时间', 'start': '2020年06月05日10时30分', 'end': '2020年06月05日12时30分'}
********更新意图知识图谱属性信息********
{'name': '时间', 'start': '2020年06月05日13时30分', 'end': '2020年06月05日14时30分'}
********更新意图知识图谱属性信息********
{'name': '优先级', 'priority': '05'}
```

图 7.26　网络状态知识图谱中的参数信息更新到意图知识图谱过程

经过参数映射，系统将用户意图信息构建成一个完整的意图知识图谱。针对此次转译过程构建的意图知识图谱，其节点数为 13，边数为 12，节点类型有 3 类，边类型有 3 类。其中，节点类型有地址类、服务类和条件类。边类型有条件类、业务类型类和目的地址类。所有更新的参数信息均以属性值的形式保存在对应的节点和边中。例如，节点“时间”的属性信息如图 7.27 所示。

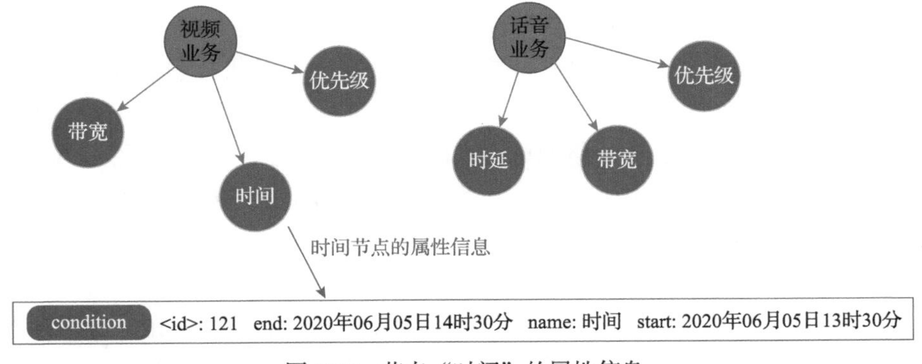

图 7.27　节点“时间”的属性信息

在意图知识图谱与网络状态知识图谱交互过程中，最终形成基于知识图谱表达的网络策略。该策略将以 JSON 格式通过统一资源定位符发送至 ONOS 路径规划 APP。ONOS APP 接收的部分 JSON 格式数据如图 7.28 所示。


```
{
 “start” : {
 “identity” : 110,
 “labels” : [
       “Node”
    ],
  “properties” : {
  “name” : “渭南C”,
  “port” : “1241”,
  “ip” : “10.0.0.6”
       }
    },
    “end” : {
   “identity” : 111,
   “labels” : [
         “service”
     ],
    “properties” : {
    “name” : “视频业务”
         }
      },
       “segments” : [
          {
              “start” : {
     “identity” : 110,
      “labels” : [
                “Node”
                ...
```

```
{
 “start” : {
 “identity” : 111,
 “labels” : [
       “service”
    ],
  “properties” : {
  “name” : “视频业务”
       }
    },
    “end” : {
   “identity” : 121,
   “labels” : [
         “condition”
     ],
    “properties” : {
    “start” : “2020年06月05日13时30分”,
    “name” : “时间”,
    “end” : “2020年06月05日14时30分”
         }
      },
       “segments” : [
          {
              “start” : {
     “identity” : 111,
      “labels” : [
                “service”
                ...
```


图 7.28　ONOS APP 接收的部分 JSON 格式数据

4) 路径规划

ONOS 路径规划 APP 在接收到策略数据后，执行路径规划算法，为意图寻找最优的数据包转发路径，以保障视频流传输业务的服务质量。

以意图“从西安用户 A 到北京用户 B 建立一条重要等级视频业务，时间要求 2020 年 6 月 5 日 10 时 30 分至 2020 年 6 月 5 日 12 时 30 分”为例，展示路径规划算法对保障视频业务服务质量的影响。在网络仿真环境中，“西安用户 A”对应主机 h4，“北京用户 B”对应主机 h1。另外，VLC 模拟物理网络中的端到端视频流传输，即在网络仿真环境中实现 h4 到 h1 的端到端视频流传输。

在没有意图加持的情况下，ONOS 默认按照最短路径算法来转发数据包，由于未考虑底层网络状态信息的变化和底层网络资源能力的约束，在执行视频流传输过程中，视频业务的服务质量可能难以得到保障。在 ONOS 控制界面可以看到此时网络拓扑中视频流的转发路径。以最短路径转发视频流路径如图 7.29 所示，用深色实线标记的路径即此时视频流数据包的转发路径。

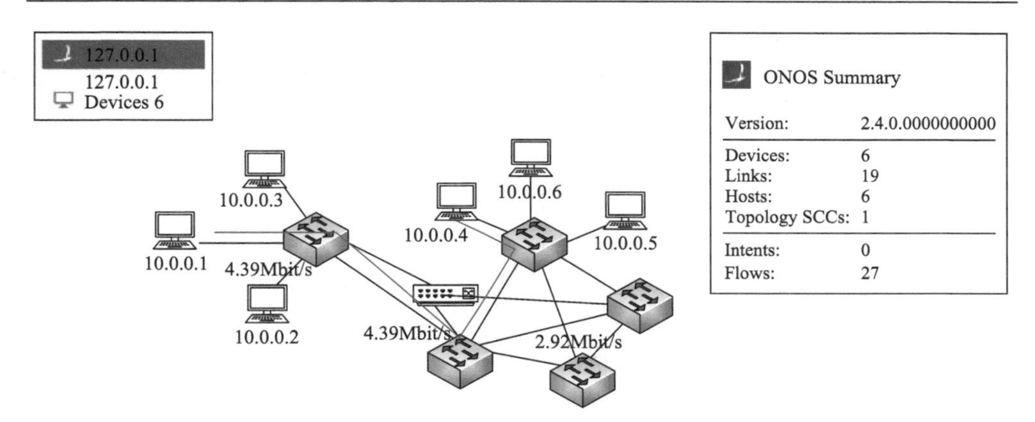

图 7.29　以最短路径转发视频流路径

基于 VLC 模拟的最短路径下的视频流传输效果如图 7.30 所示。因为网络链路质量的问题，视频播放画面出现较严重的马赛克现象且链路丢包率较大，说明此时视频传输效果并不好。

图 7.30　最短路径下的视频流传输效果

在输入意图后，系统对意图进行解析和处理，从而兼顾用户意图需求和底层网络状态信息，为视频流规划一条最优的转发路径，保障视频业务的服务质量。在 ONOS 控制界面可以看到，此时网络拓扑中视频流的转发路径，路径规划后的视频流转发路径如图 7.31 所示，用深色实线标记的路径即此时视频流数据包的转发路径。

在进行路径规划之后，基于 VLC 模拟的路径规划后的视频流传输效果如图 7.32 所示。可见，此时视频播放画面流畅且链路丢包率小，说明视频传输效果较好，体现了系统对意图需求的保障。

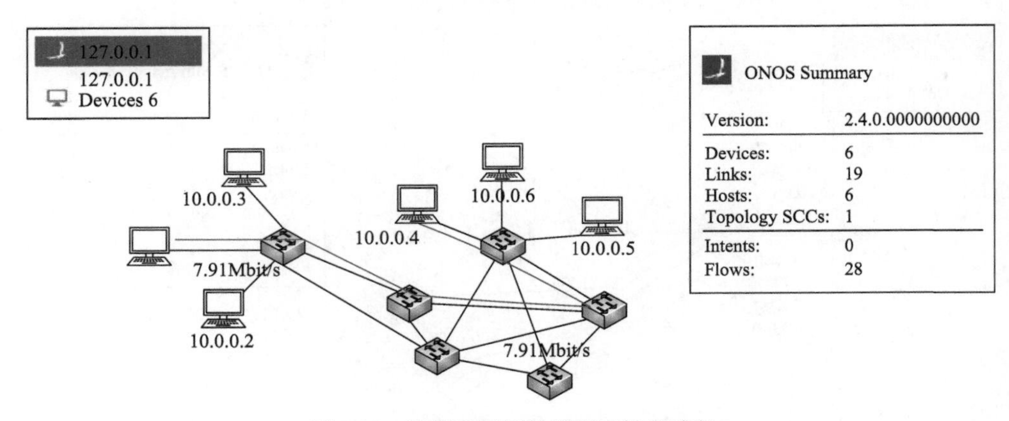

图 7.31　路径规划后的视频流转发路径

图 7.32　路径规划后的视频流传输效果

2. 意图驱动智能运维性能仿真

1) 意图转译时间性能仿真

对于一个意图转译过程，系统每次从意图集合中随机选择一个意图，测试其实现完整转译过程所消耗的时间并进行记录。其中，完成一次耗时测量视为一次迭代，为了测试的准确性，系统迭代约 300 次。然后，将收集到的原始测量数据进行汇总，根据处理后的测量数据计算耗时平均值，并绘制条形图。同时，用相同的方法测试意图转译工具箱(intent refinement toolkit，IRTK)在转译意图过程中所消耗的平均时间[15]。最终得到本书方法与 IRTK 在意图转译过程中时间消耗对比图。

意图转译过程平均耗时(图 7.33)展示了转译的平均持续时间。在系统的前端界面，通过自动化脚本程序分别输入 10、50、100、150、200 个用户意图。测试发现，当处理的意图数目为 10 时，系统消耗的时间大约为 5.68ms。可以看出，在意图数目相同的条件下，本书方法在意图转译过程中消耗的时间明显小于 IRTK。此外，随着意图数目的增多，意图转译的总持续时间大致线性增长。

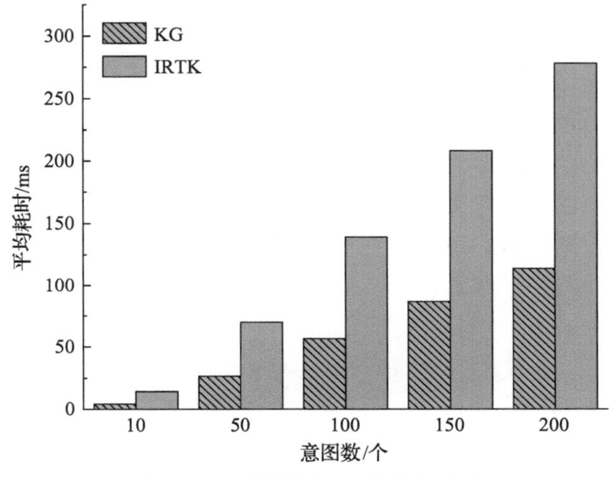

图 7.33　意图转译过程平均耗时

2) 视频传输丢包率性能仿真

进一步，测试运维系统在进行端到端视频流传输时，对通信意图的保障。当系统检测到网络中某一链路失效，并且失效的链路位于意图执行的路径上时，为了保障端到端的通信意图，此时系统会自动计算新的数据包转发路径，从而实现端到端视频流传输的迅速恢复，保障通信意图持续生效。端到端意图保障如图 7.34。起初 h1(10.0.0.1) 和 h4(10.0.0.4) 的转发路径为 $s1 \to s2 \to s3$。当拓扑中 $s1$ 与 $s2$ 之间的链路失效时，系统能够基于意图重新选出一条新的通信路径 $s1 \to s4 \to s2 \to s3$，快速恢复故障。

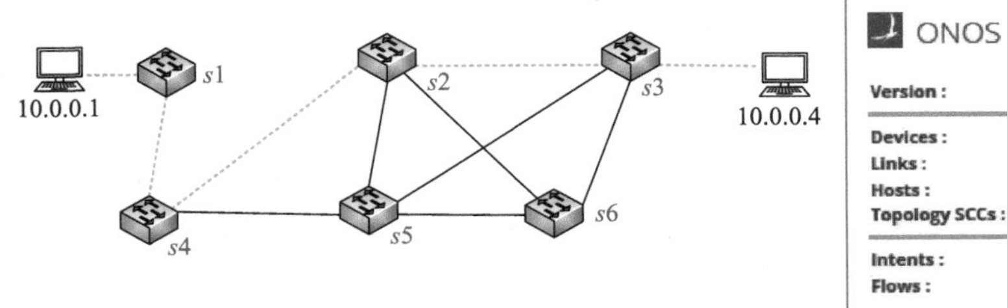

图 7.34　端到端意图保障

在保障视频服务的测试过程中，系统表现出的物理性能。利用 VLC 在 Mininet 中模拟端到端视频流传输，设置链路最大带宽为 20Mbit，并事先在网络中注入背景流量。在仿真网络中，随着意图的下发，系统为意图的执行规划路径。路由器按照 ONOS 下发的控制路径，对端到端的视频流进行数据包转发，持续保障视频服务。然后，测试在保障视频服务过程中链路丢包率大小。最后，对基于知识图谱的路径规划算法与最短路径算法在降低链路丢包率方面进行性能比较。

链路丢包率变化如图 7.35 所示，展示了基于知识图谱的路径规划算法与最短路径算法对链路丢包率的影响。可以看出，当端到端视频服务建立以后，链路的丢包率基本处于一个稳定水平。当系统按照基于最短路径算法规划出的路径转发数据包时，链路丢包率大约为 45%。当系统按照基于知识图谱的路径规划算法规划出的路径转发数据包时，链路丢包率约为 13%。显然，系统在保障意图执行的过程中，具有较好的物理性能。

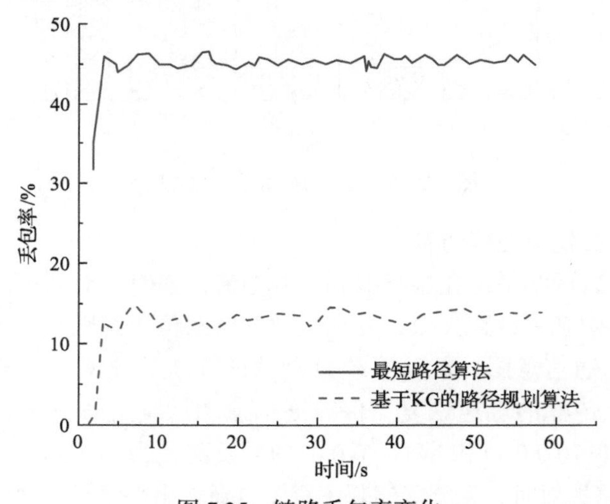

图 7.35　链路丢包率变化

参 考 文 献

[1] 赵巍，张智森，肖佳康，等. 基于人工智能的 5G 通信网络运维规划方法. 长江信息通信，2022, 35(3): 219-222.

[2] Chang X T, Yang C G, Wang H, et al. Kid: Knowledge graph-enabled intent-driven network with digital twin// 2022 27th Asia Pacific Conference on Communications, Jeju Island, 2022: 272-277.

[3] 王威丽，唐伦，陈前斌. 基于数字孪生网络的6G智能网络运维. 中兴通讯技术，2023, 29(3): 8-14.

[4] Sarwar M M S, Muhammad A, Song W C. IBN@ cloud: An intent-based cloud and overlay

network orchestration system. Journal of Communications and Networks, 2024, 26(1): 131-146.

[5] 商业，王鹏宇，朱瑶．基于人工智能的网络质量运维自智体系．通信世界, 2024, (2): 47-48.

[6] Yang C G, Mi X R, Ouyang Y, et al. Smart intent-driven network management. IEEE Communications Magazine, 2023, 61(1): 106-112.

[7] Li R P, Zhao Z F, Zheng J C, et al. The learning and prediction of application-level traffic data in cellular networks. IEEE Transactions on Wireless Communications, 2017, 16(6): 3899-3912.

[8] 张佳鸣，杨春刚，庞磊，等．意图物联网．物联网学报, 2019, 3(3): 5-10.

[9] 姬泽阳，杨春刚 ,李富强，等．基于自然语言处理的意图驱动网络表征．系统工程与电子技术, 2024, 46(1): 318-325.

[10] Jaberi S, Atwood J W, Paquet J. ASSL as an intent expression language for autonomic intent-driven networking//2023 19th International Conference on Network and Service Management, Niagara Falls, 2023: 1-5.

[11] Ouyang Y, Yang C G, Song Y B, et al. A brief survey and implementation on refinement for intent-driven networking. IEEE Network, 2021, 35(6): 75-83.

[12] Py2neo. The Py2neo v4 handbook. https://py2neo.org/v4/#the-py2neo-v4-handbook/[2021-11-19].

[13] inMon. sFlow-RT. https://inmon.com/products/sFlow-RT.php/[2022-10-19].

[14] Ujjan R M A, Pervez Z, Dahal K, et al. Towards sFlow and adaptive polling sampling for deep learning based DDOS detection in SDN. Future Generation Computer Systems, 2020, 111: 763-779.

[15] Widmer P, Stiller B. Design and implementation of an intent-based blockchain selection framework. Georgia: Georgia Institute of Technology, 2020.

第 8 章 意图驱动网络负载均衡

移动性负载均衡(mobility load balancing，MLB)是自组织网络(self-organizing network，SON)下一个比较经典的解决场景。其基本思路是，先确定用户连接数或资源占用较多的重负载小区，再向网络中其他资源充足的小区转移用户和业务负载，保证用户发起的通信业务服务需求，提升移动通信网络资源的利用效率。尤其面向 4G 长期演进(long term evolution，LTE)和 5G，以及未来 6G 等高网络性能的移动通信系统来说，更需要在资源有限、场景多异、业务形态多样的实际网络环境下，通过 MLB 等有效的技术方案实现网络性能的优化和对用户通信体验的保障。意图驱动网络为负载均衡提供了一种新的解决方案，针对传统 MLB 问题，提出一种意图驱动的负载均衡方法，在负载均衡执行过程中考虑用户意图和网络意图，更加精细化地执行负载转移。其次，提出基于生成对抗网络(generative adversarial network，GAN)的端侧负载均衡估计方案，有效辅助网络选择接入，对终端的吞吐量和时延性能带来较大的提升，保证用户的数据传输服务，优化用户设备(user equipment，UE)的移动通信体验。最后，提出基于效用分析的用户级网侧负载均衡，减少终端的切换次数，保障用户通信服务的稳定性，实现结合意图的主动式用户级负载均衡[1]。

8.1 负载均衡定义

在无线通信覆盖的环境范围内，用户发起通信请求时所在位置难以预估，以及多样化的通信业务需求，可能导致当前通信区域负载分布不均匀，造成用户通信服务体验不佳，网络资源亦不能得到合理且有效的利用。在现实网络环境中出现上述相关的问题时，需要采用合适的方案实现移动通信的负载均衡。现有的解决思路是，通过基站判定某个基站(小区)负载较高时，通过切换、修改小区选择和重选参数或重定向等措施，使部分正进行通信服务的用户离开当前服务小区，选择网络资源相对充足的相邻小区继续进行通信服务，据此可以实现某一通信区域内资源的合理化分配。

目前，3GPP 标准组织规定了基于物理资源块(physical resource block，PRB)触发的 MLB 过程，包含相关的负载信息定义和信令交互流程等[2]。MLB 功能框架如图 8.1 所示。其中，功能模块包括负载报告模块、基于负载的切换模块，以及切换参数自适应调整模块这 3 个部分。根据不同通信厂商研究的各种不同 MLB

算法，这些功能模块的设定存在一些差异。

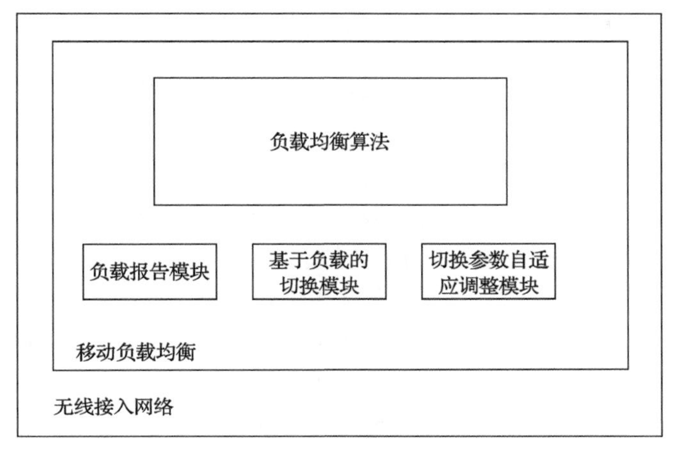

图 8.1　MLB 功能框架

移动通信中的负载均衡实际上分为两个流程。

第一，在演进型基站(evolutionary base station，eNB)中设定的负载均衡算法主要由通信厂家决定，也就是不同的通信厂家实现负载均衡的方法可能有区别，而且也具有不同的参数配置，但基本思路是相同的。例如，PRB 占用率、在线用户数、无线资源控制(radio resource control，RRC)连接数量达到某个阈值就需要进行负载均衡，或者是这些综合的负荷达到某个标准才需要触发负载均衡。

第二，当判断需要进行某种类型的负载均衡的时候，eNB 会下发测量 RRC 配置信息和参数，配置某一类与负荷均衡目的相对应的测量对象，包括测量的频点、小区列表、测量事件和报告参数等。这与普通的切换测量事件是类似的。

MLB 效率高低和用户的通信体验取决于 eNB 中的负载均衡算法，因此需要对 MLB 算法进行优化。意图驱动网络负载均衡指在负载均衡执行过程中结合网络中的用户意图和网络意图，更加精细化地执行负载转移，减少切换次数，保证用户的通信服务体验。

8.2　负载均衡研究现状

MLB 的目标就是平衡移动通信业务的不均衡分布特性，随着移动应用日益丰富和未来千行百业的通信需求，网络资源难以高效合理利用的问题加剧。基于此，业界将 MLB 算法分为传统的 MLB 算法[3]、基于隐藏小区的 MLB 算法[4]、区域负载均衡算法[5]。

1. 传统 MLB 算法

在第一类传统的 MLB 算法中，通常的思路是基于 3GPP 标准中规定的协议流程，通过修改移动性参数实现用户终端的小区选择，优化网络的切换行为，在两个相邻小区之间的负载转移达到负载均衡的目的。文献[3]通过奇异粗糙集分析小区负载，利用其动态特征可以在两个方向上设置的属性而变化，当小区负载超过阈值时，启动负载切换过程，将业务从负载较重的小区转移到负载较轻的小区。仿真结果证实，相比于传统方法，该方法可以减少人工干预的错误，提高网络性能。MLB 算法作为 SON 方法下的一个重点研究问题，其中周期性 MLB 算法定期尝试将小区负载从重负载小区分配到其相邻小区。但是，该方法在动态业务环境中的表现不是很好。基于此，文献[6]提出自适应周期性移动负载均衡算法，重点根据网络流量的变化更改执行周期。进一步，当小区位于频繁变化的业务环境时，研究了一种增强型自适应周期负载均衡算法，通过仿真结果表明，该方法具有更低的阻塞概率和更高的吞吐量。文献[7]提出一种用于 5G 小蜂窝网络的 MLB 算法，主要考虑每个过载小区的相邻小区和边缘用户设备的负载，确定负载均衡效率因子，提升负载均衡效率。传统的 MLB 算法仅将边缘用户设备用于负载卸载和转移过程，如果切换的用户设备在蜂窝小区网络中快速移动，则可能发生频繁地切换。文献[8]在简单 MLB 算法的基础上，不仅考虑过载小型蜂窝小区的边缘用户设备，还考虑非边缘的用户设备，提出一种具有最小化切换的基于效用的移动负载均衡算法。如果用户设备是快速移动的，那么用户设备将被切换到宏小区，以避免微小区之间不必要的频繁切换。如果用户设备在边缘移动缓慢，则用户设备将被切换到相邻的微小区。此外，该研究还考虑用户的会话时间，例如对于移动缓慢的用户，由于会话将在他离开服务小区之前结束，因此不会被切换。仿真结果表明，提出的算法具有更高的吞吐量，可以用较少的切换次数完成负载均衡过程。

在产业界方面，华为技术有限公司提出一种负载均衡方法。首先，当前服务的基站对当前正在服务小区的覆盖区域进行评估，从而确定负载严重的热点区域。然后，当确定正在服务小区负载区域存在重负载情况时，分析能够对当前服务小区进行帮助的可服务相邻基站覆盖的邻小区，当前服务基站向可服务范围内的相邻基站发送负载均衡的请求信令。该信令信息包含热点区域负载相关信息，相邻的可服务基站可以依据该信令信息调整当前基站的发射功率等。该方法可以根据不同小区的负载改变小区的覆盖，在实现负载均衡目的的同时不降低整个系统的容量。

2. 基于隐藏小区的 MLB 算法

在第二类基于隐藏小区的 MLB 算法中，通常的思路是不仅考虑相邻小区的负载情况，而且考虑两跳范围内的小区，即考虑相邻小区的相邻小区，在源小区、目标小区、隐藏小区之间执行负载均策略。此类方法是传统 MLB 算法向区域负载均衡算法过渡的一种思路。文献[4]提出一种新的“软”负载均衡机制，将用户的 IP 流量分为多个子流，每个子流流入不同的网络。软负载均衡技术涉及负载共享和切换技术的使用，通过理论数值分析可以获得最佳负载均衡比，以确定在重叠的多小区环境下传递到每个网络的流量，降低网络阻塞概率，实现更可靠的通信传输。为了解决传统负载均衡方法中潜在的乒乓负载转移和低收敛性的问题，文献[9]提出基于博弈论的 MLB 算法，以解决多个小区之间不平衡流量分配，以及存在隐藏小区的情况。该算法的切换基于 A3 事件的触发。仿真结果表明，提出的算法可以较好地分配某个区域内的小区负载，并减少多个小区并行负载均衡方法的收敛时间。

在产业界，中兴通讯股份有限公司提出一种负载均衡方法。在负载均衡的过程中，当前通信服务的源小区基站首先向相邻的基站发送基站负载均衡请求，若当前相邻小区的负载情况大于之前设定的负载接收阈值，并且没有超过负载均衡拒绝阈值，当前相邻小区已存在一些负责其他基站下小区的用户业务需求时，那么该目标相邻基站下的小区可以将负责的些许负载内容返还给其他基站下的小区，并与当前请求负载均衡的源基站小区进行协商调整。该方法的优点在于可以将负载严重的小区下的部分移动通信用户服务转移到相邻小区，以及相邻小区的相邻小区，负载的均衡扩充到两跳甚至多跳的无线通信负载的小区，实现多个小区之间的负载均衡。

3. 区域负载均衡算法

区域负载均衡算法的主要思路是，执行多小区联动的负载均衡，实现小区负载的重配。针对异构无线接入网中的负载均衡问题，通过使用不同无线接入技术(radio access technology, RAT)之间的协作和交互实现负载转移。在分布式方法中，网络通过向用户广播其负载信息来帮助用户根据负载选择合适的网络。网络由运营商管理，因为网络收入和用户数量直接相关，不同的网络总是有意为更多的用户提供服务，所以会造成信令开销的增加和网络的拥塞。文献[5]提出一种集中式的方法，利用中央控制器节点在异构无线接入网中实现负载均衡，通过重新分配无线电资源，使异构网络中多种接入方式保持均衡的负载比，通过呼叫阻塞概率和网络利用率指标进行评估。结果表明，该机制可以降低过载无线接入节点的呼叫阻塞概率，提高欠负载无线接入节点的通信带宽利用率。文献[10]研究 3GPP LTE

小区中的负载均衡问题，首先提出一个多目标优化问题。其目标是在物理资源限制和用户服务质量要求的约束下，实现负载均衡指数和网络的平均负载。之后将问题转为单个集合目标函数优化为题，分析复杂性，并提出一种考虑负载均衡的网络负载最小化的算法。仿真结果表明，该算法可以显著提升网络性能，包括较低的新呼叫阻塞率、较少的系统资源占用和较高的网络带宽效率。随着移动互联网的发展，涌现的大量智能终端应用将产生大量的通信业务和数据，对无线网络的负载能力提出挑战，SDN 技术的迅速发展为无线接入网(radio access network，RAN)的负载均衡问题带来解决方案。文献[11]提出基于 SDN 的异构无线接入网负载均衡方法，通过设计个基于 SDN 的负载均衡器，在其中应用不同的负载均衡算法；提出一种基于效用的负载均衡算法，考虑无线接入网侧状态和用户需求。仿真结果表明，该算法可以实现无线通信网络负载均衡，同时给用户提供良好的体验。文献[12]提出一种基于 SDN 的联合负载均衡算法，不但考虑数据链路的负载均衡，而且考虑服务器负载均衡。当数据流到达数据中心时，联合负载均衡算法首先使用动态服务器负载均衡算法选择最佳服务器，然后使用混合路由算法选择通向所选服务器的最佳路径。该算法将最短路径算法与蚁群系统结合，可以使网络性能得到明显提高，实现吞吐量的提升和时延的降低。文献[13]在 SDN 上使用反向传播人工神经网络(artificial neural network，ANN)，提出基于动态代理的负载均衡算法。该算法使用 SDN 的全局可见性来有效迁移中心网络中的数据。结果表明，该 SDN 负载均衡方法可以提高整体网络效率和处理速度，优化资源利用率。

现有负载均衡方法和本书方法的区别如表 8.1 所示。第一类传统 MLB 算法在协议规定的基础上修改移动性参数，负载的转移往往在服务小区和相邻小区之间进行，根据负载程度转移，实现两个小区之间的负载均衡。但是，这类方法大部分局限在两个相邻小区之间，对于多个小区的 MLB 场景，存在乒乓负载转移等重点突出问题。第二类基于隐藏小区的 MLB 算法虽然考虑多小区的负载均衡问

表 8.1　现有负载均衡方法和本书方法的区别

方法	内容	存在问题
传统 MLB 算法	基于在 MLB 小区对之间寻找最优的切换偏置值，负载信息的交互过程和内容涉及这两个小区，按负载预期转移，实现负载均衡	大部分局限在两个相邻小区之间，对于多个小区的 MLB 场景，存在乒乓负载转移等问题
基于隐藏小区的 MLB 算法	考虑两跳范围内的小区，即相邻小区的相邻小区，在源小区、目标小区和隐藏小区执行负载均衡策略	负载均衡能力有限，进行盲目的“踢皮球”式的切换，缺乏对用户业务体验的考虑
区域负载均衡算法	让负载在一个给定区域内达到基本均衡，执行多小区联动的负载均衡，小区负载重配	在网络过载时才触发，是一种被动的反应式 MLB，只考虑网络侧优化，没有顾及用户网络服务体验

题，但是存在负载能力有限，进行盲目的“踢皮球”式的切换，缺乏对用户业务体验的考虑。第三类区域负载均衡算法在网络侧考虑一个给定区域的负载均衡问题，执行多小区联动的负载均衡，虽然可以在一定程度上提升网络性能，但是在网络过载时才会触发，是一种被动地反应式 MLB，只考虑网络侧优化，没有顾及用户通信服务体验。

8.3　意图驱动网络负载均衡算法

针对上述问题，本书提出一种意图驱动的负载均衡方法(记为 IDMLB)。意图驱动的负载均衡框架如图 8.2 所示。在负载均衡执行过程中，结合网络中的用户意图和网络意图，更加精细化地执行负载转移，减少切换次数，保证用户的通信服务体验[14]。

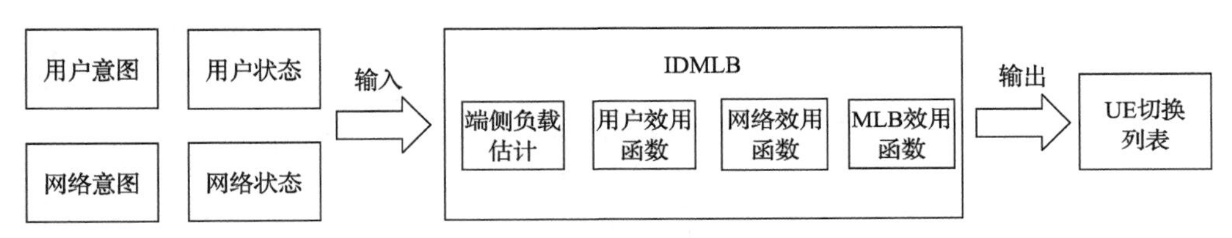

图 8.2　意图驱动负载均衡框架

通过对用户意图的分析刻画用户状态，并结合网络状态得到网络意图作为负载均衡的输入。进一步，通过端侧负载估计辅助网络接入选择，能明显缓解高业务到达率和高用户数目等重负载原因造成的业务体验下降。尤其是，在系统总用户数目增大时，用户的平均吞吐量可以得到明显的提升，用户的数据包排队时延得到明显的下降，用户的通信业务体验能得到一定程度上的优化。通过联合用户效用函数和网络效用函数，在过载小区的邻区选择最低负载的小区进行卸载，并选择对该“源小区-目标小区”最合适的用户设备进行切换。

1. 基于 GAN 的端侧负载估计

关于移动通信中基站负载估计的方案设计，在目前第四代移动通信及长期演进技术(the 4th generation communication system long-term evolution，4G LTE)和第五代新移动通信技术(the 5th generation communication system new radio，5G NR)等无线通信场景中，用户产生的通信业务被承载在网络资源块(resource block，RB)上进行传输，随着用户接入数量和用户业务的增多，业务传输占用的时频和功率也会提高。因此，对其他用户移动通信业务呈现的干扰上升，说明负载和干扰，以及路测参数(参考信号接收功率(reference singal receiving power，RSRP)、参考信号接收质量(reference signal receiving quality，RSRQ)、接收信号强度指示(reference singal strength indicator, RSSI)、信干噪比(signal to interference plus noise ratio，SINR))等存在一定的联系。通过分析不同基站在 RB 资源块上空口参数的干扰情况，可以构建负载与干扰的数学映射关系[15]。

RB 资源时频结构示意图如图 8.3 所示。为分析移动通信网络资源块模型，在 LTE 中，无线资源被划分为时域资源和频域资源，采用正交频分复用(orthogonal frequency division multiplexing，OFDM)技术，每个符号对应一个正交的子载波。通常情况下 4G LTE 的子载波间隔为 15kHz。常规循环前缀(cyclic prefix，CP)情况下，每个子载波一个时隙(slot)内有 7 个 OFDM 符号。图 8.3 为常规 CP 情况下的时频结构，在微观上，每个方格对应的就是频率上的一个子载波。一个 RB 资源块表示在频率上连续的 12 个子载波，时域上对应一个时隙，根据一个子载波带宽是 15kHz 可以得出 1 个 RB 的带宽为 180kHz，一个资源元素(resource element，RE)就是一个小方格，频率上对应一个子载波，时域上对应一个 OFDM 符号。

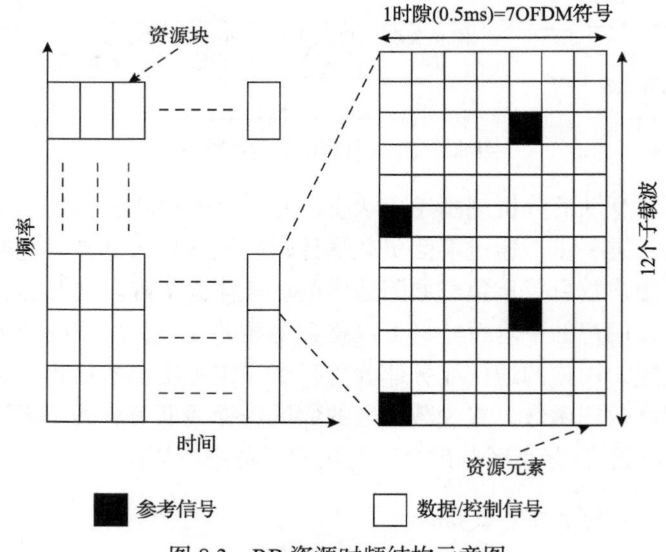

图 8.3　RB 资源时频结构示意图

根据 3GPP 相关协议，RSRP 表示考虑的测量频率带宽上承载参考信号 RE 上接收功率的线性平均值。在理想情况下，假设每个资源元素的功率分配大小是平均的，子载波发射功率是固定的，那么在单天线传输时，可以定义 RSSI、RSRQ 和 SINR 为

$$r = 2p_k N_k^{\mathrm{RB}} + 10 p_k u_k^{\mathrm{RB}} N_k^{\mathrm{RB}} + 12(I + N) N_k^{\mathrm{RB}} \tag{8-1}$$

$$q_k = \frac{p_k N_k^{\mathrm{RB}}}{r} \tag{8-2}$$

$$s_k = \frac{p_k}{I+N} \tag{8-3}$$

其中，RSSI 由小区参考信号、数据和控制信号、噪声和干扰功率组成；r、q_k、s_k 为通信用户终端在第 k 个小区里接收到的 RSSI、RSRQ、SINR 的值；p_k 为通信用户终端在第 k 个小区里接收到的 RSRP 的值；I 和 N 为平均到每个 RE 上的干扰和噪声大小；$N_k^{\mathrm{RB}} \in \{6,15,25,50,75,100\}$ 为第 k 个小区系统带宽下的总 RB 资源数；u_k 为第 k 个小区的 RB 利用率，即当前小区负载的大小。

由此可以推导出单天线端口情况下，基站负载 RB 的利用率，即

$$u_k^{\mathrm{RB}} = \frac{1}{5}\left(\frac{1}{2q_k} - \frac{6}{s_k} - 1\right) \tag{8-4}$$

当前 4G LTE 和 5G NR 多采用多输入多输出(multiple input multiple output, MIMO)技术，对于资源在微观上的映射关系还需要考虑多天线端口的情况。例如，在双天线端口传输时，双天线端口的时频结构如图 8.4 所示。

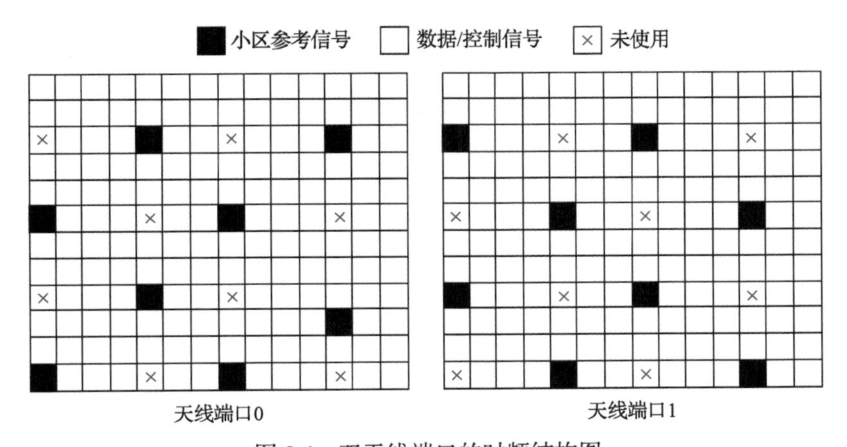

图 8.4　双天线端口的时频结构图

在多天线端口的情况下，与基站负载有关的多个路测指标 RSSI、RSRQ 和 SINR 可以分别表示为

$$r = \begin{cases} N_k^{\mathrm{RB}}\left(2p_k + 10p_k u_k^{\mathrm{RB}} + 12(I+N)\right), & N_k^{\mathrm{TX}} = 1 \\ N_k^{\mathrm{RB}}\left(4p_k + 8p_k u_k^{\mathrm{RB}} N_k^{\mathrm{TX}} + 12(I+N)\right), & N_k^{\mathrm{TX}} = 2 \end{cases} \tag{8-5}$$

$$q_k = \frac{p_k N_k^{\mathrm{RB}}}{r} \tag{8-6}$$

$$s_k = \frac{p_k}{I + N} \tag{8-7}$$

其中，N_k^{TX} 表示基站的发射天线端口数。

由此可以推导出多天线下的负载理论值，即

$$u_k^{\mathrm{RB}} = \begin{cases} \dfrac{1}{5}\left(\dfrac{1}{2q_k} - \dfrac{6}{s_k} - 1\right), & N_k^{\mathrm{TX}} = 1 \\ \dfrac{1}{4N_k^{\mathrm{TX}}}\left(\dfrac{1}{2q_k} - \dfrac{6}{s_k} - 2\right), & N_k^{\mathrm{TX}} = 2 \end{cases} \tag{8-8}$$

通过上述理论推导，在满足理想假设条件下，单天线和多天线端口均可以明确负载和用户通信终端接收到的路测参数 RSRQ，以及 SINR 存在一定的数学映射关系。通过推导的理论公式计算负载的理论值，在一定程度上可以做到基站负载 RB 利用率的估计。

根据上述对端侧负载估计的数学推导和关于 GAN 的理论分析，可以设计基于 GAN 技术的建模方案(图 8.5)，将 GAN 技术与基站负载估计的数学理论方案相结合，实现实际通信场景情况下终端侧对基站负载的估计。

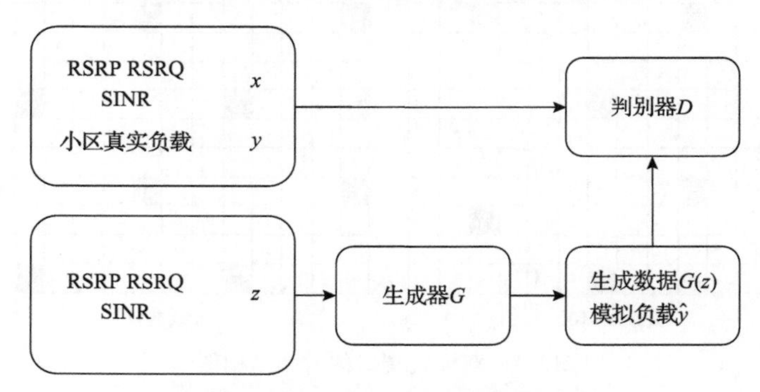

图 8.5　基于 GAN 技术的建模方案

在实际通信场景中，RSRP、RSRQ、RSSI 和 SINR 与基站负载之间存在一定的非线性复杂数学映射关系，但由于数学模型的简化，存在较多理想假设，使基站负载的估计准确度难以保证，因此通过 GAN 技术设计一个黑盒模型，将随机的空口特征参数输入生成器，输出得到模拟的基站负载数据；将生成器生成的模拟负载数据和真实负载数据输入判别器，通过 DNN 相互博弈训练，目的是提高负载估计准确性。这里的生成器和判别器可以采用两个多层全连接神经网络构成。

基于 GAN 的负载估计建模生成器的功能如下，即生成器学习真实基站负载的分布，生成模拟基站负载的数据。这里的生成器为 $G(z)$，其中 z 是随机噪声，生成器 G 将随机噪声 z 转化，学习真实的基站负载 y 数据的分布，生成模拟基站负载 $\hat{y}$ 的数据，生成器 G 的目标是使判别器 D 无法区分真实样本和生成样本，生成器 G 的目标函数为

$$\min_G V(D,G) = E_{z\sim p_z(z)}(\log(1-D(G(z)))) \tag{8-9}$$

其中，$E_{z\sim p_z(z)}$ 表示生成器产生的模拟基站负载数据被判断为模拟基站负载数据的期望。

判别器的功能是将真实的基站负载数据和生成的模拟基站负载数据分别输入判别器，对判别器进行训练。这里的判别器为 $D(x)$，输入为真实的基站负载相关数据 x 和生成器产生的模拟基站负载相关数据 $G(z)$，判别器 D 的输出为 0～1 的一个实数,用于判断生成器 G 生成的模拟基站负载相关的数据 $G(z)$ 与真实负载相关数据样本 x 的概率，$p_{\text{data}}(x)$ 和 $p_z(z)$ 分别代表真实基站负载数据分布和模拟基站负载数据分布，判别器的目标函数为

$$\max_D V(D,G) = E_{x\sim p_{\text{data}}(x)}(\log(D(x))) + E_{z\sim p_z(z)}(\log(1-D(G(z)))) \tag{8-10}$$

其中，$E_{x\sim p_{\text{data}}(x)}$ 为真实基站负载数据被判断为真实基站负载数据的期望。

整个模型对生成器和判别器进行不断迭代对 GAN 模型训练。其中，对生成器和判别器不断迭代采用的方法为最小最大化目标函数，分别对生成器 G 和判别器 D 不断迭代，首先固定生成器 G 优化判别器 D，然后固定判别器 D 优化生成器 G，直到训练过程达到收敛。

整体优化函数为

$$\min_G \max_D V(D,G) = E_{x\sim p_{\text{data}}(x)}(\log(D(x))) + E_{z\sim p_z(z)}(\log(1-D(G(z)))) \tag{8-11}$$

最后通过设置平均误差和最大误差的阈值使训练达到最优，得到的模型即终端侧基站负载估计最优黑盒模型。

综上所述，给出移动通信在用户终端侧基于 GAN 的负载估计(GAN-load estimation，GAN-LE)算法。基于 GAN 的端侧负载均衡算法如下。

算法 8.1：GAN_LE 算法

输入：真实 RSRP、RSRQ、SINR、随机噪声 Z(路测指标范围内)

初始化：相关参量信息

While True：

训练生成器 G：

$\min_{G} V(D,G) = E_{z\sim p_z(z)}(\log(1-D(G(z))))$ 训练生成器 G

判别器 D：

$\max_{D} V(D,G) = E_{x\sim p_{\text{data}}(x)}(\log(D(x))) + E_{z\sim p_z(z)}(\log(1-D(G(z))))$

目标：

$\min_{G}\max_{D} V(D,G) = E_{x\sim p_{\text{data}}(x)}(\log(D(x))) + E_{z\sim p_z(z)}(\log(1-D(G(z))))$

　　If 达到收敛条件：

　　　Save GAN model；

　　　Break

　　Else

　　　Continue

End While

输出：GAN 负载估计模型

If 现网：

输入实测 RSRP、RSRQ、SINR：

　调用 GAN model

输出：预估 load

2. 基于效用分析的用户级网侧负载均衡

1)用户意图和用户效用函数

用户意图表示用户对各项网络特性的需求，包括用户对网速、网络延迟等的需求。

由于网络中业务种类繁多，不同业务关注的网络特性不同，代表的用户意图不同。针对一项网络特性设计单元效用函数，用户效用函数表示该项网络特性对用户的吸引力。

① 定义域有限，网络资源分配有限，例如两种网络速率上下限。

② 效用函数单调，速率越大效用值越大，时延或能耗越大效用值越小。

③ 当网络状态刚好满足用户需求时，效用值为 0.5。

④ 变化快慢反映用户对该状态敏感度，在状态值较小和较大时变化缓慢。

Sigmoid 函数特征满足单元效用函数的要求。单元效用函数特征如图 8.6 所示。

选取双曲正切函数作为单元效用函数，用户 i 的效用函数为

$$u_i(x,x_0;\eta_i,\sigma_i)=\frac{1}{2}\left(\tanh\left(\log(x/x_0)-\eta_i\right)\sigma_i+1\right),\quad i=1,2,3 \tag{8-12}$$

其中，x 和 x_0 为网络状态值和用户需求值；η_i 和 σ_i 为满足值域和特殊点的阈值参数和放缩参数。

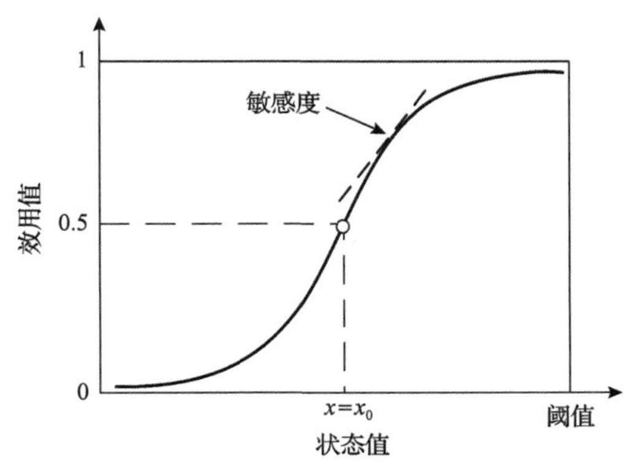

图 8.6　单元效用函数特征

多元效用函数由网络的多个特性对应的多个单元效用函数组合而成，表征一个网络的总体效用值，即一个网络与用户意图的匹配程度。对单元效用函数进行乘法组合，则选取数据速率 R、时延 L 两个网络特性，某个用户设备的用户效用函数表达式为

$$U_{\text{ue}}=u_1^{1/2}(L_m^{-1},L_0^{-1})\times u_2^{1/2}(R_m,R_0) \tag{8-13}$$

其中，L_m、L_0、R_m 和 R_0 分别表示网络状态时延、用户需求时延、网络状态数据速率和用户需求数据速率；u_i 表示用户 i 的效用函数(i=1, 2)。

2) 网络意图和网络效用函数

网络意图表示网络对负载均衡的需求，具体为高负载状态阈值、负载均衡阈值。

网络效用函数是源小区、目标小区、指定用户设备(用户设备造成的负载)三个变量的函数，表示在源小区-目标小区对中对用户设备进行切换获得的效用。网络效用函数的设计分为网络关于负载大小的效用函数和某个用户设备(对应一定负载量)的效用函数。

(1) 网络负载效用函数。

网络负载效用函数仅取决于网络负载，随着负载的增大而下降。网络负载状态分为轻负载、中负载和重负载。网络处于轻负载时，负载效用为 1；处于重负载即过载时，效用为 0；处于中负载时，效用随负载的增加单调递减。

网络负载效用函数特征如图 8.7 所示。

负载状态下的曲线斜率表示网络效用对负载变化的敏感程度，负载程度越高，网络对负载变化越敏感，即用户设备在网络低负载情况下更容易被接收。

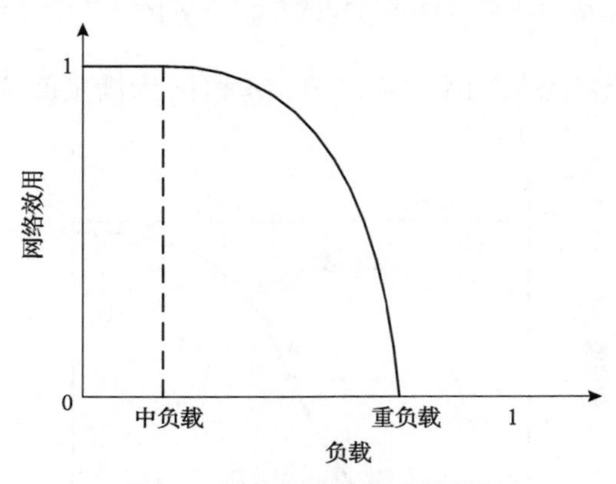

图 8.7 网络负载效用函数特征

网络负载效用函数为

$$U_{\text{cell}}(l)=\begin{cases}1, & l<L_{\text{low}}\\ -\dfrac{\left(l-L_{\text{low}}\right)^2}{\left(L_{\text{high}}-L_{\text{low}}\right)^2}+1, & L_{\text{low}}\leqslant l\leqslant L_{\text{high}}\\ 0, & l>L_{\text{high}}\end{cases} \tag{8-14}$$

其中，L_{low} 和 L_{high} 为轻负载和重负载的阈值。

(2) 网络效用函数(关于用户设备)。

对于不同的用户设备，由于业务不同，对网络造成的负载也不同，因此卸载不同的用户设备对网络负载的均衡效果不同。直观上讲，源小区希望卸载，并且希望进行尽可能少的切换次数，因此会优先切换负载贡献大的用户设备。目标小区接收负载时需要考虑自身的负载和重负载邻区的潜在卸载意图，因此用户设备对目标小区的效用是源小区效用的约束。

在一次 MLB 中，用户设备对源小区造成的负载越大，切换该用户设备对源小区的效用就越大；用户设备对源小区造成的负载越大，切换该用户设备对目标小区的效用就越小；切换用户设备对网络的效用由源小区、目标小区、用户设备三者联合决定。

网络关于用户设备的效用函数可以表达切换用户设备对网络(源小区-目标小区对)造成的综合效用，即综合源小区卸载后增加的效用和目标小区接收后降低的效用。联合两类效用就是在过载小区的邻区选择最低负载的小区进行卸载，并选择对源小区-目标小区对最合适的用户设备进行切换。如果切换某用户设备后造成目标小区过载，则效用为 0；如果切换用户设备后源小区和目标小区均为轻负载，则效用为 1。

满足上述特征的网络效用函数为

$$
\begin{aligned}
&U_{\text{pair}}\left(U_{\text{cell}_s}, U_{\text{cell}_t}, l_{\text{ue}}\right) \\
&= U_{\text{cell}_s}\left(l_s - l_{\text{ue}}\right) \times U_{\text{cell}_t}\left(l_t + l_{\text{ue}}\right) \\
&= \begin{cases} 1, & l_s - l_{\text{ue}} < L_{\text{low}};\ l_t + l_{\text{ue}} < L_{\text{low}} \\ \left[-\dfrac{\left(l_s - l_{\text{ue}} - L_{\text{low}}\right)^2}{\left(L_{\text{high}} - L_{\text{low}}\right)^2} + 1 \right]^{1/2} \times \left[-\dfrac{\left(l_t + l_{\text{ue}} - L_{\text{low}}\right)^2}{\left(L_{\text{high}} - L_{\text{low}}\right)^2} + 1 \right]^{1/2}, & L_{\text{low}} \leqslant l \leqslant L_{\text{high}} \\ 0, & l_s - l_{\text{ue}} > L_{\text{high}} \text{ 或 } l_t + l_{\text{ue}} > L_{\text{high}} \end{cases}
\end{aligned}
\tag{8-15}
$$

其中，l_{ue}、l_s、l_t 为用户设备、源小区、目标小区当前的负载。

(3) MLB 效用函数。

在一次 MLB 过程中，切换用户设备涉及用户效用和网络效用的变化，因此综合考虑两类效用，设计 MLB 效用函数，表示在某源小区-目标小区对中切换某用户设备的总体效用，指导网络进行用户设备切换。

MLB 效用函数表达为

$$U_{\text{MLB}}(\text{cell}_s, \text{cell}_t, \text{ue}) = U_{\text{ue}}(L_m, L_0, R_m, R_0) \times U_{\text{pair}}(U_{\text{cell}_s}, U_{\text{cell}_t}, \text{Load}_{\text{ue}}) \tag{8-16}$$

其中，L_m、L_0、R_m 和 R_0 分别表示网络状态时延、用户需求时延、网络状态数据速率和用户需求数据速率；cell_s、cell_t 分别表示源小区和目的小区；U_{pair} 表示对应源小区-目标小区的网络效用函数；Load_{ue} 表示卸载用户。

综上，意图 MLB 的效用函数的整体设计如图 8.8 所示。

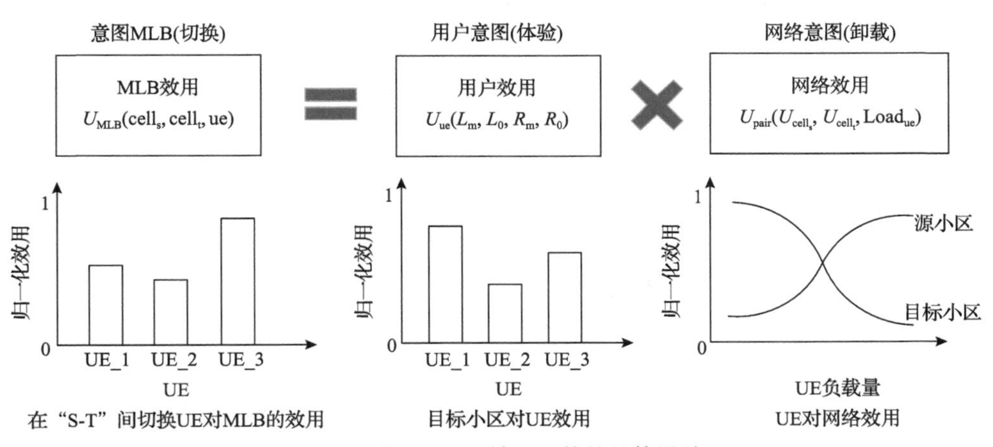

图 8.8　意图 MLB 效用函数的整体设计

8.4 意图驱动网络负载均衡实施步骤

基于上述负载估计和效用分析，意图驱动网络负载均衡流程如图 8.9 所示。

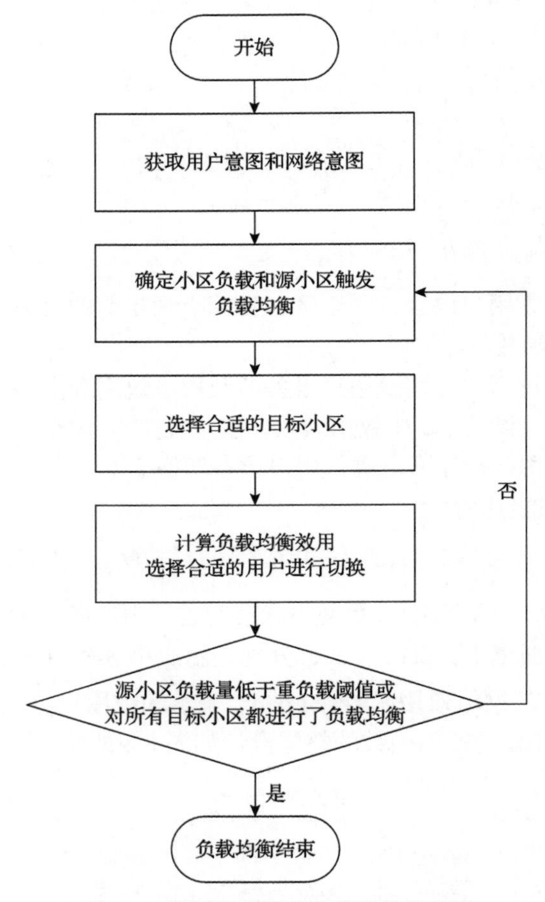

图 8.9 意图驱动网络负载均衡流程图

步骤 1，获取用户意图和网络意图。在负载均衡执行周期中，系统获取各用户意图和各小区的网络意图。用户意图表示用户对各项网络特性的需求，如用户对网速、网络延迟的需求。网络意图表示小区负载均衡相关的阈值，如中高负载阈值和负载均衡阈值。

步骤 2，确定源小区，触发负载均衡。

在一个负载均衡执行周期中，各小区基站获取小区当前负载状态，并通过基站间接口与相邻小区的基站交互负载信息。其中，负载状态指每个小区的基站获取当前物理资源块占用率。

各小区将自身负载量与负载均衡高负载阈值进行比较，过载小区为源小区，触发负载均衡过程。

步骤 3，在源小区的邻区中筛选目标小区，即负载量小于高负载阈值的邻区作为目标小区，并对目标小区按照目标小区负载量进行优先级排序。

步骤 4，按照优先级依次对目标小区进行负载转移。通过计算 MLB 效用得到用户设备切换列表，选择合适的用户进行切换。

选取源小区中可切换到所选目标小区的用户作为可切换用户集合，根据用户意图，计算可切换用户切换到目标小区后的用户效用；根据网络意图，按照网络效用函数计算可切换用户集合中每个用户对网络的效用。

按照 MLB 效用函数公式计算切换用户集合中每个用户的 MLB 效用值，该函数是根据网络意图和用户意图不断调整的自适应动态函数，一方面需要考虑上层用户意图，为用户提供服务，另一方面需要考虑下层网络状态，维护网络均衡。将用户按照 MLB 效用值进行优先级排序，源小区按照优先级依次选择待切换用户。

步骤 5，负载均衡结束判决。若源小区负载量小于负载均衡阈值或对所有目标小区都进行了负载转移，则一次负载均衡过程结束，否则返回步骤 4，按照目标小区优先级选择下一个目标小区进行负载转移。

8.5 仿真环境

通过使用 Python 仿真工具搭建无线通信接入系统级仿真平台，主要包括端侧用户接入和网侧基站调度两个流程部分，通过该系统仿真平台对本章方案进行验证性能效果。

搭建的无线通信仿真平台包括三个 Python 类，分别是用户类、基站类和信道类。每个 Python 类包括一些相关属性和函数功能。Python 相关属性是一些描述的数据结构，在该无线通信仿真平台中体现的主要是一些基本配置信息和初始化信息等。仿真平台基本结构如图 8.10 所示。例如，用户类中的相关属性包括用户的一些信息，如用户位置、业务到达率、用户索引等，基站类中的相关属性包括基站的一些配置信息，如基站发射功率、天线增益、基站索引等。函数功能是该无线通信仿真平台中可以执行动作的功能，例如用户类中的函数功能包括用户通信业务产生、用户位置改变和用户小区选择等，基站类中的函数功能包括基站资源调度、功率分配、调制与编码策略（modulation and coding scheme，MCS）确定和基站缓冲区更新等。信道类作为连接用户和基站的一条中间通道，主要进行一些信道条件的测量和计算等，信道类中的函数功能包括路测指标计算、误比特率的计算和信息传输结果的计算等。

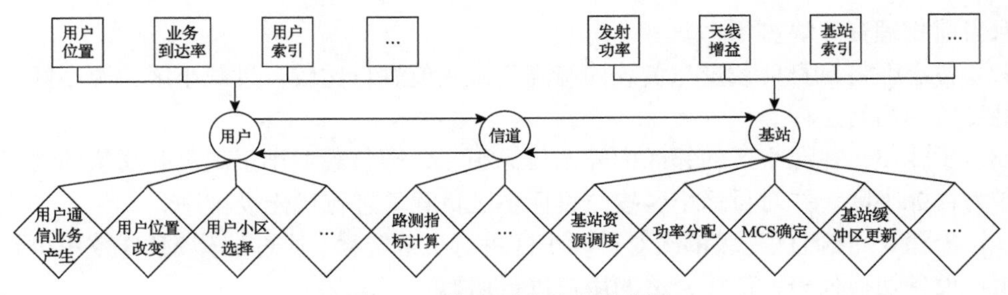

图 8.10　仿真平台基本结构图

在该无线通信仿真平台中，通过对以上几个 Python 类的实例化和初始化信息设置，可以模拟系统模型中相关用户设备、基站 BS 和信道环境。基站侧资源调度流程示意图如图 8.11 所示。调度流程大致如下，首先在平台中设置系统参数、

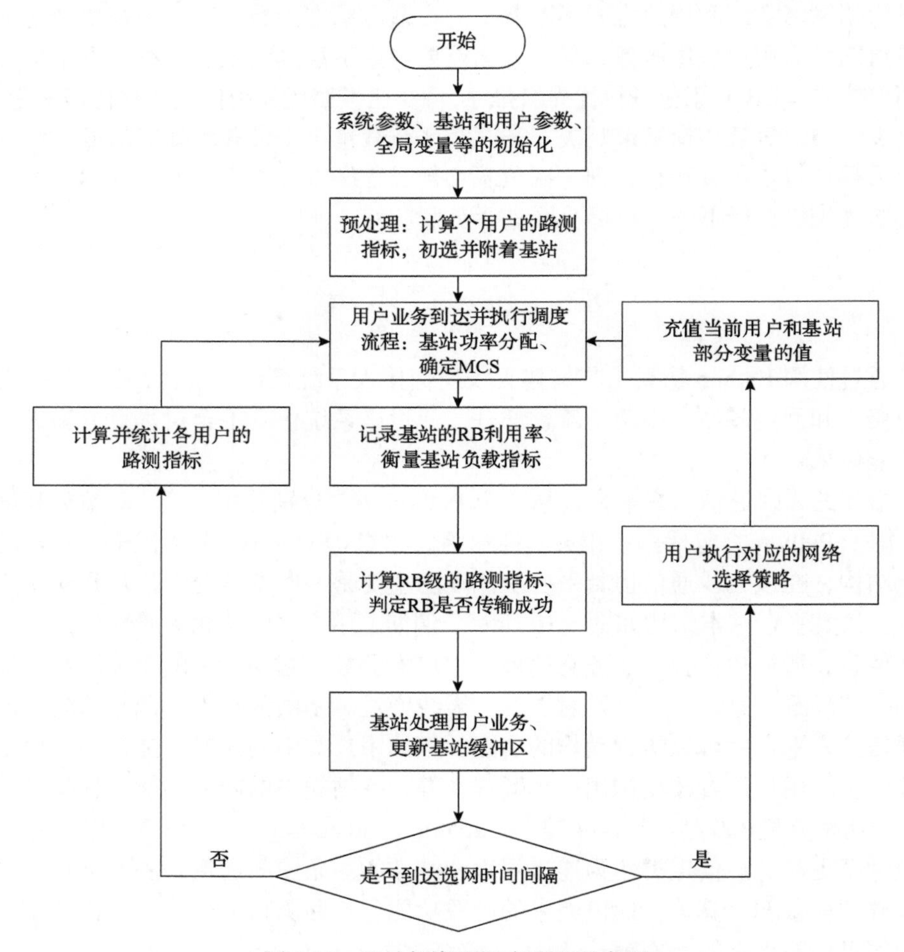

图 8.11　基站侧资源调度流程示意图

基站、用户参数，以及全局变量等信息，进行初始化，在基站侧统计用户预选情况，计算平台中各用户的路测指标进行预处理，包括初始附着基站的选择。当用户业务到达执行基站侧的调度流程，进行基站功率分配，确定 MCS，接着记录基站的 RB 利用率，以此衡量基站的负载指标。通过计算微观 RB 级的路测指标，判定 RB 是否传输成功。基站通过传输结果处理用户业务，更新一个仿真时间间隔内的基站缓冲区。当前仿真时间未到达选网时间间隔时，继续测量计算并统计用户的路测指标；仿真平台中的网络选择时间间隔到达时，执行用户设备的网络选择接入，切换用户当前驻留基站，实现用户级负载均衡策略。最后，在执行完一次用户设备的网络选择和切换流程时，重置当前用户和基站类中部分变量的值，当用户通信业务在下一个时刻到达时，重复基站的资源调度流程和用户的选网切换过程，直至仿真平台设定的系统仿真时间。

8.6 仿真结果

1. 基于 GAN 的端侧负载估计

为验证基于 GAN 的端侧负载估计方法，在搭建的无线通信系统仿真平台中设置系统带宽为 20Mbit、两个 LTE 小区，一个是重负载小区，该基站覆盖范围内设置较多的用户数和较少的可用基站 RB 资源数量；另一个是负载较轻的小区，该基站覆盖下的用户数较少，基站资源设定为 100 个 RB。仿真参数的设定参考 3GPP TR36.814，部分仿真参数如表 8.2 所示。其中，QPSK (quaternary PSK) 指四相移相键控、QAM (quadrature amplitude modulation) 指正交调幅。

表 8.2　部分仿真参数

仿真区域	1000m×1000m 范围数值
Cell 数量	2
用户设备数量	10～80
用户设备业务到达率 λ	1、2、5
每个 BS 的 RB 数量	100
BS 发射功率/dBm	30
天线增益/dB	12
系统频率/GHz	2.0
白噪声功率谱密度/(dBm/Hz)	−176
路损模型/dB	$PL = -35.4 + 26\lg d + 20\lg f_c$

续表

仿真区域	1000m×1000m 范围数值
快衰落	瑞利衰落
MCS	QPSK/16QAM/64QAM
SINR 阈值/dBm	–5.1

为了衡量移动用户终端通过端侧负载估计，辅助其进行多属性决策网络选择接入的效果，仿真平台通过统计不同网络选择方法下获得的用户吞吐量和平均排队时延来评估。

用户业务到达率为 1 时的性能如图 8.12 和图 8.13 所示，比较在重负载场景下，

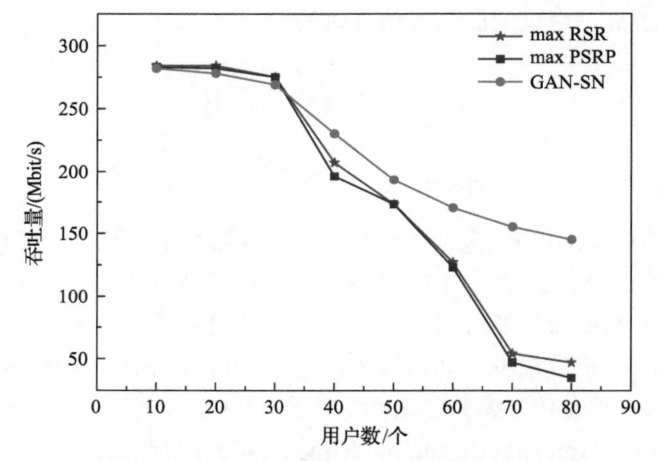

图 8.12　λ=1 时用户体验(吞吐量)性能对比图

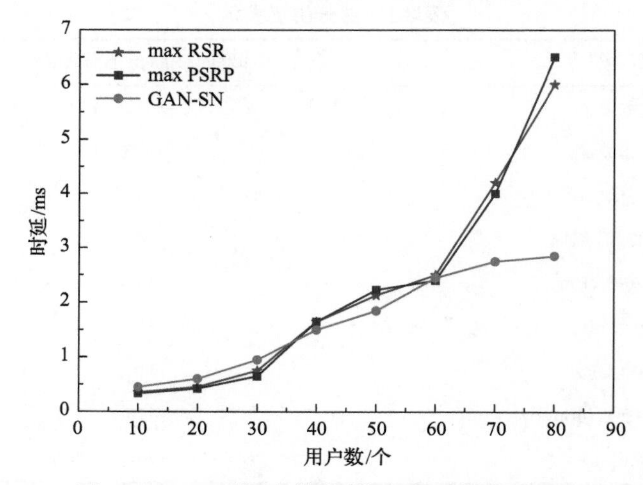

图 8.13　λ=1 时用户体验(排队时延)性能对比图

用户终端通过最大 RSRP、最大 PSR 和本书终端基于 GAN 的负载估计辅助选择网络(GAN-select network，GAN-SN)性能对比。

由此可知，在用户业务到达率为 1 时，相较协议规定的 max RSRP 网络选择接入方法，max PSR 网络选择接入方案并不能有效地提升重负载小区覆盖下通信用户的数据传输业务体验，即吞吐量没有得到明显的提升，数据包排队时延没有得到明显的降低。对于本书介绍的 GAN-SN 方法，在用户数逐渐增多，负载逐渐增大的过程中，用户的平均吞吐量得到明显的提升，用户的数据包排队时延得到一定程度的下降。

λ=2 时用户体验性能对比如图 8.14 和图 8.15 所示，比较了在重负载场景下，用户终端分别通过最大 RSRP、最大 PSR 和本书 GAN-SN 方法性能对比。

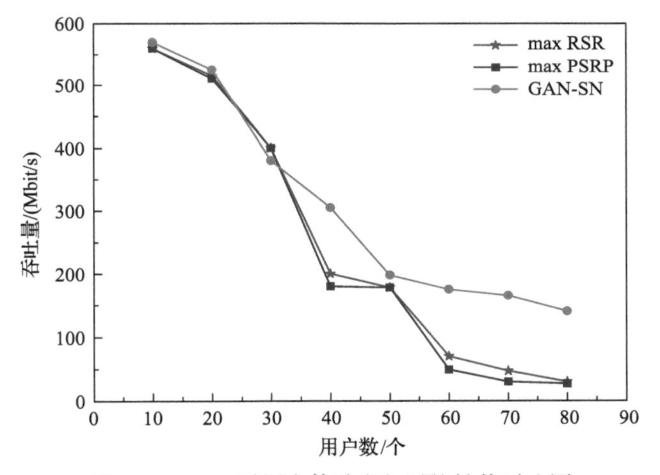

图 8.14　λ=2 时用户体验(吞吐量)性能对比图

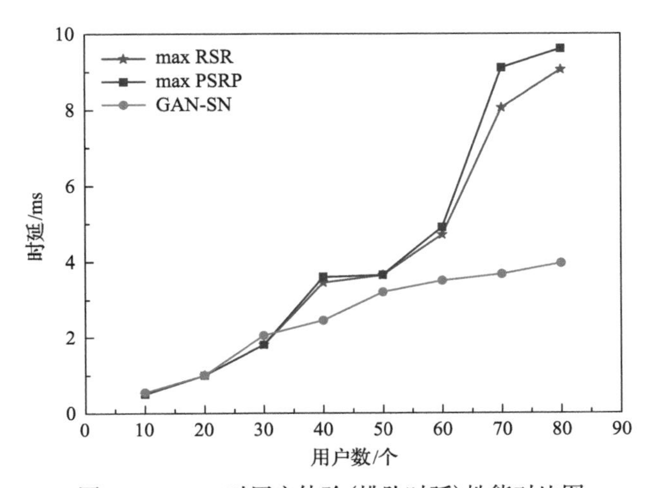

图 8.15　λ=2 时用户体验(排队时延)性能对比图

由以上两图的分析可知，在用户业务到达率为 2 时，相较于协议规定的 max RSRP 网络选择接入方法，max PSR 网络选择接入方案并不能有效地提升重负载小区覆盖下通信用户的数据传输业务体验，吞吐量和数据包排队时延指标均没有得到明显的优化。本书介绍的终端基于 GAN 的负载估计辅助选择网络 GAN-SN 方法，在用户数逐渐增多，负载逐渐增大的过程中，整体上用户的平均吞吐量随着用户数的增加而下降，数据包排队时延随着用户数的增加而增加，较其他两种方法，用户的平均吞吐量得到明显的提升，数据包排队时延得到一定程度的下降。

λ=5 时用户体验性能对比如图 8.16 和图 8.17 所示，用户业务到达率为 5 时，比较了在重负载场景下，用户终端分别通过最大 RSRP、最大 PSR 和本书终端基于 GAN 的负载估计辅助选择网络 GAN-SN 方法性能对比。

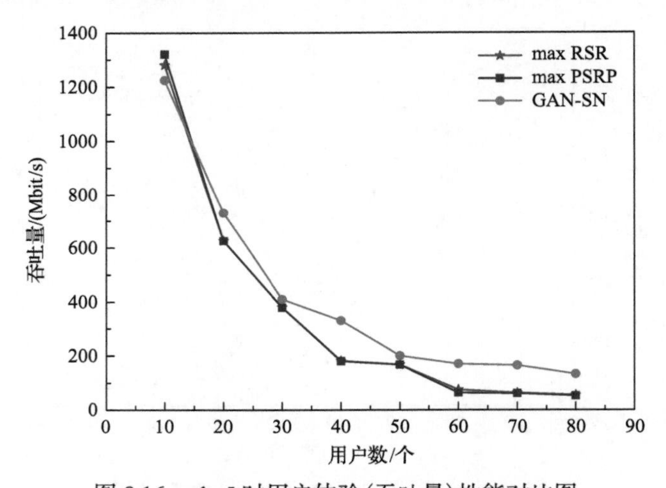

图 8.16 λ=5 时用户体验(吞吐量)性能对比图

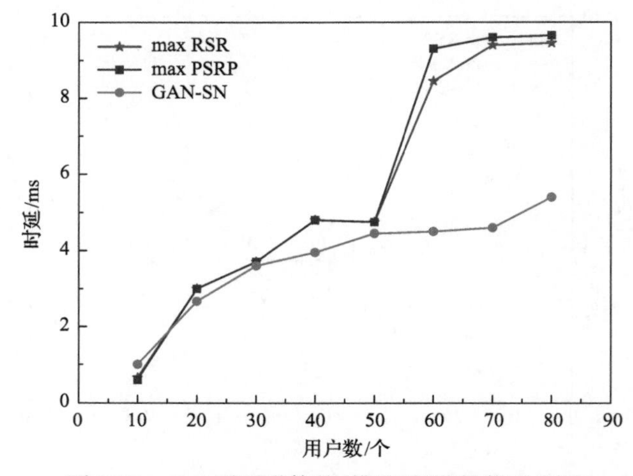

图 8.17 λ=5 时用户体验(排队时延)性能对比图

由以上分析可知，在用户业务到达率为 5 时，相较于协议规定的 max RSRP 网络选择接入方法，max PSR 网络选择接入方案并不能有效地提升重负载小区覆盖下通信用户的数据传输业务体验。对于本书介绍的终端基于 GAN 的负载估计辅助选择网络 GAN-SN 方法，在用户数逐渐增多，负载逐渐增大的过程中，用户的平均吞吐量得到明显的提升，用户的数据包排队时延得到一定程度的下降。

此外，通过上述分析，随着系统中总用户数量的增多，用户设备的平均吞吐量逐渐下降，因为系统无线网络资源是有限的，用户数越多，系统中每个用户能调度的资源就越少。另外，随着用户到达率的提升，系统中的总用户数目相同时，用户的吞吐量相对得到提升，因为用户达到率越高，当前用户进行的业务类型为高流量需求的业务就越多。通过对以上关于用户数据包排队时延的性能分析，因为网络资源的限制，随着系统中总用户数量的增加，用户设备的平均排队时延逐步减小，并且随着用户业务到达率的提升，系统中的总用户数目相同时，用户的排队时延相对增加。

结合以上三种方案在不同用户业务到达率下的比较，在通信用户终端处进行负载估计，并辅助其进行网络接入选择时，能明显缓解高业务到达率和高用户数目等重负载原因造成的业务体验下降，尤其是在系统总用户数目增大时，用户的平均吞吐量得到明显的提升，数据包排队时延得到明显的下降，用户的通信业务体验能得到一定程度的优化。

2. 基于效用分析的用户级网侧负载均衡

为验证基于效用分析的用户级网侧负载均衡方法，构建的系统仿真场景由 19 个 LTE 小区及其镜像小区构成，共 61 个小区，用户到达过程为泊松过程，每个用户携带的业务速率服从 32～96Kbit/s 的均匀分布，并且业务持续时间服从均值为 3min 的几何分布。

统计仿真时长内 19 个 LTE 小区的切换次数，结果如图 8.18 所示。图中，●曲线代表传统 MLB 算法控制下 19 个 LTE 小区的平均切换次数，○曲线代表意图驱动 IDMLB 算法控制下的 19 个 LTE 小区平均切换次数。可以看出，较传统 MLB 算法，本书方法可以显著降低小区的切换次数。

综上所述，本章针对负载均衡问题设计基于 GAN 的端侧负载估计方法，在终端侧实现对周围基站负载的估计，辅助用户进行网络选择接入；同时，设计基于效用分析的用户级网侧负载均衡，以用户为中心，为用户匹配通信服务满意度较高的无线接入，减少终端的功耗，保障用户通信服务的稳定性。

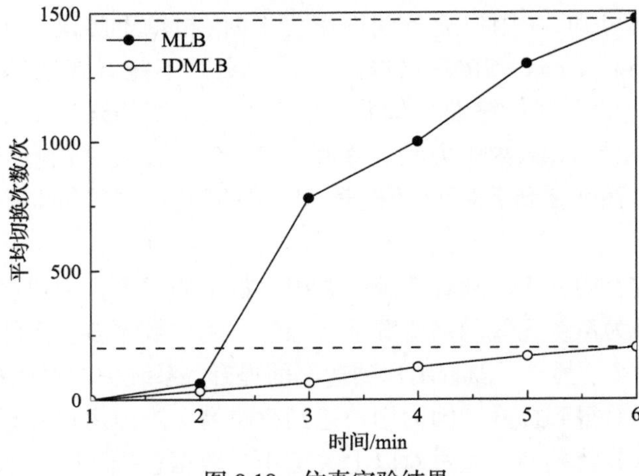

图 8.18 仿真实验结果

参考文献

[1] Liu G, Huang Y, Li N, et al. Vision, requirements and network architecture of 6G mobile network beyond 2030. 中国通信, 2020, 17(9): 92-104.

[2] The 3rd Generation Partnership Project. Self-configuring and self-optimizing network use cases and solutions(TR36.902). Munich: The 3rd Generation Partnership Project, 2011.

[3] Wang B, Wen X M, Zheng W. A self-optimizing method based on handover for load balancing// The IEEE International Conference on Information Theory and Information Security, Beijing, 2010: 1026-1029.

[4] Son H, Lee S, Kim S C, et al. Soft load balancing over heterogeneous wireless networks. IEEE Transactions on Vehicular Technology, 2008, 57(4): 2632-2638.

[5] Zarin N, Agarwal A. A centralized approach for load balancing in heterogeneous wireless access network// The IEEE Canadian Conference on Electrical & Computer Engineering, Quebec, 2018: 1-5.

[6] Kim W, Suh Y J. Enhanced adaptive periodic mobility load balancing algorithm for LTE femtocell networks// The Fourth International Conference on the Network of the Future, Pohang, 2013: 1-5.

[7] Addali K, Kadoch M. Enhanced mobility load balancing algorithm for 5G small cell networks// The IEEE Canadian Conference of Electrical and Computer Engineering, Edmonton, 2019: 1-5.

[8] Addali K M, Chang Z, Lu J, et al. Mobility load balancing with handover minimization for 5G small cell networks//The International Wireless Communications and Mobile Computing. Limassol, 2020: 1222-1227.

[9] Sheng M, Yang C G, Zhang Y, et al. Zone-based load balancing in LTE self-optimizing networks:

A game-theoretic approach. IEEE Transactions on Vehicular Technology, 2013, 63(6): 2916-2925.

[10] Li Z H, Wang H, Pan Z W, et al. Joint optimization on load balancing and network load in 3GPP LTE multi-cell networks//The International Conference on Wireless Communications and Signal Processing, Nanjing, 2011: 1-5.

[11] Tang W Q, Liao Q. An SDN-based approach for load balance in heterogeneous radio access networks//The IEEE Symposium on Computer Applications and Communications, Weihai, 2014: 105-108.

[12] Li J M, Yang L F, Wang J X, et al. Research on SDN load balancing based on ant colony optimization algorithm//The IEEE 4th Information Technology and Mechatronics Engineering Conference, Chongqing, 2018: 979-982.

[13] Wilson P S, Deepalakshmi P. Artificial neural network based load balancing on software defined networking//The IEEE International Conference on Intelligent Techniques in Control, Optimization and Signal Processing, Tamilnadu, 2019: 1-4.

[14] Ouyang Y, Yang C G, Shen J Y, et al. Intent-driven mobility load balancing//2022 International Wireless Communications and Mobile Computing, Dubrovnik, 2022: 1267-1272.

[15] Wang X F, Li X H, Leung V C M. Artificial intelligence-based techniques for emerging heterogeneous network: State of the arts, opportunities, and challenges. IEEE Access, 2015, 3: 1379-1391.

第 9 章　意图驱动 6G 编排

9.1　意图驱动的 6G 业务编排基本概念

6G 网络具有结构复杂、网元节点多、业务量庞大等特征。为了向用户提供多样化服务，6G 需要运用新兴技术对业务功能、资源等进行动态编排调度。

面向 6G 网络架构的自动化编排需求，本节提出意图驱动的业务编排架构，自上而下分为业务应用层、意图编排层、业务编排层、基础设施层。其特征主要体现在对意图使能层细化出的意图编排层和业务编排层，包括业务演算、业务验证、业务部署等模块。意图驱动的业务编排系统架构如图 9.1 所示。编排对象的粒度由粗到细分为业务、服务、网络、网元。该系统可以对全网资源进行编排和管理。细化设计后的功能和模块如下。

1）意图编排层

意图编排层负责处理表征后的业务意图，转译输出对应的非功能需求指标，如时延、带宽等。意图编排层包含意图转译、意图验证、意图推理等三个模块。意图转译模块用于将用户自然语言形式的外部意图和内生意图转化为遵循意图语法规则的模板化形式。意图验证模块负责提供意图策略是否能够在网络当前状态下执行的评估准则和解决方法。它能够验证同一时间段内，多个意图转译结果是否具有相悖的业务需求，还能验证当前网络资源是否适配多个并行意图。意图推理模块能够结合当前的网络状态信息，提取并推理执行结果中对应的意图给用户对比确认。

2）业务编排层

业务编排层分为设计态和运行态，负责处理各个域的服务子意图，对各网络域服务需要的网络资源等进行编排处理。编排结果以网络策略配置文件的形式下发到控制器，由控制器进行网络资源配置，同时控制器实时收集底层资源状态上报给编排器，修正和优化编排器的行为。业务编排层包含如下功能模块。

(1) 业务演算模块，是一种定量分析业务运营过程中资源和流程的模块。其功能包括明确业务目标、定义资源利用标准、制定性能评估标准和开发业务编排策略。通过明确业务目标、量化资源利用和设定标准，建立性能评估标准，采用合适的算法和模型开发优化策略，业务演算模块帮助组织优化业务编排决策，提高业务效率和资源利用率，实现业务目标并提升竞争力。

(2) 业务验证模块，通过制定测试计划、设定验证标准和设计报告模板的方式，

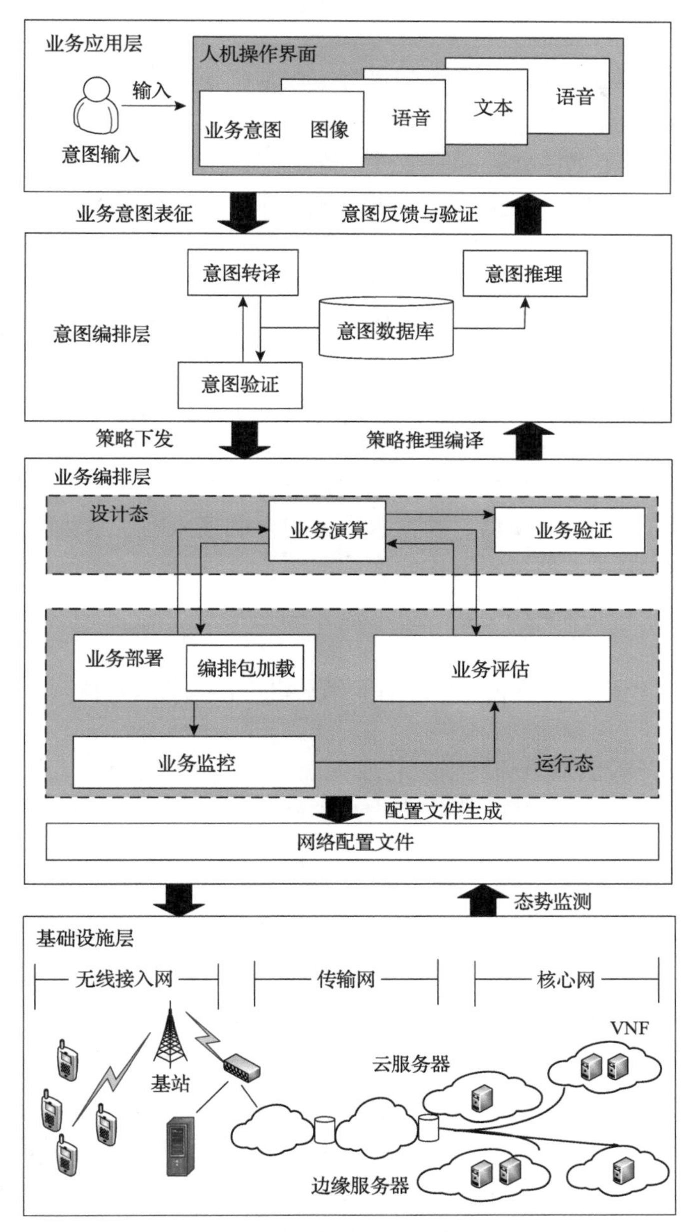

图 9.1　意图驱动的业务编排系统架构

确保业务编排方案经过充分的测试和验证，保障系统的可行性和有效性。该模块可以帮助组织对业务编排方案进行全面的测试覆盖，评估其在真实环境中的表现和效果，并提供测试结果和分析结论的标准化报告，以支持业务决策和优化方案的改进。通过业务验证模块，组织可以确保业务编排方案满足预期目标，提高业务效果和性能。

(3) 业务部署模块，负责将业务编排方案以编排包等形式加载并安装到目标网络环境中，同时确保其正常运行。通过标准化部署流程和定义软件安装等步骤，该模块可以确保部署的一致性和有效性，降低配置错误和故障的风险。

(4) 业务监控模块，通过收集和分析数据，对业务运行状态包括系统资源使用情况、网络流量等进行实时监测，以便及时发现问题并采取相应的措施。

(5) 业务评估模块，主要对业务编排方案的性能、成本、收益等进行评估。通过设计态和运行态的交互，业务编排层最终输出可行且有效的网络配置文件，并下发给相应的网元节点，实现业务的部署。

与通用的意图驱动自智网络架构相比，编排系统在原有意图使能层结构的基础上进行了细化设计。针对多样化业务意图的输入，系统能够准确地进行转译、验证等一系列操作，对用户的业务需求进行分析，获取对应的网络功能和网络性能，生成相应的业务编排策略，并在水平方向上的接入网、承载网、核心网多个域内进行功能的协同，最终对异构的底层网络资源进行统一的部署和配置，实现业务编排的自动化和智能化。

9.2　意图驱动的 6G 业务编排现状

6G 作为新一代信息服务网络，将成为连接智能、支撑数字与物理世界融合、实现多要素信息服务的时代。它将成为一个开放创新和提供信息服务的平台，具备超越连接的服务能力。作为推动中国 6G 技术研究和开展国际交流与合作的主要组织，IMT-2030(6G) 网络技术工作组在 2023 年 12 月发布的《6G 网络架构展望白皮书》[1]设计了 6G 网络系统架构(图 9.2)，从下至上分为基础设施资源层、网络功能层、应用与开放层，以及贯穿各层级的安全可信、管理与编排功能。

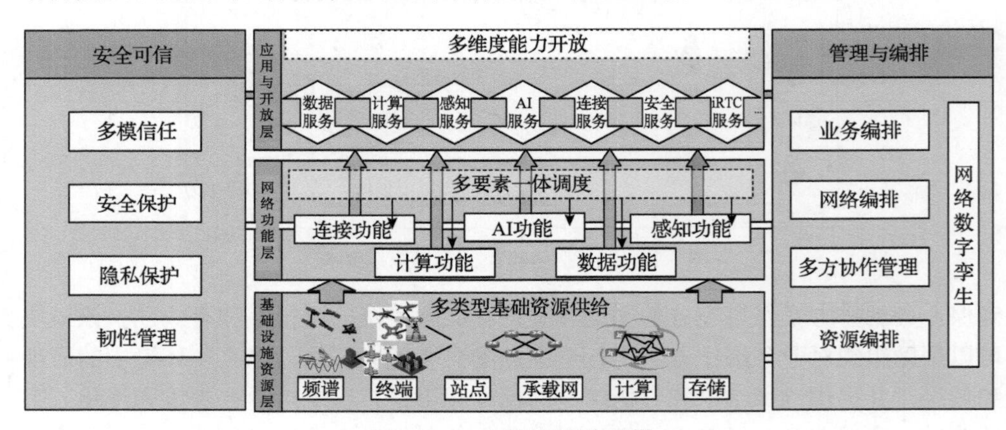

图 9.2　6G 网络系统架构[1]

基础设施资源层提供网络连接、频谱、算力和数据等多维异构资源。网络功能层包括连接功能、计算功能、数据功能、感知功能和人工智能功能，通过对多维资源(算力、算法、数据、连接)的实时监控、融合调度、联合编排，以及对各种任务实例全生命周期的实时管理与控制，提供人工智能相关服务。该层是提供人工智能服务的核心功能层。应用与开放层作为服务的开放平台，以统一的服务化接口向任何潜在的服务消费者提供各类服务。

由于 6G 网络中会出现大量的新型业务，还包含计算、数据、算法等多个要素。新型业务的分布极其广泛、规模异常庞大，对算力的需求也呈指数级增长。同时，海量的数据源于边缘或终端侧，大量的算力在云网端，未来新业务的计算、数据、算法等要素都可能由网络参与方(云、网、端)多方协同。面向业务的多样性、复杂性，网络资源的动态性、异构性需要通过运用新技术对业务计算进行统一、动态的编排调度，基于多种服务质量管控粒度进行任务工作链的编排协同，提高网络和计算的执行效率，提升用户体验。

在管理与编排功能中，业务编排作为提供多样化服务的关键，在 6G 网络中扮演着重要角色。业务编排一般在新业务部署的时候激活触发，基于连接、计算、数据、算法等因素对业务进行编排。首先进行业务需求识别，接收来自服务层的意图请求(业务请求)。该请求可能来自网络内部，也可能来自第三方。通过网络分析将业务请求转化为网络可以理解的需求，即一系列的特定功能组合及综合服务的业务级服务质量需求。

针对转化出的业务级服务质量需求，网络需要对其进行智能编排，包括以下几个关键步骤。首先，需要进行需求评估，即确定特定业务涉及的功能，对相应的资源需求进行评估，包括确定每个功能所需的算力、网络、数据、算法资源等。其次，需要确定参与计算的各个域，如无线网、核心网、其他子网。在智能编排之前，需要明确每个功能由哪些网络参与计算。再次，需要确定预置信息。业务编排需要明确每个功能执行所需的详细描述、执行镜像、脚本等预置信息。最后，基于当前可用的算力、连接、数据、算法资源等状态信息，为实现特定业务所需的功能组合进行智能编排。编排结果将作为后续运行时网络调度的输入。

在 6G 复杂的网络架构中，实现网络全生命周期的自动化和智能化管理是十分必要的。意图驱动网络是一种基于用户意图构建并执行相关网络操作的闭环网络管理架构[2]，具有灵活可重构和自适应策略优化等特性，被认为是实现自动化网络管理的有效方法[3]。6G 网络将以更高级别抽象的方式提取业务或用户意图，借助人工智能技术实现意图的识别、转译和验证，并在网络状态感知和精准预测的基础上，基于意图完成网络自动化部署配置、网络自主优化和故障自愈。意图驱动技术的应用可以完成网络全生命周期的自动化和智能化管理，极大地提升网络的运维效率，降低运维成本，提高对业务变化的响应速度。

考虑用户意图包含多种业务需求，不同的业务需求又对应一种或多种虚拟网络功能(virtual network function，VNF)，因此为了满足用户需求，提升其满意度，首先需要确定将哪些VNF部署在相应网络节点上。一旦VNF放置完成，则需要对其进行动态编排，即考虑VNF的链式连接方式以确定各个网络功能的顺序和流量路径，实现用户意图中特定的服务需求。同时，对一个或多个网络功能服务链(service function chain，SFC)进行编排组合，生成跨域端到端网络切片，将整个服务链路划分为逻辑上独立的网络切片来满足不同的业务需求则有利于实现网络稀缺资源的高效利用。因此，意图驱动的业务编排及部署的关键在于VNF的放置、SFC动态编排部署、端到端网络切片生成三个方面。本节以地面网络为实际应用场景，从意图驱动的三个方面进一步描述业务编排系统的应用，并从典型算法、实施步骤、仿真实验环境、实施效果评估等角度进行全方位地阐述。

9.3　VNF放置典型算法

VNF放置模型主要涉及用户意图请求的多个VNF如何放置到具体的网络集群中[4]。由于存在大量可能的VNF部署位置、不同的VNF和网络资源之间的复杂关系、各种资源限制的需求，以及需要尽可能减少放置和迁移的开销成本，使VNF放置问题具有挑战性。此外，在大规模或动态网络中，该问题可能变得更加复杂。在这种网络中，VNF的最佳放置可能需要响应不断变化的网络条件和流量需求，不断重新评估[5]。

VNF放置指确定网络中用于部署虚拟网络功能最佳位置的过程，以满足服务需求，同时利用可用的网络资源[6]。这些网络资源包括计算、存储和网络资源，如虚拟机、容器、服务器、带宽。VNF放置的目标是有效利用这些资源来提供所需的网络服务，同时最大限度地降低成本，减轻整体系统负载情况。确定VNF放置的优化目标之后，可以通过启发式优化算法进行目标函数的求解。启发式算法是一种基于经验和启发式规则的计算方法，它在处理大规模复杂的问题时有很好的效果。与其他传统优化算法相比，启发式算法具有更强的适应性，能够在动态变化的环境中应对挑战，并在给定的时间内计算出合理的解决方案。

1. 传统粒子群算法

粒子群算法，也称粒子群优化(particle swarm optimization，PSO)算法或鸟群觅食算法[7]。PSO算法属于进化算法的一种，从随机解开始，随着粒子的不断运动来寻找可行解，根据适应度函数计算当前状态，并根据局部最优和全局最优解动态调整运动方向，逐渐收敛到一个最优解。

PSO算法实现相对简单，这使其成为解决优化问题的流行选择。PSO以其在复杂搜索空间中找到全局最优解的能力而闻名。这对其他优化技术是一个重要的优势，可以处理非线性、非连续和多模式的功能，适用于广泛的优化问题。PSO算法不需要额外信息，这在获得信息困难或不可能的情况下是一个优势，在缺少数据集支撑的问题上可以快速求得一个相对最优解。此外，PSO算法具有相对快速的收敛速率，这意味着它可以快速收敛到相对最佳的解决方案。

在粒子群算法中，解被表示为一个多维空间中的粒子。每个粒子都有一个位置和速度，而且都会根据算法的迭代规则进行更新。粒子的速度可以看作控制粒子在解空间中搜索的方向和距离的因素。算法的迭代规则包括两个主要的部分，即个体最优和群体最优。个体最优指每个粒子的最优解，而群体最优指整个粒子群中的最优解。每个粒子会保留自己的最优解，同时跟踪整个群体的最优解。每个粒子在更新其位置和速度时，都会考虑自己的最优解和整个群体的最优解，并尝试朝着这两个方向移动。

标准PSO算法的流程如图9.3所示。

(1)在搜索空间中按照种群大小随机生成一组粒子，并为每个粒子生成位置与速度，保证生成的位置处于搜索空间范围内。

(2)针对每个粒子所处的位置，按照评估函数计算适应度。

(3)通过比较粒子当前的适应值及其经过的最好位置pbest的适应值，确定该粒子在当前状态下是否需要更新其个体最优解pbest。

(4)通过比较粒子当前的适应值和整个粒子群经过的最好位置gbest的适应值，确定该粒子在当前状态下是否需要更新全局最优解gbest。

(5)通过使用速度更新公式和位置更新公式，对粒子的速度和位置进行更新。具体而言，速度更新公式用于计算粒子的速度变化量，位置更新公式用于根据速度变化量计算粒子的位置变化量。

(6)如果计算结果未达到收敛条件，并且迭代次数未达到最大限制时，则跳转到第(2)步继续迭代。

粒子群迭代的终止条件通常有以下几种。

达到最大迭代次数，设定一个最大迭代次数，当PSO算法迭代次数达到该值时，算法终止。

(1)达到目标函数的最小值，设置一个目标函数的最小值，当粒子群中任意一个粒子的适应度值小于该值时，算法终止。

(2)粒子群的适应度值在一定范围内变化不大。设定一个收敛阈值，当粒子群适应度值的变化小于该阈值时，算法终止。

虽然PSO算法有一些优点，但是也存在一些局限性和缺点。例如，粒子群容易陷入过早收敛，由于粒子群向gbest的方向不断靠近，非常容易陷入局部最优，导致整个粒子群被困在局部最优。PSO算法的性能对其参数的选择很敏感，如粒子

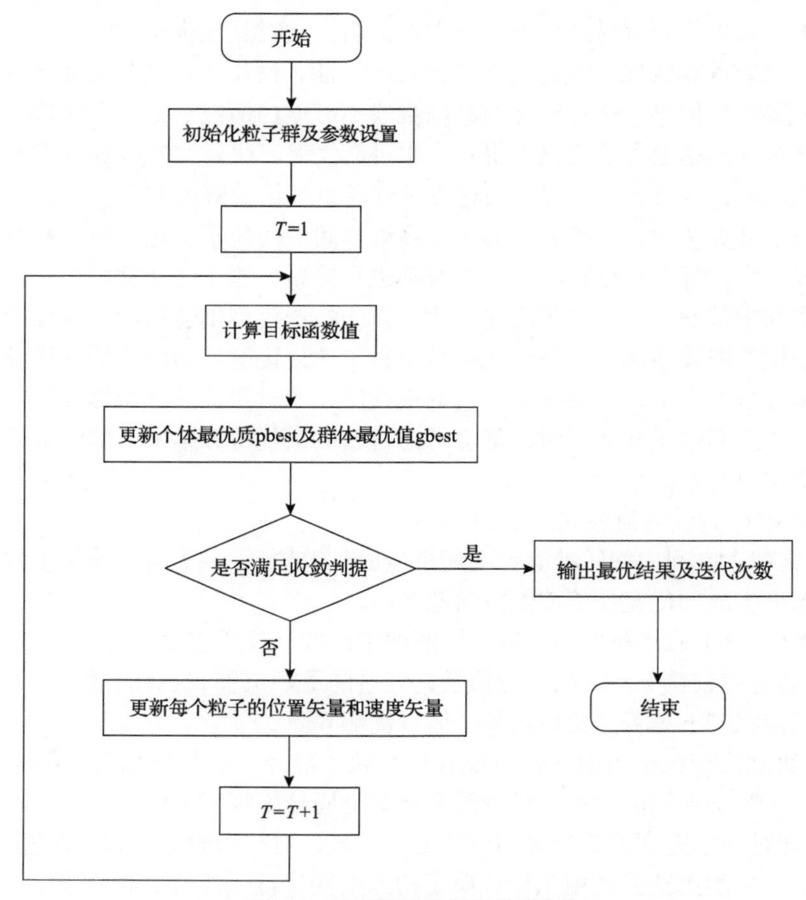

图 9.3　粒子群优化算法流程图

数、惯性权重、加速度系数。近年来有很多关于粒子群参数的讨论，包括针对 W 惯性权重的初值，它是一个比例因子，控制粒子先前速度对当前速度的影响。惯性权重的作用是在探索新的解与已有的最优解中保持平衡。W 设置过高时，粒子群会倾向于向先前移动的方向前进，而 W 过低时，粒子群会朝着全局最优与局部最优的方向前进。很多研究指出，通过设置线性或非线性的 W 函数，而非给定一个具体的初值时，能够更好地找到最优解，避免过快陷入局部最优[8]。当搜索空间高度复杂时，PSO 算法的探索能力可能受到限制，限制它找到全局最优的能力。因此，在决定 PSO 算法是否适合用于特定的优化问题时，应该考虑这些限制和缺点。

2. *改进粒子群算法*

基于粒子群算法存在的问题，全局最佳位置作为种群中每个粒子的参考点，会影响粒子运动轨迹。最佳位置随着粒子群在搜索空间中的移动而更新，它对粒子运动的影响有助于引导粒子群走向可能的最佳解决方案。同时，在传统粒子群算法中，所有节点共享同一全局最优点。其种群结构如图 9.4 所示。如果全局最优点陷入局部最优解中，会导致粒子群过快收敛于该点。因此，很多算法研究如何改善种群间信息共享，避免所有节点之间直接共享最优解导致的快速收敛问题，或通过更新全局最优位置避免粒子过快陷入局部最优解[9]。

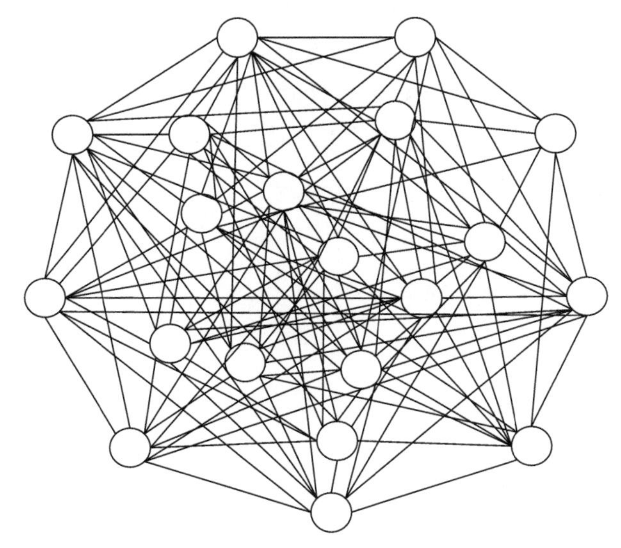

图 9.4　传统粒子群种群结构

模拟退火(simulated annealing，SA)算法的来源可以追溯到热力学物质退火过程[10]。物质在高温下具有较高的能量，随着温度的逐渐降低，物质的能量逐渐降低，直至达到最低能量状态，即热力学平衡状态。在退火过程中，物质会随机跳出当前状态，跳转到一个较高能量的状态，从而有机会逃出局部最优解，找到全局最优解。基于这一物理过程，SA 算法采用类似的思路，在搜索过程中允许以一定的概率接受较劣解，避免陷入局部最优解，从而有机会在全局范围内找到更优解。Metropolis 准则是 SA 算法中接受劣解的重要依据，根据 Metropolis 准则，接受劣解的概率取决于当前状态和邻域状态之间的能量差，以及当前退火温度[11]。当退火温度较高时，接受劣解的概率较高；当温度较低时，接受劣解的概率较低。

SA 算法循环通过选择初始候选解决方案来初始化当前解决方案。设置系统初始温度，按照如下步骤循环。

(1) 通过对当前解决方案的微小修改，生成新的候选解决方案。

(2) 计算新候选解的能量或目标函数值。

(3) 计算当前方案与新的备选方案之间的能量差值。

(4) 如果新的候选方案优于现有方案，则接受为新的备选方案。

(5) 如果新的候选解比当前的解差，接受它的概率取决于温度和能量差。

(6) 更新系统温度。

当循环满足终止条件时，算法退出循环，这个条件可以是固定次数的迭代、最大时间量，或者一个收敛条件，其中解决方案的改进不会超过某个阈值。该算法通过在温度较高时的早期接受较差的解来探索解空间，并随着温度的降低逐渐降低接受概率，使其收敛到高质量的解，当迭代结束，返回在循环期间找到的最佳解决方案。SA 算法在求解全局最优解方面的能力很强，然而在解决复杂问题时，如果初始参数设置不当，则可能导致迭代时间过长，这会严重影响系统性能。

本节将 PSO 算法与 SA 算法相结合，记为 PSO-SA 算法，其流程如图 9.5 所

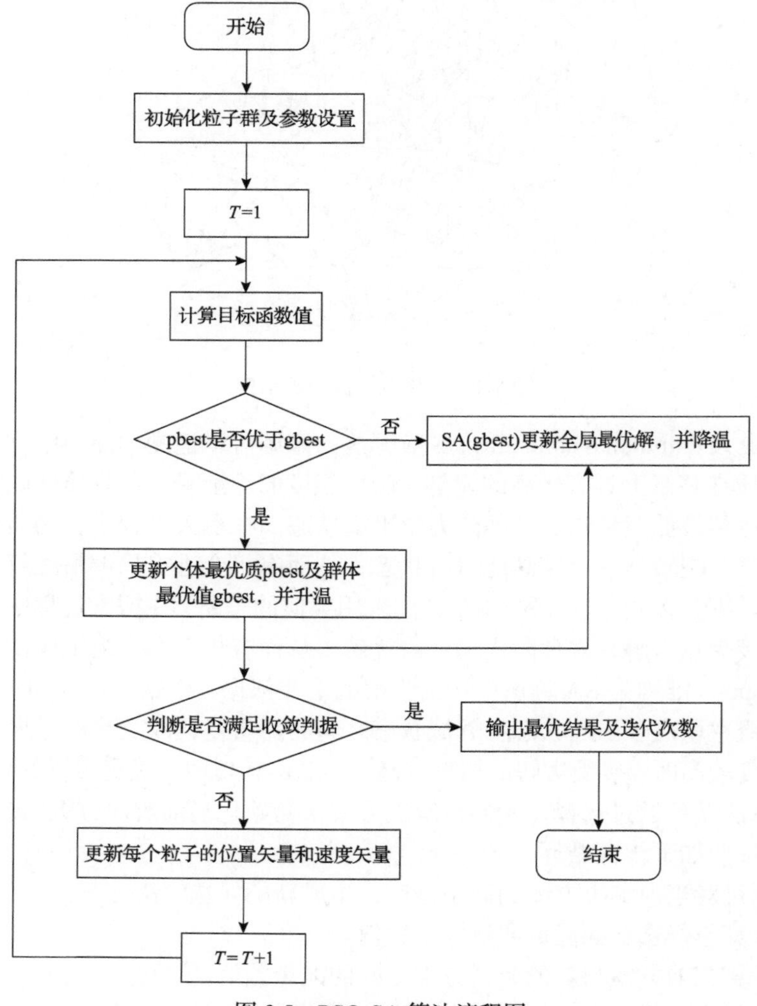

图 9.5　PSO-SA 算法流程图

示。在进行最优位置更新时，不再只依靠粒子群种群间所求的最优解，通过引入SA 算法，在更新位置策略时，当检测到新粒子移动的位置相比历史最优解没有好转时，通过使用 SA 继续寻找最优解的可能性。当该算法从全局最优解开始，通过对当前解添加一个小的随机扰动生成一个新解。如果新解比当前解更好，或者满足基于温度和两个解之间差的一定概率，则接受新解。该算法继续生成新的解，直到温度低于阈值。当粒子群更新的局部最优解相比历史最优解更好时，通过粒子群算法更新历史最优解，同时提高 SA 的温度，使其升高，并重复此操作，直到收敛。

9.4　意图驱动的 6G 业务编排流程

1. 意图驱动的 VNF 放置

对于每个 VNF 服务，主要对三个指标进行考量，即 B_j、R_j、C_j，其中 B_j 为服务 j 的带宽需求，R_j 为服务 j 的内存需求，C_j 为服务 j 的 CPU 需求。当管理者向系统注册 VNF 服务时，需要提供上述三个指标，以指明节点中的集群应当按照何种资源配比对 VNF 服务进行具体的实例化操作。

服务器集群由多台服务器节点构成，在向集群中注册相关的节点时，也需要指定其所能提供的资源能力，包括服务器 i 的资源 bc_i、br_i、rc_i、rr_i、cc_i、cr_i，其中 bc_i 表示服务器 i 的总带宽资源，br_i 表示服务器 i 的剩余带宽资源，rc_i 表示服务器 i 的总内存，rr_i 表示服务器 i 的剩余内存，cc_i 表示服务器 i 的 CPU 总数，cr_i 表示服务器 i 的剩余 CPU 数量。这 6 个指标表示节点所拥有的总体资源，以及当前剩余多少资源可供选择。

针对用户提交的 VNF 功能，定义一个列表表示用户所需各种服务的数量，一次用户请求各个服务需求数量表示为 rd：[1,2,3,4,5,3,3]。针对每个服务，都会给出一个唯一的编号，保证全局唯一。用户在提交请求时，只要指明所需 VNF 的服务即可，系统会自动映射到唯一的 ID 号，并更新所需的数量。系统面向多用户进行服务，而 VNF 实例化操作的耗时较长。如果每个用户都等待 VNF 实例化完成，会严重影响用户体验。为了解决这个问题，本节设计一个全局队列，并确保它是线程安全的。当用户提交请求时，将其添加到全局队列的末尾。通过一个后台线程，固定时间间隔扫描全局队列。如果队列中有待处理请求，通过将空的队列与已有的队列进行交换。随后工作线程可以针对用户请求进行处理，而空的队列则可以继续接受新的用户请求。

此时，系统需要解决的问题是将用户请求的 VNF 服务部署到具体的节点，使其能够正常运行。同时，尽可能减小系统各个节点的负载情况，使负载均衡。定

义 $\mathrm{serv}_{i,j}$ 表示虚拟网络功能服务 j 部署到服务器 i 的实例数量。决策部署通过具体的求解算法，结合资源收集模块当前集群的状态等，计算出一组可行的放置方案。求解方案如表 9.1 所示。

表 9.1　求解方案

节点	服务 j		
	vnf1	vnf2	vnf3
Node1	1	2	2
Node2	2	3	3
Node3	3	2	2

本节从两方面评估放置方案，首先考虑整体系统负载情况，计算各节点的三种资源使用情况，计算公式为

$$\begin{cases} \mathrm{LC}_i = \dfrac{\mathrm{cc}_i - \mathrm{cr}_i + \sum\limits_{j=1}^{n} \mathrm{serv}_{i,j} C_j}{\mathrm{cc}_i} \\ \mathrm{LB}_i = \dfrac{\mathrm{bc}_i - \mathrm{br}_i + \sum\limits_{j=1}^{n} \mathrm{serv}_{i,j} B_j}{\mathrm{bc}_i} \\ \mathrm{LR}_i = \dfrac{\mathrm{rc}_i - \mathrm{rr}_i + \sum\limits_{j=1}^{n} \mathrm{serv}_{i,j} R_j}{\mathrm{rc}_i} \end{cases} \tag{9-1}$$

负载计算主要考虑系统中已部署的服务和即将部署到服务节点上的服务占用的资源与该服务器总体资源的情况，根据给定的放置方案计算放置之后系统资源剩余情况，并进行归一化处理。

随后对各节点负载情况进行评估，计算公式为

$$\mathrm{load}_i = \alpha \mathrm{LC}_i + \beta \mathrm{LB}_i + \lambda \mathrm{LR}_i, \tag{9-2}$$

其中，α 、β 和 λ 为影响因子，在系统负载情况不同时，赋值略有不同。

针对低负载(使用率 0%～30%)权值设置为 20、中负载(使用率 31%～70%)权值设置为 100、高负载(71%～100%)设置权值为 200，通过给予不同的分数，使算法在求解时可以避免选择负载过高的部分节点，将目光聚焦于负载更低的节点。

针对各节点响应时间 time_i ，应当保障相同服务尽量部署在同一节点。系统中是否已经部署相同服务，如已经部署，则分配较小权重。当不满足需要拉取时，

需要消耗额外的网络资源和 CPU 资源等，应当给予较高权重来避免相同服务部署过于分散，造成相关下载请求开销。具体计算算法如下，其中 dc 表示一次下载请求造成的时间开销成本，V_i 表示本次部署方案中部署到服务器 i 的各类 VNF，VD_i 表示服务器 i 中已经部署的 VNF 类型。

算法 9.1：$time_i$ 计算方法

输入：用户请求的 VNF 实例化列表 V_i；节点已经保存的镜像列表 VD_i；V_i 元素个数 VN

输出：时间开销 $time_i$

$time_i \leftarrow 0$

dc← 100

for index ← 0 to VN **do**

vnf ← V_i[index]

if vnf 不存在于 VD_i 镜像列表 **then**

$time_i$ += dc

end if

end for

return $time_i$

具体限制条件为

$$
\begin{cases}
C1:\sum_{j=1}^{n}\mathrm{serv}_{i,j}B_j \leqslant \mathrm{br}_i, \quad i\in \mathrm{nodes} \\
C2:\sum_{j=1}^{n}\mathrm{serv}_{i,j}R_j \leqslant \mathrm{rr}_i, \quad i\in \mathrm{nodes} \\
C3:\sum_{j=1}^{n}\mathrm{serv}_{i,j}C_j \leqslant \mathrm{cr}_i, \quad i\in \mathrm{nodes} \\
C4:\sum_{i=1}^{m}\mathrm{serv}_{i,j} = \mathrm{rd}_j, \quad j\in \mathrm{rd}
\end{cases}
\tag{9-3}
$$

其中，C1 用来限制部署到该节点的服务占用的带宽不能超过系统剩余带宽；C2 用来限制部署到该节点的服务占用的内存资源不能超过系统剩余内存；C3 用来限制部署到该节点的服务占用的 CPU 数量不能超过系统 CPU 剩余数量；C4 表示各节点部署的服务数量应该满足用户要求的服务数量，避免服务数量不足造成用户服务拥堵或崩溃等问题。

对于集群系统来说，负载均衡是一个重要的问题。如果某些服务器的负载过高，那么它们就可能成为瓶颈，导致整个系统的性能下降。因此，优化目标函数应该尽可能减小各服务器的负载情况，从而实现负载均衡。除了负载均衡，响应时间也是一个重要的性能指标。在集群系统中，如果某些服务器的响应时间过长，那么用户体验会受到影响，甚至导致业务失败。定义集群的优化目标函数为

$$\text{goal} = \min\left(\sum_{i=1}^{m}(\text{load}_i + \text{time}_i)\right) \tag{9-4}$$

即应该尽可能减小各服务器的负载情况，同时能够尽可能提升系统的相应时间。后续的 VNF 部署算法进行评估时需要根据该评估函数对算法进行评估，判断算法的优劣。

2. 意图驱动的服务链动态编排

意图驱动 SFC 部署一体化框架由意图引擎、基于模板的 SFC 引导器和用于服务链的网络服务 API 扩展组成。意图驱动 SFC 动态编排部署一体化框架如图 9.6 所示。

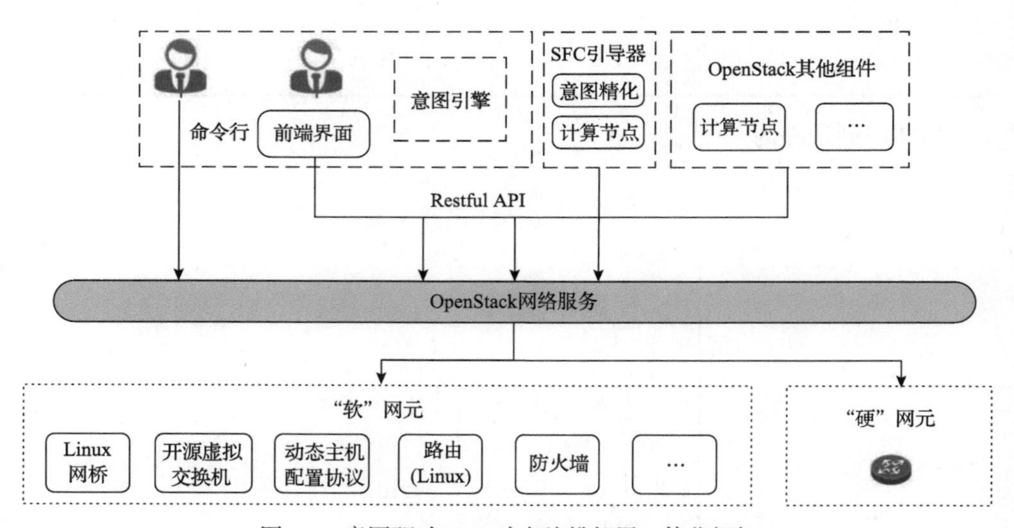

图 9.6　意图驱动 SFC 动态编排部署一体化框架

意图引擎依托意图驱动智能转译框架供用户指定与网络拓扑无关和与网络技术无关的服务链要求。这个抽象的意图层应该位于现有网络服务模块的顶部。

基于意图的服务功能链引导器通过意图精化器实现意图 JSON 表达到编排模板 (heat orchestration template，HOT) 表达的修正和转换，使 heat 可以开展 SFC 部署。

用于服务链接的网络 API 扩展。服务意图规范会转换为网络 API。需要扩展现有网络 API 作为接收器来支持服务链接功能。

一个完整的意图转译-部署工作流程如图 9.7 所示。

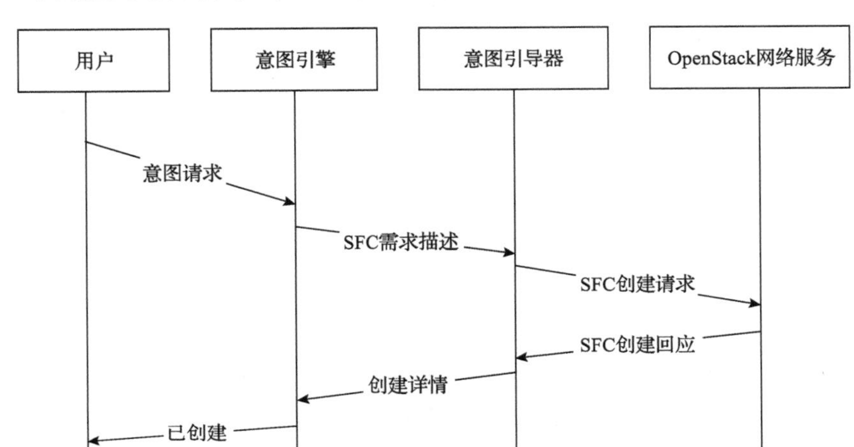

图 9.7　意图转译-部署工作流程

来自前端输入的意图经过解析和验证后，可以将其转换为规范化、网络可识别的意图元组。第一阶段，输入意图进行解析，若给定的意图是完整且有效的，则可经过命名实体识别，提取无规则中文意图中的关键实体信息，并输出解析后的意图。第二阶段，将解析后的意图进行转译和校验，输出规范化的意图元组。其中，解析后的意图用于存储意图中间数据结构的形态。其中解析器组件利用标记生成器组件对意图进行标记，同时利用意图校验组件在解析意图时对其进行一致性检验，消除逻辑冲突。

外部接口主要包含意图转译后台与适配层的 6 个建立链式业务接口与 1 个调整链式业务接口。在调试接口的过程中，采用 Postman 接口测试软件连接意图适配层与意图转译后台。Postman 具有很强的扩展性，可支持部署在 Windows 系统中的意图适配层与部署在 Linux 系统中的意图引擎间的接口交互。

意图列表页面显示历史的意图数据，包含意图标识、意图内容、意图建立时间、意图下发时间、意图转译结果等。意图适配层通过 GET 方法请求相应放置地址获取意图列表，通过 POST 方法向意图转译模块请求转译文件存放地址。意图转译模块通过 POST 方法请求终端用户地址列表，获取用户终端对应的地址。

意图适配层通过 POST 方法请求保存接口地址保存意图，通过 PUT 方法请求更新接口地址修改意图，通过 POST 方法请求提交接口地址提交意图。

引导构建 SFC 流程如图 9.8 所示，包括精化、填充、转化、验证和解析五个步骤。

(1) 精化。封装在 JSON 文件中的意图转译结果将被解析字段通过字段过滤和字段重整，形成初步对 SFC 的意图表达。

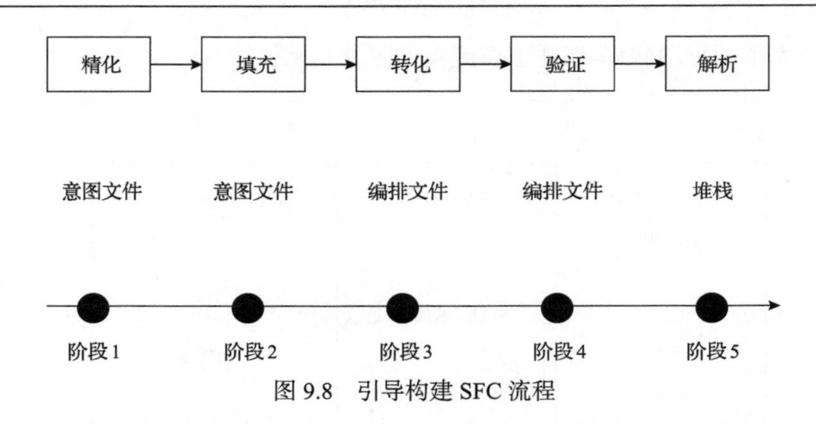

图 9.8　引导构建 SFC 流程

(2) 填充。根据数据库，SFC 意图字段将填充相应模板和参数输入的请求。根据服务类型、安全性、冗余和区域需求自动确定服务链的必要类型。模型管理模块存储大量资源组合模板。模板定义每个基本服务类别的基本资源组合，以 JSON 语言的方式指定资源组合。

(3) 转化。将接收到的已填充的请求 JSON 序列化，转化为编排器可识别的文件类型，并调用编排器接口。

(4) 验证。编排器会验证模板是否正确合规，然后通过编排引擎处理请求。

(5) 解析。编排引擎接收到请求后，会把请求解析为各种类型的资源组合，根据模板和输入参数来创建堆栈。与此同时，分析堆栈中各种资源的依赖关系，明确依赖关系后，依次调用各种服务端来创建编排。在编排过程中，服务管理模块检查输入的请求是否包含服务类型需求。如果包含，它将从资源组合模板存储库(模型管理)中获取相应的资源组合模板。接下来，对于输入的每个服务功能需求，从存储库中获取相应的服务功能，并分析服务功能的冲突和优先级。如果没有冲突，则按优先级顺序对资源组合模板应用 SFC，确定资源组合。

在整个编排系统中，意图智能转译子系统首先利用意图引擎，对用户意图进行关键字提取、词法分析、语义挖掘等操作，得到对 SFC 的需求描述，然后依托意图引导器，将封装在 JSON 文件中的意图转译结果进行精化、填充、转化、验证和解析，得到包含服务信息的 HOT 文件。本质上，服务功能链引导器依托 OpenStack 编排器组件实现对 SFC 的编排。编排器采用模板 HOT 开展自动化编排。基于意图的服务功能链引导器通过意图精化器实现意图 JSON 表达到 HOT 表达的修正和转换，使编排器可以开展 SFC 部署。

编排器模块使用其部署方案的模板格式。HOT 的目的是定义并创建一个堆栈。该堆栈是编排器产生的资源和资源配置的集合。资源是 OpenStack 中的对象，包括计算资源、网络配置、安全组、扩展规则和自定义资源。HOT 的结构包含三个主要部分，即参数、资源、输出。参数提供一种自定义堆栈的方法。资源是要创建和配置为堆栈一部分的特定对象。OpenStack 包含一组涵盖所有组件的核心资源。这些在资源模板中部分定义。输出这些是堆栈创建后从 Heat 传递的值，可以通过编排器接口或客户端工具访问这些值。典型的 HOT 文件代码结构如图 9.9 所示。

```
heat_template_version :
description :
parameters :
  param1
    type :
    label :
    description :
    default :
  param2 :
    …
resources :
  resource_name :
    type: OS: :*: :*
    properties:
      prop1: { get_param: param1 }
      prop2: { get_param : param2 }
      …
outputs :
  output1 :
    description :
    value: { get_attr: resource_name, attr] }
    …
```

图 9.9　典型的 HOT 文件代码结构

需在 HOT 中新定义支持 SFC 的网络资源类型，包括端口对、端口对组、端口链、流分类器等。

根据网络资源类型，构建云应用拓扑和编排(topology and orchestration specification for cloud applications，TOSCA)模板，引入 OpenStack Tacker，实现部署框架的填充与转化步骤。构建编排转译模块，实现 TOSCA 服务模板到 HOT 的转换。从逻辑上，实现意图转译结果→TOSCA(YAML)→HOT→SFC 部署这一工作流。

用于服务链接的网络服务接口扩展是最底层功能，同时也是部署 SFC 的最后一步，从开源虚拟交换机驱动层面构建一个端口链。需要扩展现有网络接口作为接收器来支持服务链接功能。

网络服务扩展接口作为意图引擎的接收器，使网络可以理解 SFC 的部署信息。

该体系结构通过开源虚拟交换机驱动程序路径实现。服务链接口驱动设计如图 9.10 所示。该图显示网络服务器和计算节点上添加的组件，以支持基于网络的 SFC 功能。新的端口链插件将添加到网络服务器，开源虚拟交换机驱动程序和开源虚拟交换机代理得到扩展，以支持服务链功能。开源虚拟交换机驱动程序将与每个开源虚拟交换机代理通信，以正确地编程其开源虚拟交换机转发表。通过用户定义的网络端口序列引导租户的流量，从虚拟机运行的服务功能获得所需的服务处理。

所有网络服务和虚拟机均通过网络端口连接到网络。这样就可以为仅使用网络端口的服务链创建流量导向模型。这种流量导向模型不具有与这些网络端口相关的实际服务功能。

实例化和配置托管服务功能的虚拟机，然后将虚拟网络接口卡添加到虚拟机，通过网络端口将这些虚拟网络接口卡连接到网络。一旦服务功能连接到网络端口，这些端口就可以包含在端口链中，以便为用户的流量提供服务功能。

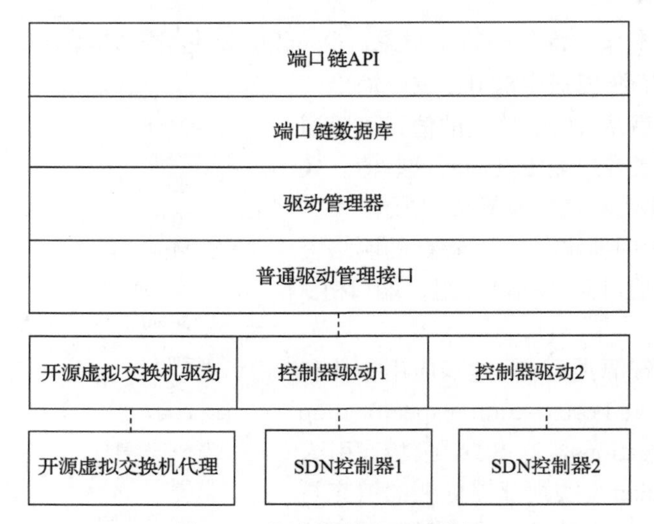

图 9.10　服务链接口驱动设计

端口链(服务功能路径(service function path, SFP))包括一组网络端口(定义服务功能的顺序)、一组流分类器(指定进入链的分类流量)。

如果服务功能具有一对端口，那么第一个端口是服务功能的入口，第二个端口是服务功能的出口。如果服务功能具有双向端口，那么两端的端口都具有相同的值。端口链是定向服务链。第一个端口对的第一个端口是服务链的头。最后一个端口对的第二个端口是服务链的尾。双向服务链由两个单向端口链组成。SF 的网络端口可能与多个端口链关联，允许服务功能由多个链共享。

流分类器用于选择可以访问链的流量。与任何流分类器匹配的流量都会被定向到链中的第一个端口。流分类器是一个通用的独立模块，并且可以被防火墙、服务质量模块等其他模块使用。

流分类器不能是两个不同端口链的一部分，否则对于流数据包应走的链路会产生歧义。由于多个不同类型的流可以请求相同的服务处理路径，因此一个端口可以与多个流分类器关联。

一个具体的端口链构建流程如图 9.11 所示。

SFC 扩展根据四步方法定义和部署 SFP。

第一步，流分类器。根据预定义的策略(如报头匹配规则)对传入流量进行分类，通过所需的一组服务功能正确地引导流。从另一个角度来看，功能包含一组匹配标准，用于确定特定流量是否必须穿越关联的 SFP。可以通过各种参数来指定这些标准，这些参数从数据链路到传输层头字段，以及 OpenStack 元数据，例如网络分配给源端口和目标端口的端口 ID。

第二步，创建端口对。端口对表示包括入口和出口的服务功能实例。SFP 的

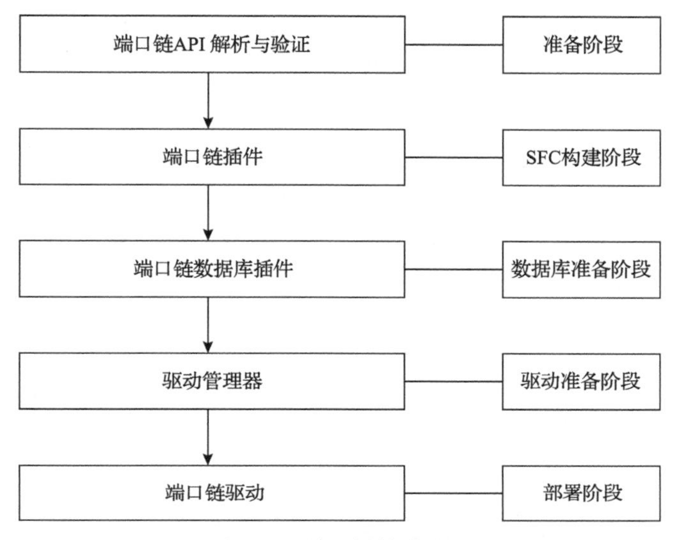

图 9.11　端口链构建流程

单跳，指定连接到给定服务功能实例的网络端口(由网络定义)。一个端口对可以是单向或双向的，这取决于流如何遍历关联的服务功能。而且，端口对可能具有与之关联的权重，以用于在 SFP 上执行负载均衡。

第三步，创建端口对组。端口对组是一个或多个端口对的集合。如果端口对表示特定服务功能实例的入口和出口点，则端口对组可以视为实现相同服务功能不同实例的列表。端口对组的定义可以为相应的服务功能实现负载均衡。实际上，经过给定链的每个新流量都可以根据一种加权的轮询机制，转发到属于同一组的端口对。策略体现在创建时分配给每个端口对的特定权重。

第四步，实例化端口链。通过一个或多个流分类器与端口对组的有序列表之间的绑定，定义和实现实际的 SFP。与端口链中指定的流分类器的规则匹配的所有传入流量都必须按指定的顺序遍历与该端口链关联每个端口对组的一个端口对。端口链可以是单向或双向的。在前一种情况下，只有符合流分类器中指定标准的流才能遍历链；在后一种情况下，与那些匹配项的对称模式相匹配的流将沿相反方向遍历链标准。

3. 意图驱动的端到端网络切片

网络切片技术可以提升网络资源的灵活性，让通信服务的多样化、定制化成为现实。每个切片可以根据应用的特定需求进行配置，包括带宽、延迟、可靠性等以满足不同业务的需求。例如，对于实时视频应用，可以配置一个具有高带宽和低延迟的切片，而对于物联网应用，可以配置一个低功耗和低带宽切片。为了实现多域协同管理，满足整体的业务需求，一个端到端的网络切片一般包含多个网络功能服务链。通过分配适当的服务链和 VNF，对底层网络资源进行部署和配置，生成端到端的网络切片能够在网络资源极其有限的环境下，实现网络资源的灵活调配，以最大化资源利用率，在满足业务需求的同时提升网络的效率和性能。

端到端网络切片生成的关键在编排与控制层，端到端网络切片生成架构如图 9.12 所示。通过编排与控制层中的各域控制器下发相应配置命令对基础设施层中的网络资源进行调整，利用虚拟知识层中的各模块收集各网络节点的状态信息进行业务监控，可以实现业务的闭环管理。

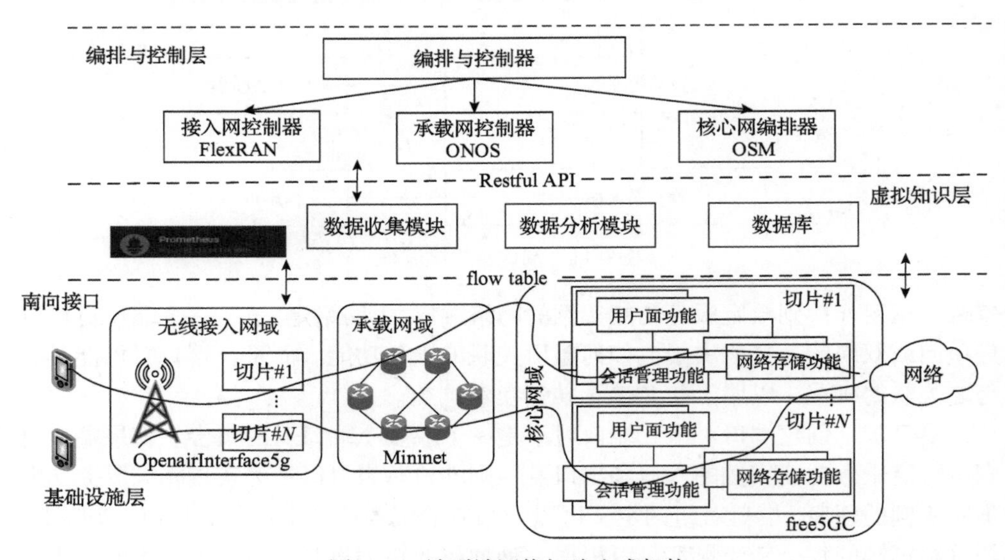

图 9.12　端到端网络切片生成架构

其中，编排与控制层中的各域控制器能够接收业务编排层生成的网络配置文件，并根据文件的描述驱动相应 VNF 进行实例化，对正在运行的 VNF 进行监控和维护。编排与控制功能实现平台可以有多种选择，一些开源的编排和控制器使网络运营商能够对核心网和接入网的网络资源进行切片。基础设施层主要负责利用虚拟化技术，对涉及的端到端各个功能模块进行虚拟化。使用 Openairinterface5g 平台实现无线接入网的功能，配置和模拟多个用户和基站之间的通信场景[12]；使用 free5GC 实现核心网(core network，CN)的功能[13]，包含用户面功能(user plane function，UPF)、会话管理功能(session management function，SMF)、网络存储功能(network repository function，NRF)等，UPF 负责路由转发、策略实施等；SMF 负责基于用户或者会话的粒度选择 UPF；NRF 负责维护可用网络功能实例、支持网络功能配置文件等。从用户端接入，经过 UPF、SMF、NRF 等功能模块连接到网络，构成一个端到端的网络切片。网络切片通过将这些 VNF 按照一定的排序组合，可以实现具有特定功能的网络服务。

ETSI 提供一个基于 NFV 规范开发的开源编排器，称为 OSM 编排器。OSM 编排器旨在提供端到端网络的编排，定制化 CN 网络切片并自动部署网络服务[14]。OSM 编排器提供 VNF 的生命周期管理功能，可以有效地组织 NFV 基础设施资源，并允许它们映射到不同的 VNF。因此，错综复杂的网络服务可以通过 VNF 的相互连接实现。OSM 编排器的功能结构如图 9.13 所示。

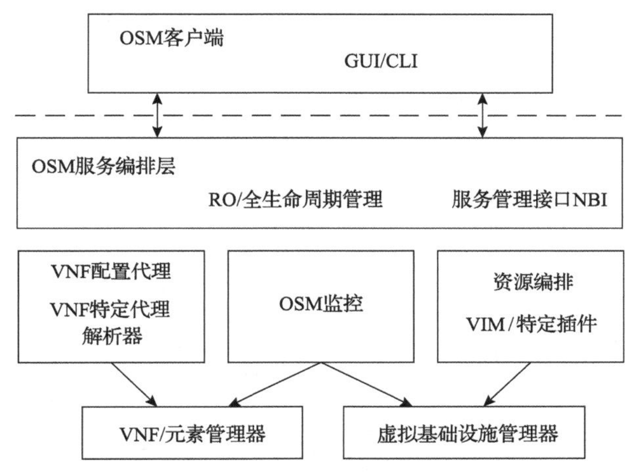

图 9.13　OSM 编排器的功能结构

OSM 编排器由多个核心组件组成，即服务编排(service orchestration，SO)、资源编排(resource orchestration，RO)、VNF 配置代理(virtual network function configuration agent，VCA)、OSM 监控。其中，SO 负责提供端到端的一致性，每个网络切片都需要按照其要求进行资源配置和服务编排，确保网络切片内的各个服务和资源能够协同工作；RO 负责处理云计算和物理资源，根据不同切片的需求，对物理和虚拟资源进行合理分配；VCA 负责处理 VNF 与应用程序的交互，根据切片的需求进行 VNF 配置和管理；监控组件负责监视应用程序，确保切片正常运行并满足性能要求[15]。此外，OSM 编排器提供图形用户界面(graphical user interface，GUI)、命令行界面(command line interface，CLI)和 API 服务，以便在客户端使用所有支持的功能。

OSM 编排器采用虚拟网络功能描述符(virtual network function descriptor，VNFD)、网络服务描述符(network service descriptor，NSD)、网络切片模板(network slice template，NST)描述一个网络切片的文件[16]。VNFD 描述创建 VNF 所需的资源(中央处理器、内存和存储)，通过 OpenStack 指定所需的镜像。其次，NSD 描述创建具体服务实例所需的 VNF。最后，NST 确定如何连接这些服务实例，创建端到端的网络切片。OSM 能够与 OpenStack 交互，OpenStack 根据 OSM 的编排需求，动态分配所管理的计算和存储资源，并配置网络连接，确保网络资源的运行和交付。

对于接入网切片的 FlexRAN 控制器，马赛克社区提供了使用 FlexRAN 控制器对无线接入网资源进行切片的解决方案[17]。FlexRAN 允许在控制器内开发用于执行自动部署控制功能的应用程序，提供可编程性的支持。同时，控制多个分布式基站及其之间的协调。FlexRAN 控制器的功能结构如图 9.14 所示。

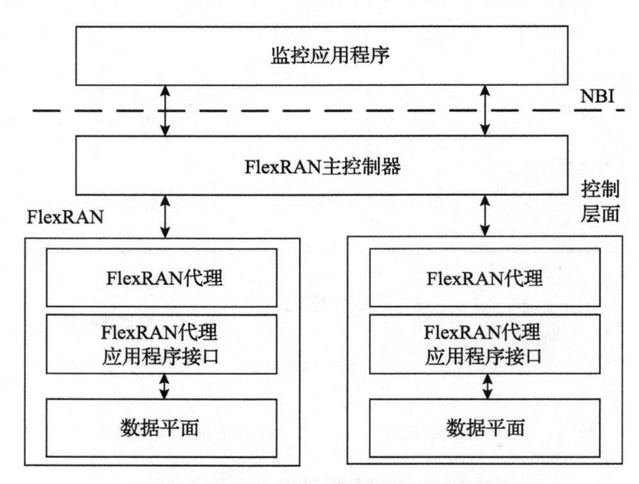

图 9.14　FlexRAN 控制器的功能结构

FlexRAN 包括 FlexRAN 控制平面组件和 FlexRAN 代理组件，其中 FlexRAN 控制平面由 FlexRAN 主控制器组成。该主控制器可以进一步连接到 FlexRAN 代理。FlexRAN 代理 API，用于数据平面与控制平面分离。在上层，监控应用程序通过北向接口与主控制器通信，检查 FlexRAN 控制平面中基站的统计信息和监控日志修改接入网资源[18]。

在所设计的意图驱动端到端网络切片编排与控制系统中，OSM 编排器接收意图解析模块生成的 JSON 格式的配置文件，根据配置文件包含的源节点、目的节点、连接点，以及所需 VNF 类型等配置信息创建 CN 切片。同样，FlexRAN 控制器接收包含基站数目、切片数、资源分配等信息的 JSON 格式的配置文件。进一步，在基站上部署配置来创建切片。因此，该系统可以实现 CN 和 RAN 的端到端切片机制。

对于传输网的 ONOS 控制器，在实际环境中，传输网(transport network，TN)的数据交换是错综复杂的，通过 Mininet 在单个主机上模拟传输网中可能存在的多个交换机节点，并利用 SDN 控制器 ONOS 进行转发的控制和管理。ONOS 通过与 Mininet 中的虚拟交换机进行 OpenFlow 协议通信，向交换机发送控制消息，指导其进行流表配置和数据包处理。同时，也能收集网络拓扑信息，实时监控网络状态，并根据应用程序的需求进行网络流量调度和路径计算。

9.5 系统实现

1. VNF 放置系统实现

意图驱动的 VNF 放置系统可以实现前端可视化系统，主要采用 Nodejs、React 和 Le5le Topology 配合实现。其中，Nodejs 作为前端框架的解释器，负责提供底层网络支持、数据处理等工作，解释网页脚本(JavaScript，JS)，并执行网络服务功能，为用户提供 Web 服务；React 是广泛使用的用户界面(user interface,UI)框架，能够提供对 HTML 的全生命周期管理，方便对其中的文档对象模型进行操作，重新定义了传统的基于 HTML+CSS+JS 的模板渲染方式。Le5le Topology 是基于 React UI 框架实现的一个可拖拽式的用户界面，拥有完善的用户文档和各种成熟的方案可供选择。

通过定义全局拓扑视图收集用户设置的选项，同时通过注册多个事件用于用户在可视化界面进行操作时触发相应动作。例如，当用户拖拽节点时，会触发新节点被添加的事件，当在两个节点之间建立服务链时，会有链路建立事件触发。通过这些回调事件，可以获知当前网络拓扑中，哪些节点被添加到网络中，以及建立了哪些链路，链路使用的 SFC 及其顺序，并根据这些状态的变化更新底层系统状态。

2. SFC 动态编排系统实现

意图驱动的服务链动态编排系统实现与仿真实验在 CentOS7.5 系统上进行，意图引擎则由 Python3.6 编写并部署在 Ubuntu18.04 LTS 系统上，负责将用户请求的意图转换成网络配置。编排引导器采用扩展的 OpenStack 编排器组件与扩展的 OpenStack 的网络服务接口构成。系统开发环境如表 9.2 所示。

表 9.2　系统开发环境

工具	名称与版本
虚拟化平台	VMware Workstation Pro 16
操作系统	CentOS7.5
终端模拟软件	Xshell 7
管理平台项目	OpenStack Stein
接口扩展开发工具	PyCharm 2020.3.3

SFC 部署拓扑如图 9.15 所示。其中 p1 是端口链的头部，p6 是端口链的尾部，

SF1 具有端口 p1 和 p2，SF2 具有端口 p3 和 p4，SF3 具有端口 p5 和 p6。定义 p1 的子网为 1.0.0.0/24，p2 的子网为 2.0.0.0/24，p3 的子网为 2.0.0.0/24，p4 的子网为 3.0.0.0/24，p5 的子网为 3.0.0.0/24，p6 子网为 4.0.0.0/24。一个建链意图抽象成为 A 到 B 点经过服务功能 1（网络地址转换）和服务功能 2（防火墙）的服务功能链。虚设服务功能 3（流量监测）不投入使用，仅作为对比。

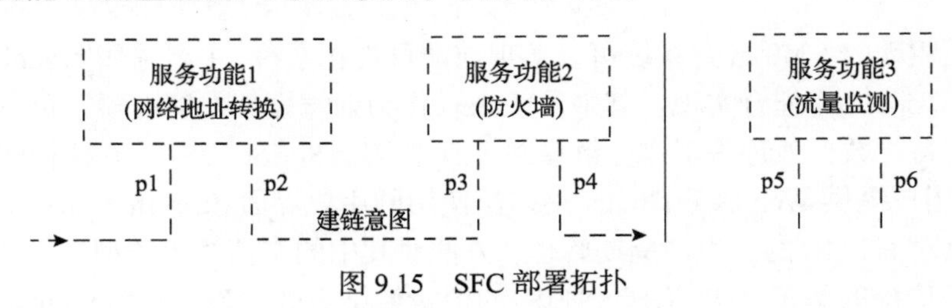

图 9.15　SFC 部署拓扑

3. 端到端网络切片编排系统实现

端到端网络切片生成则采用开源 OAI 平台、FlexRAN 控制器、free5GC、OSM 核心网编排管理平台与 ONOS 控制器实现。底层资源主要通过虚拟机平台 VMware Workstation Pro 16 部署。开发环境如表 9.3 所示。

表 9.3　开发环境

名称	软件/硬件/参数
接入网	i7-1260 CPU/usrp b210
核心网	i5-3210M CPU
承载网	VMware、Mininet
管控平台	OpenStack-Heat、OSM、free5GC、OAI、ONOS
终端	Redmi 4A、VMware
操作系统	Ubuntu 18.04、CentOS7.5
接口开发	Python3.6、C++

9.6 实验结果

1. VNF 放置

在进行系统性能测试时，为了保证测试结果的可靠性和泛化性，采用独立随机生成 VNF 放置方案的方法。具体来说，每轮测试会生成一组包含 VNF 类型和数量的放置方案。这些方案是通过随机选择 VNF 类型和数量生成的，不会出现无法满足放置请求的问题。采用独立随机生成放置方案能够尽可能模拟系统在真实环境中面对的各种负载情况，从而更好地评估系统的性能和可用性。其次，这种方法可以避免测试结果被特定的放置方案影响，从而提高测试结果的泛化性。最后，这种方法还可以更好地评估系统的鲁棒性，即系统在面对各种不同的负载和环境变化时，是否仍能保持稳定和可靠。

首先，对比贪婪算法、PSO 和 PSO-SA 三种算法随着 VNF 数量提升，适应度的变化情况，以及各种算法的时间消耗情况，通过随机构造多种 VNF 类型，以及节点资源状态，对每种类型依照整体数量进行随机个数分配。随机分配算法参照抢红包算法，给出要分配的数量，以及要分成多少份，即设定分配方案，将一条线段切割成有限的份数，分配确定线段的起点和终点，定义生成点的个数。在线段上随机生成指定个数的点，每个点的位置是随机的，通过随机函数在线段范围内随机生成 N 个整数点，对生成的点按照从小到大的顺序排列。根据生成的点，将线段分割成若干子段，每个子段的长度即分配的数量。

在种群数量为 50 时，三种算法随着 VNF 规模提升的适应度情况结果如图 9.16(a)所示。可以看到，贪婪算法和 PSO-SA 算法在稳定性方面较传统的 PSO 算法有了很大改进，PSO 算法由于分配方案的不合理性容易触碰到惩罚机制，导致适应度很高，又由于收敛速度的问题，在测试中效果不佳。三种算法运行所需的时间情况如图 9.16(b)所示。在这三种算法中，贪婪算法时间最快，其次是 PSO 算法，PSO-SA 算法最慢。因为贪婪算法是一种简单、直接的方法，不涉及复杂的计算或迭代。另外，PSO 和 PSO-SA 算法都是基于种群的算法，涉及多次迭代和计算，相比贪婪算法耗时更久。PSO 算法不涉及 SA 过程的额外计算，所以较 PSO-SA 算法略快。

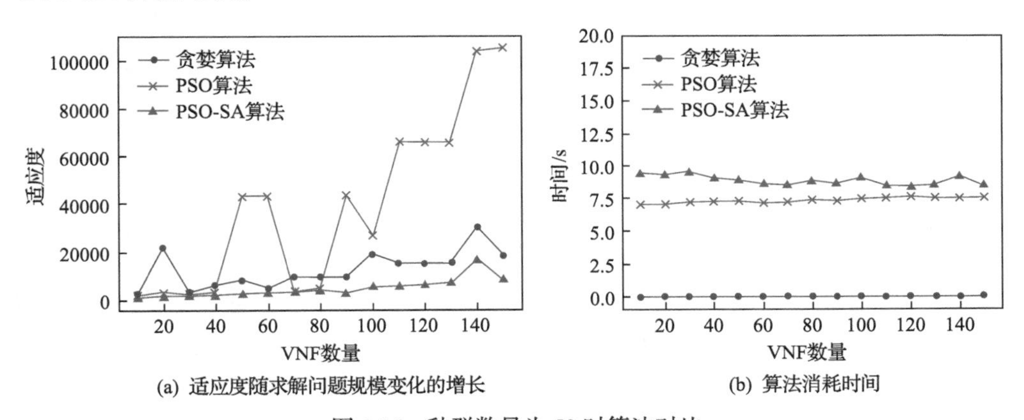

(a) 适应度随求解问题规模变化的增长　　(b) 算法消耗时间

图 9.16　种群数量为 50 时算法对比

最后，测试了将 PSO 算法种群数量提升为 100 之后，PSO-SA 算法种群数量仍为 50，三种算法之间的性能差距，如图 9.17(a)所示。可以看出，通过提升种群数量之后，PSO 算法在求解小规模问题时，与 PSO-SA 算法差距不大，而当随着求解问题逐渐复杂化之后，可以看到此时 PSO 算法的全局搜索能力还是存在一定问题，容易出现求解失败，触碰惩罚机制。PSO-SA 算法和贪婪算法则相对稳定，在应对复杂问题时仍能保持良好效果。

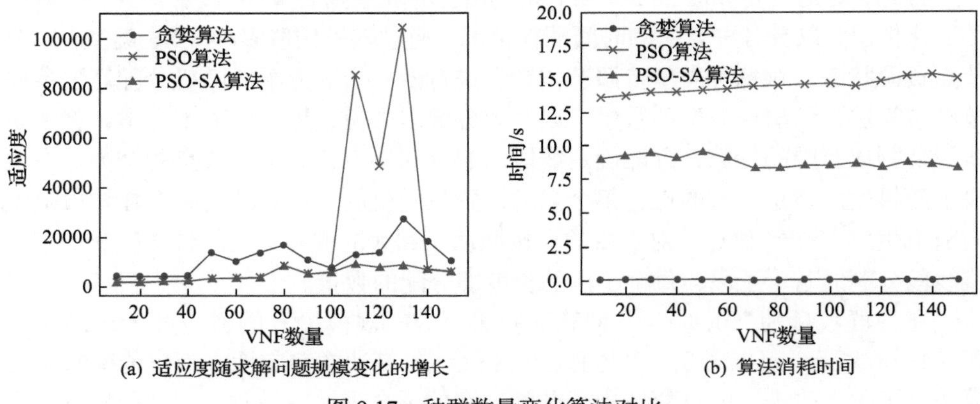

(a) 适应度随求解问题规模变化的增长　(b) 算法消耗时间

图 9.17　种群数量变化算法对比

在 PSO 粒子数修改为 100 时，程序求解时间的情况如图 9.17(b)所示，更大的群规模使它在执行过程中耗时增加。随着粒子数的增加，粒子群算法必须处理更多的信息，并进行更多的迭代才能找到全局最优。相比之下，贪婪算法是一种简单直接的方法，通过最小化负载的策略，在优化过程的每一步做出局部最优选择，不需要多次迭代或复杂的计算，这使它比 PSO 算法更快。然而，贪婪算法无法找到最佳解决方案，更容易陷入局部最优。PSO-SA 算法是一种将 PSO 的全局搜索能力与 SA 的局部搜索能力相结合的混合算法。这可以在探索和开发之间取得更好的平衡，从而产生更好的解决方案。

2. SFC 部署

在 Postman 中输入如下意图，从北京用户 R 到南京用户 U 调一条普通等级视频业务，时间要求 2019-09-03-11:25 至 2020-11-07-08:20。这样即可得到意图转译反馈结果，证明外部输入与转译后台已调通。采用 Postman 获取端口信息，输出的 JSON 内容为转译后的 18 元组。

重整 JSON，意图引导器将 JSON 请求拆分为以服务功能 1(网络地址转换)→服务功能 2(防火墙)的服务功能链，构建 SFC 请求。在 SFC 请求中，会清晰定义端口组名称、租户 id、端口组描述、进出流量，以及特定的服务需求，如优先级等。SFC 请求如图 9.18 所示。

```
"port_ pair": {
        "name": "SF1",
        "tenant_id": "d53207aa992263a889568ecf065cf5",
        "description": "NAT SF",
        "ingress": "d23df13-24fc-4fae-af4b-321c5e2eb3d1",
        "egress": "af3478a-2b56-2acf-c3aa-9dae4c5ec235"
        "service requirements": "High Priority"
            }
```

```
"port_pair": {
        "name": "SF2",
        "tenant_id": "d382007aa9904763a801f68ecf065cf5",
        "description": " Firewall SF",
        "ingress": "dace4513-24fc-4fae-af4b-321c5e2eb3d1",
        "egress": "aef3478a-4a56-2a6e-cd3a-9dee4e2ec345"
         "service requirements": "High Priority"
            }
```


图 9.18　SFC 需求

基于网络的扩展 SFC 接口将根据 SFC 构建请求，构建 SFC。在这一过程中，将指明服务功能编号、构建状态、端口组的信息、服务路径、端口链 id、实例项目 id 和租户 id。OpenStack 调用资源，构建子网与端口。

SFC 构建初步完成，在构建过程中，控制节点与计算节点对于虚拟 CPU、内存，以及硬盘空间的使用会在资源界面进行管理与监控。服务创建后资源的管理与监控界面如图 9.19 所示。

传输控制协议(transmission control protocol，TCP)包抓取工具是一个运行在命令行下的数据包分析器。抓取工具能够分析网络行为、性能，以及应用产生或接收的网络流量。开放所有 NFV 虚拟机的安全组，关闭端口安全组，减少其影响，进行发包验证。在服务功能链虚拟机 2 上配置路由转发，把网卡 0 的流量转发到网卡 1。三台机器的工作流如图 9.20 所示，可以看到计算节点上的流表信息。

VCPU使用量
8 中的 8 已使用

内存使用量
24GB 中的 6GB 已使用

本地磁盘使用量
196GB 中的 80GB 已使用

虚拟机管理器　计算主机

显示 4 项

主机名字	类型	VCPU(已用)	VCPU (总计)	内存(已用)	内存(总计)	本地存储(已用)	本地存储(总计)	实例
compute1	QEMU	1	2	1GB	4GB	10GB	49GB	1
compute1	QEMU	1	2	1GB	4GB	10GB	49GB	1
controller	QEMU	3	2	2GB	8GB	30GB	49GB	3
controller	QEMU	3	2	2GB	8GB	30GB	49GB	3

显示 4 项

图 9.19　服务创建后资源的管理与监控界面

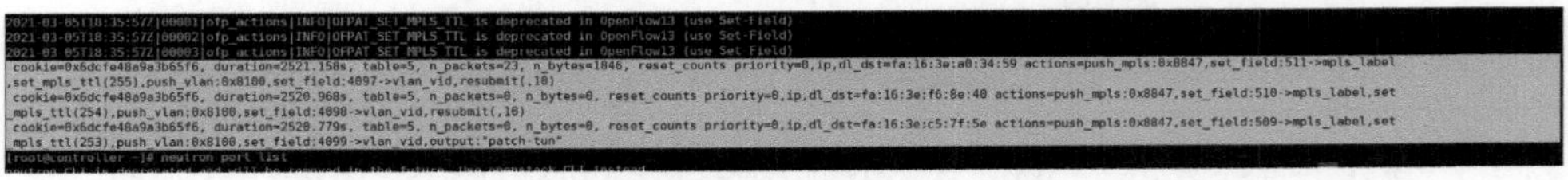

```
2021-03-05T18:35:57Z|00001|ofp_actions|INFO|OFPAT_SET_MPLS_TTL is deprecated in OpenFlow13 (use Set-Field)
2021-03-05T18:35:57Z|00002|ofp_actions|INFO|OFPAT_SET_MPLS_TTL is deprecated in OpenFlow13 (use Set-Field)
2021-03-05T18:35:57Z|00003|ofp_actions|INFO|OFPAT_SET_MPLS_TTL is deprecated in OpenFlow13 (use Set-Field)
 cookie=0x6dcfe48a9a3b65f6, duration=2521.158s, table=5, n_packets=23, n_bytes=1846, reset_counts priority=0,ip,dl_dst=fa:16:3e:a0:34:59 actions=push_mpls:0x8847,set_field:511->mpls_label
,set_mpls_ttl(255),push_vlan:0x8100,set_field:4097->vlan_vid,resubmit(,10)
 cookie=0x6dcfe48a9a3b65f6, duration=2520.968s, table=5, n_packets=0, n_bytes=0, reset_counts priority=0,ip,dl_dst=fa:16:3e:f6:8e:40 actions=push_mpls:0x8847,set_field:510->mpls_label,set
_mpls_ttl(254),push_vlan:0x8100,set_field:4098->vlan_vid,resubmit(,10)
 cookie=0x6dcfe48a9a3b65f6, duration=2520.779s, table=5, n_packets=0, n_bytes=0, reset_counts priority=0,ip,dl_dst=fa:16:3e:c5:7f:5e actions=push_mpls:0x8847,set_field:509->mpls_label,set
_mpls_ttl(253),push_vlan:0x8100,set_field:4099->vlan_vid,output:"patch-tun"
[root@controller ~]# neutron port list
```

图 9.20　工作流

在系统仿真实验中建链案例引入多个 SF，案例 0～案例 6 表示 *A* 与 *B* 之间挂载的 SF 数量。随着 SF 数量的增多，SFC 的链长在增加。多 SF 成链示意如图 9.21 所示。

观察 SFC 增加对于总系统响应时间和子系统响应时间的影响。观察的三个阶段分别是意图转译阶段、意图精化引导阶段、SFC 部署阶段。SF 增加对于系统响应时间的影响如图 9.22 所示，展示了三个 REST 端点中每个端点的平均响应时间，以及通过总系统部署意图驱动的 SFC 所需的平均总时间。由此可知，在建链意图不变的情况下，转译阶段接口响应时间整体保持不变，而向链中添加的每个服务功能的线性时间增长大约 0.5s。受端口链构建的制约，SFC 部署时间也随 SF 的增长而线性增长。

对于端到端建链吞吐量，采用 iperf 测试 *A* 到 *B* 之间随着 SF 增加，系统吞吐量的变化。SFC 的使用会影响网络的性能，从而降低添加到链中的每个 VNF 的吞吐量。通过不同物理节点的吞吐量会有很大的损失，因此 VNF 的位置可以极大地改变源与目标之间可实现的吞吐量。通过物理网络的传输(包括多协议交换标签和虚拟扩展局域网封装)，以及实现支持 SDN 的数据网络的开源虚拟交换机进行的转发会引入大量的处理开销，从而限制端点之间的吞吐量。SF 的增加对于系统吞吐量的影响如图 9.23 所示。

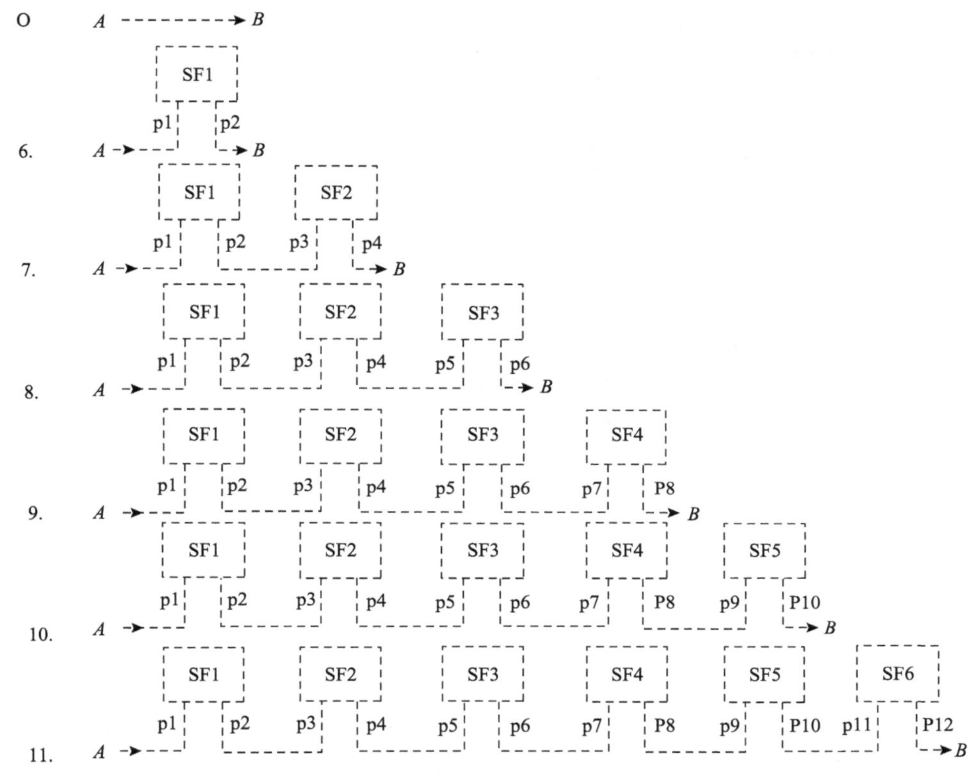

图 9.21　多 SF 成链示意图

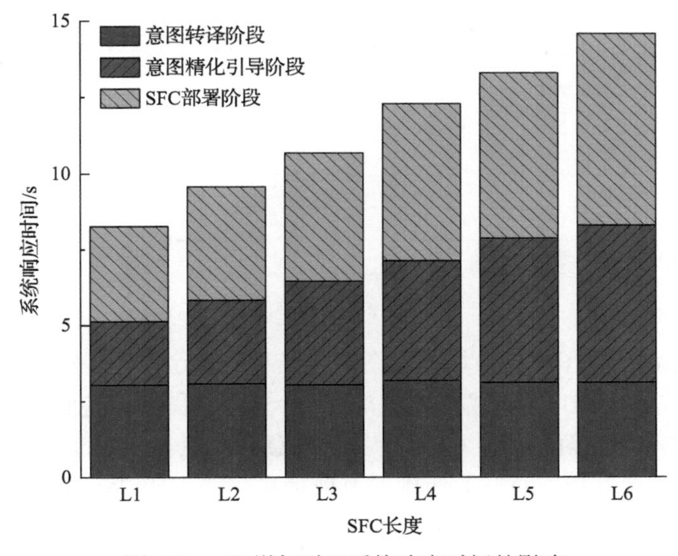

图 9.22　SF 增加对于系统响应时间的影响

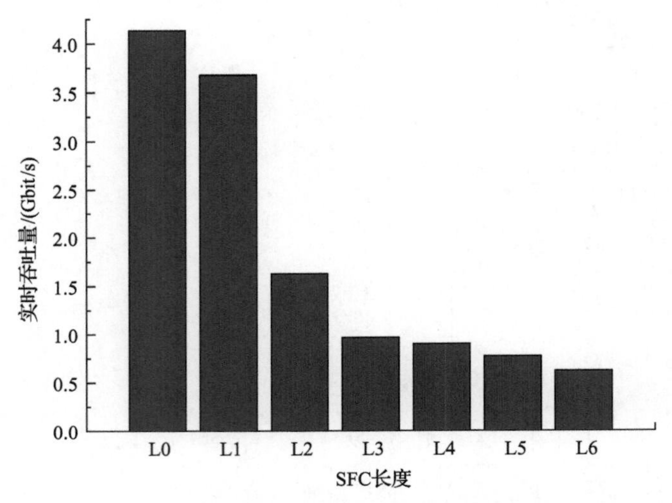

图 9.23　SF 的增加对于系统吞吐量的影响

3. 端到端网络切片生成

用户通过意图智能转译子系统的前端页面，在意图输入框输入用自然语言形式表述的意图，例如“将一条 4K 全息通信直播视频从主楼实验室 430 传输至科技楼 214，时间要求为从 2023 年 7 月 20 日上午 9 时 10 分至 2023 年 7 月 20 日上午 11 时 30 分，将重要级别调为重要”。意图输入界面如图 9.24 所示。前端输入的用户意图以 HTTP 请求 POST 操作的方式发送至意图解析模块。

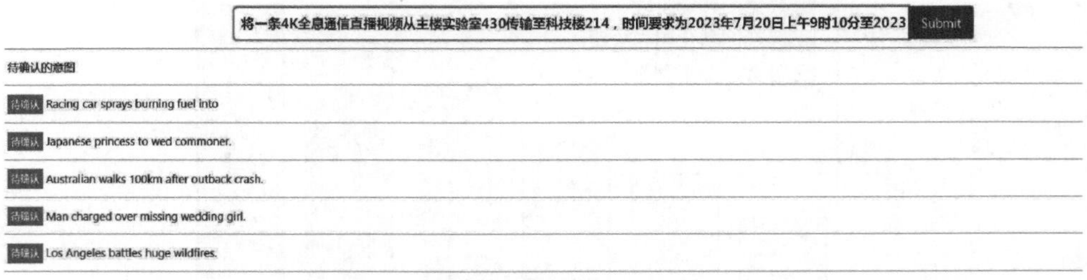

将一条4K全息通信直播视频从主楼实验室430传输至科技楼214，时间要求为2023年7月20日上午9时10分至2023　Submit

待确认的意图

待确认　Racing car sprays burning fuel into

待确认　Japanese princess to wed commoner.

待确认　Australian walks 100km after outback crash.

待确认　Man charged over missing wedding girl.

待确认　Los Angeles battles huge wildfires.

图 9.24　意图输入界面

意图提交后，意图解析模块将意图解析结果发送至意图解析结果展示界面如图 9.25 所示。由于用户意图解析生成的 19 个规范意图元组包含部分冗余信息，因此本系统在前端界面中仅显示 15 个关键的意图元组。

CN 策略配置器提取意图元组中的有效信息，并生成 JSON 格式的配置文件下，发到 OSM 编排器。OSM 编排和部署相应的 VNF 连接顺序和参数，创建 CN 网络切片。OSM 编排器向 OpenStack 发送编排需求，使其实例化相应的 VNF。同理，无线接入网策略配置器将生成的 JSON 格式的配置文件下发到 FlexRAN 控制器，通过 FlexRAN 代理进一步在基站上部署这些配置来创建无线接入网网络切片，为用户的视频业务创建端到端网络切片。编排与控制模块实现流程如图 9.26 所示。视频流传输服务如图 9.27 所示。

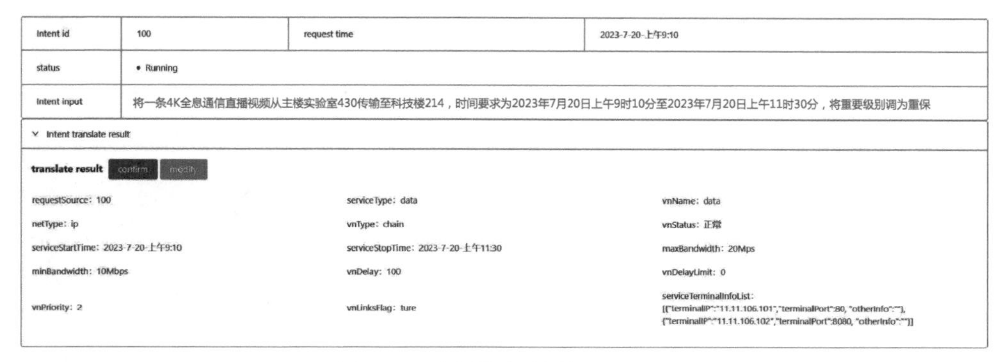

图 9.25 意图解析结果展示界面

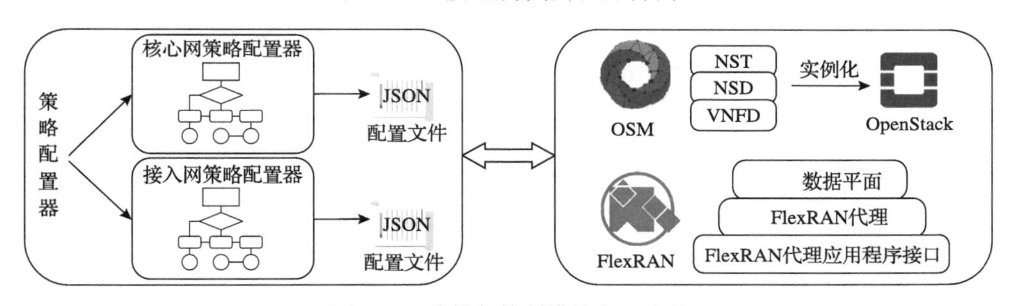

图 9.26 编排与控制模块实现流程

对生成的切片进行测试，主要从切片的上、下行数据传输速率和抖动进行分析。使用 Ubuntu 支持的 iperf 应用程序在配置用户设备的虚拟机中启动流量。用户向外部服务器发起视频请求，通过基站和核心网。

端到端切片测试的上、下行传输速率性能测试如图 9.28(a)所示，为用 iperf 分别测试上行链路速率 20Mbit/s 和下行速率 40Mbit/s 的数据包传输的结果。在上行速率 20Mbit/s 时，数据包经过用户连接到基站，再从核心网的用户面和数据面成功传输，它在 60s 内的传输速率很稳定，说明该切片可以很好地满足用户的服务需求。在下行速率 40Mbit/s 时，数据包从数据网络传输到核心网，最后经过接入网到达用户。由图可见，深色曲线出现比较小的波动，但是用户速率并没有明显衰减，所以该切片仍然可以保证用户的服务质量。同时，上、下行数据成功传输可以证明用户的意图被正确部署，并且还为每个逻辑片分配了适当的资源。

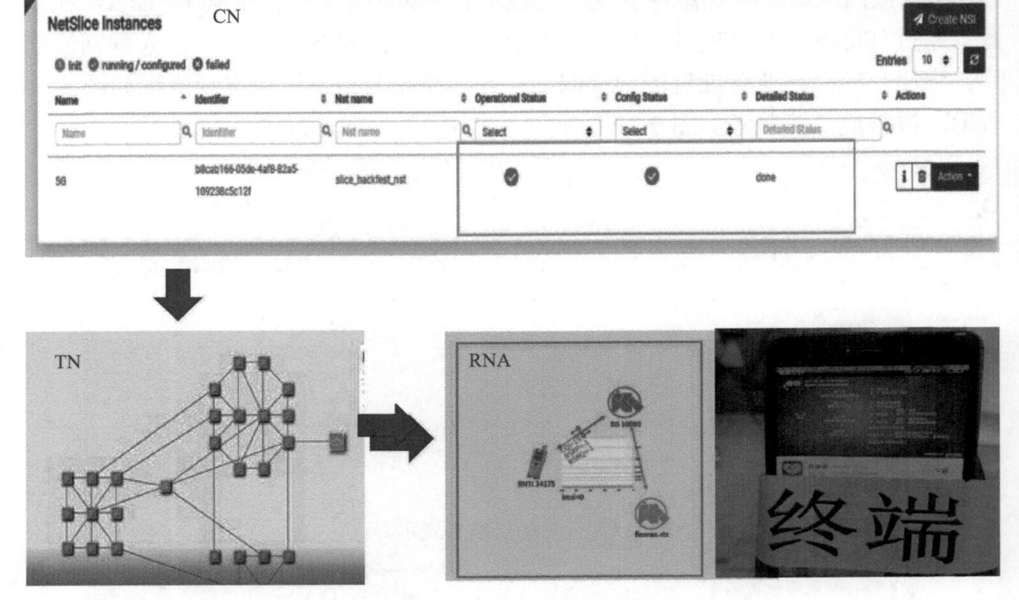

图 9.27　视频流传输服务

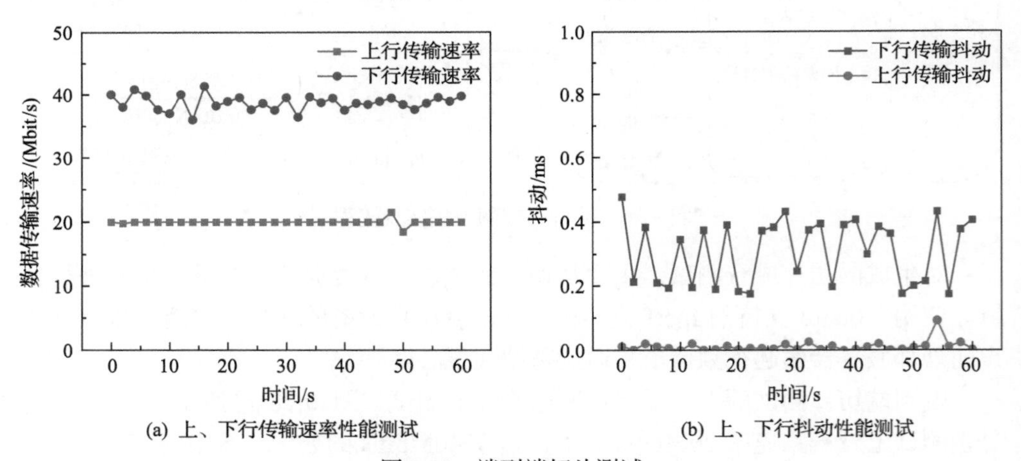

(a) 上、下行传输速率性能测试　　(b) 上、下行抖动性能测试

图 9.28　端到端切片测试

端到端切片测试的上、下行抖动性能测试如图 9.28(b)所示。为测试的上行链路 20Mbit/s 和下行链路 40Mbit/s 的抖动时延，在上行链路，用户发送 20Mbit/s 的数据包时，链路的抖动时延基本为零，说明为用户建立的切片非常稳定。在下行链路发送 40Mbit/s 的数据包时，链路的抖动时延基本维持在 0.2～0.5ms，是可以接受的，不影响用户的正常使用。

通过上述仿真可以看出，面向 6G 网络高度多样化的业务需求，意图驱动的业务编排系统可以实现面向多样化用户业务意图的自动化部署和智能化管理。系统通过实时监测网络设备、链路、带宽利用率、下行速率等信息，可以建立实时反馈的业务监控和评估机制，实现业务的自动化全生命闭环管理。同时，对用户来说，意图驱动的引入可以简化用户租用业务的流程，用户只需要简单且易懂的语句和操作即可获得满意的服务体验。

参考文献

[1] IMT-2030(6G)网络技术工作组. 6G 网络架构展望白皮书. https://file.imt2030.org.cn/[2023-12-20].

[2] Open Data Center Committee. Intention network technology and application white paper. http://www.opendatacenter.cn/download/24/[2019-3-4].

[3] Zhang P, Xu W, Gao H, et al. Toward wisdom-evolutionary and primitive-concise 6G: A new paradigm of semantic communication networks. Engineering, 2022, 8: 60-73.

[4] Moens H, de Turck F. VNF-P: A model for efficient placement of virtualized network functions// The 10th International Conference on Network and Service Management and Workshop, Rio de Janeiro, 2014: 418-423.

[5] Mijumbi R, Serrat J, Gorricho J L, et al. Design and evaluation of algorithms for mapping and scheduling of virtual network functions// The 2015 1st IEEE Conference on Network Softwareization, London, 2015: 1-9.

[6] Eramo V, Tosti A, Miucci E. Server resource dimensioning and routing of service function chain in NFV network architectures. Journal of Electrical and Computer Engineering, 2016, 2016(7139852): 1-12.

[7] Wang D S, Tan D P, Liu L. Particle swarm optimization algorithm: An overview. Soft Computing, 2018, 22: 387-408.

[8] Deng W, Zhao H, Yang X, et al. Study on an improved adaptive PSO algorithm for solving multi-objective gate assignment. Applied Soft Computing, 2017, 59: 288-302.

[9] Deng W, Yao R, Zhao H M, et al. A novel intelligent diagnosis method using optimal LS-VSM with improved PSO algorithm. Soft Computing, 2019, 23: 2445-2462.

[10] Suppapitnarm A, Seffen K A, Parks G T, et al. A simulated annealing algorithm for multiobjective optimization. Engineering Optimization, 2000, 33(1): 59-85.

[11] Guo M Z, Liu Y, Malec J. A new Q-learning algorithm based on the metropolis criterion. IEEE Transactions on Systems Man and Cybernetics, Part B Cybernetics, 2004, 34(5): 2140-2143.

[12] Gev R D, Krishnamurthy S. 5G UE simulation//2023 International Conference on Recent Advances in Electrical, Electronics, Chennai, 2023: 1-5.

[13] Liu Y, Li Q L, Cao Q P, et al. Evaluation of free 5GC forwarding performance on private and

public clouds//2022 IEEE Cloud Summit, Fairfax, 2022: 9-16.

[14] Paganelli F, Paradiso F, Gherardelli M, et al. Network service description model for VNF orchestration leveraging intent-based SDN interfaces//2017 IEEE Conference on Network Softwarization, Bologna, 2017: 1-5.

[15] 金镝, 赵鹏, 王成利. NFV 网络编排器发展现状与关键技术研究. 信息通信技术与政策, 2020, (3): 86-91.

[16] Yilma G M, Yousaf Z F, Sciancalepore V, et al. Benchmarking open source nfv mano systems: OSM and ONAP. Computer Communications, 2020, 161: 86-98.

[17] Khan T A, Abbass K, Rafique A, et al. Generic intent-based networking platform for E2E network slice orchestration & lifecycle management//2020 21st Asia-Pacific Network Operations and Management Symposium, Daegu, 2020: 49-54.

[18] Foukas X, Nikaein N, Kassem M M, et al. Flexran: A flexible and programmable platform for software-defined radio access networks//The 12th International on Conference on Emerging Networking Experiments and Technologies, New York, 2016: 427-441.

第 10 章　意图驱动卫星网络管控

10.1　意图驱动卫星网络管控概念

卫星网络节点类型多样、能力差异大、技术体制不一，使不同基础设施提供商的基础设施难以融合，网络中的可用资源难以在不同服务提供商之间实时动态共享。此外，在轨卫星硬件升级难度大，导致网络更新和演进困难，难以满足不断增长的业务需求。因此，需要突破卫星网络封闭式、私有化架构模型，打破不同制式网络资源难以融合的壁垒，设计随业务按需重构的范式架构，实现卫星网络资源融合，为进一步的资源管控奠定基础。下面从意图驱动卫星网络实体架构和逻辑架构两方面入手进一步研究。

意图驱动的卫星网络资源管控架构主要包含业务应用层、意图北向接口、意图使能层、意图南向接口和基础设施层。意图驱动卫星网络管控架构如图 10.1 所示。

1. 业务应用层

业务应用层产生应用意图，即不同场景下的不同业务或任务需求，对网络配置提出相应的要求。其主要业务如下。

(1) 虚拟资源管理和分配。根据网络当前状态优化传输功率，管理并合理分配频谱、带宽等资源。传统的面向资源的管理方法已经不再适合一体化网络中日益增长的数据量和应用服务需求，而基于 SDN 的网络资源管控架构在星地、地面链路的无线资源管理中引入更多的动态性，优化网络资源的利用率，能够对一体化网络的配置、规模进行按需、实时调整。智能化的网络资源管理能够及时响应用户请求，为用户动态分配卫星计算、存储等资源，提供灵活、可定制的无线接入服务。

(2) 路由决策。路由在任何网络中都是最基本和最重要的功能，其任务是保证数据端到端传输。一体化网络中的中地球轨道卫星、低地球轨道卫星等网络节点的高移动性带来实时变化的网络拓扑，也给路由方案带来多样性和复杂性。SDN 网络资源管控架构通过自适应、智能化路由机制，实现不同网络域间的互联互通。来自不同服务和应用的数据流应当被路由到不同的链路上，同时根据整个网络通信量分布和不同服务质量需求为数据流选择最佳路径。

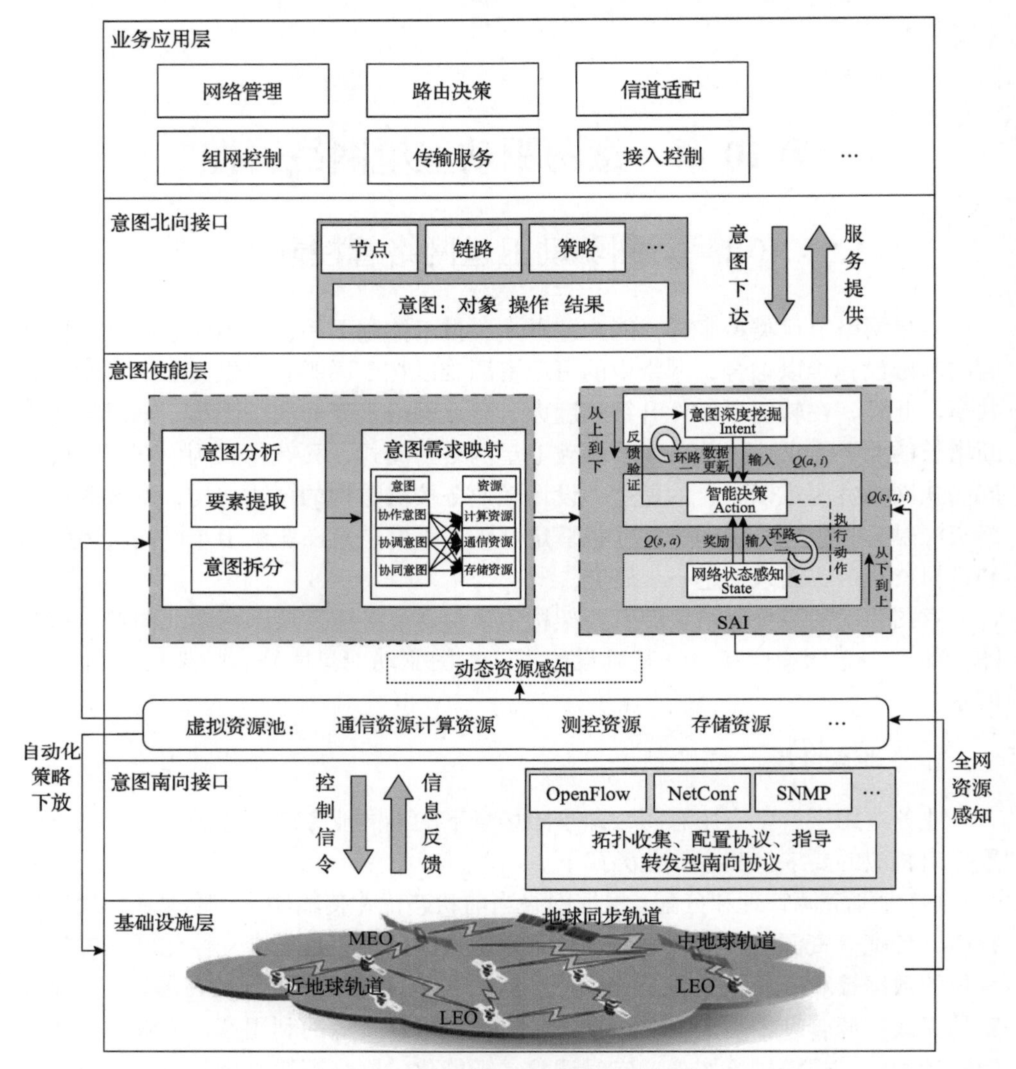

图 10.1　意图驱动卫星网络管控架构

2. 意图北向接口

意图北向接口连接业务应用层和意图使能层，是转译意图的模块，通过设计一种基于意图的北向接口，可以实现转译功能。将用户在应用层表述的近似自然语言的意图转译为由对象、操作、结果构成的网络意图，即对于某个网络对象(包括节点、链路、流，以及策略等)，对其进行某类操作或期望该对象呈现某种结果状态。

北向接口主要指意图驱动多星组网系统架构中意图使能层和业务应用层之间进行通信的接口，一般表现为 API 编程接口。从卫星通信应用的角度自北向南看，北向接口是业务应用，是各类用户有效控制和利用卫星网络的门户，使用对象可以用软件编程的形式调用各种网络资源；从卫星网络运维角度自南向北看，北向接口是通过意图使能层向上层业务应用开放的接口，上层的网络资源管理系统或者网络应用可以通过控制器的北向接口，全局把控整个卫星网络的资源状态，并对资源进行统一调度。

基于意图的北向接口抽象层将业务应用与网络细节隔离。网络控制系统与应用隔离使意图使能层可以管理来自多个竞争业务应用的意图请求。

北向接口交互式语言利用交互式编程模型，主要面向数据流或者动态变化的变量编程，既能很方便地描述静态数据流，也能轻松表达动态变化的函数。交互式编程语言能够利用事件作为触发点驱动网络中的交互行为，强调利用网络编程代替对网络参数的配置。

3. 意图使能层

意图使能层以意图为核心，具有管理控制和制定策略功能，包含动态资源感知、意图转译、策略自动生成、闭环优化系统等多个模块。卫星网络系统中可能存在多种多样的意图类型，如对地观测、数据传输等。这些意图需要卫星网络提供具有观测、处理、存储、传输等能力的相应资源，通过资源的整合形成网络策略。意图使能层可以收集网络设备信息、总揽网络全局，同时根据所有域的网络资源分布、链路状态等信息执行一些跨域操作，如数据传输、负载均衡，以及网络资源分配等。

意图态势双驱动的全域网络资源管理系统的 SAI 环路网络模型包括两种类型的智能流，即自顶向下的任务-意图-策略流、自底向上的数据-信息激励的网络数据流，以便实现网络资源自主管理、自动配置策略和性能调优，形成闭环智能管理环路，验证并实时修正网络配置。

意图驱动智能多维资源管理策略技术，实现网络资源自主管理，自动配置策略和性能调优。其中，意图分析模块负责接收来自应用层的意图请求，并对收到的意图请求进行初步分析，完成意图要素的提取，将需要多次执行的意图请求划分成具体的子意图；意图需求映射模块接收意图分析模块获得的意图要素和来自数据层的网络资源状态，将意图要素映射成对卫星网络现有资源的需求。

4. 意图南向接口

意图南向接口以虚拟化技术为核心，接驳各类网元设备，主要用作设备层与控制层的交互，对各类计算资源和通信资源进行虚拟化和切片，通过灵活管理提高网络的资源利用率。南向插件主要分为三大类，即拓扑收集型、配置协议、指导转发型。

在固网和无线网络领域，目前已经基本完成南向接口的标准化工作。在现有南向接口的基础上，针对卫星网设备进行特定改进，包括天基网络、地面网络、接入网络。首先，地面网络与固网在网元设备上的类型相同、组成类似，因此南向接口及其协议可以很好地用于地面骨干网络。其次，针对接入网络和天基网络，需要研究适合天基网络的协议体系。

5. 基础设施层

基础设施层为卫星网络的物理实体，包括天基网络、接入网络，以及地面网络中各类网元设备。各类网络节点将数据收集并输送到意图使能层的意图管理器，为信息反馈和策略配置提供参数。卫星网设备的虚拟化，关键是对卫星资源的虚拟化，即对传统卫星网络中的节点重新定义，是实现意图驱动卫星网络的基础，提供标准化的控制机制，允许控制层控制网络行为和功能。

卫星节点在意图驱动网络中主要作为交换机节点，负责完成网络中的数据转发功能。在传统交换机设备中，交换机需要在收到数据包后，通过包头中的特征域和自身存储的路由表项进行匹配，完成匹配后进行相应处理，交换节点的表项需要根据自身和邻居节点自行产生。意图驱动网络中交换机节点则由控制器节点统一下发得到。如路由发现、地址学习等各类复杂逻辑功能都不需要在交换机节点内实现。各节点只需专注于数据转发功能。因此，卫星节点在保留其卫星相关特性的同时，还需要将原有的控制功能分离出去，只保留数据转发功能，同时卫星节点能在控制器的管控下工作，通过接受控制器下发的相关配置和管理操作，进行相应的节点维护工作。

以上部分构成的网络资源管控架构中存在闭环作用，意图在卫星网络中的指导作用及意图反馈闭环如图 10.2 所示。业务应用层产生不同的意图，即网络需求

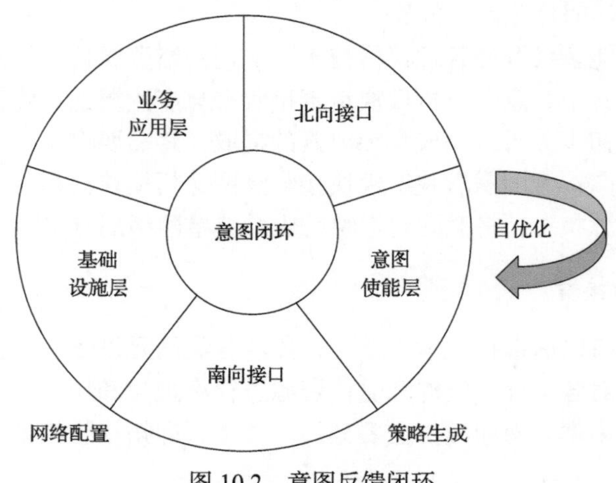

图 10.2　意图反馈闭环

通过北向接口转译意图，下达给意图使能层，在经过意图转译-数据存储库-资源管理器-策略配置器几个模块后产生配置策略。在此过程中，通过比较器对策略进行校验，形成自优化闭环，下发配置策略经南向接口配置基础设施层，通过基础设施层收集参数等网络数据，反馈给意图使能层，形成反馈闭环。最后用配置的网络给用户提供对应服务，形成完整闭环。

10.2 研究现状

1. 卫星网络

随着移动通信的不断发展，新一代移动通信将整合卫星通信网络，实现全球无缝覆盖，以期缩小数字鸿沟，达到万物互联的终极目标。由于低轨卫星的星地距离小，在制造和发射成本、信号强度、运行速度等方面较中高轨卫星具有不可比拟的优势，同时还可以实现全球无死角覆盖。从 20 世纪 80 年代开始，国外陆续开展了基于低轨卫星的卫星互联网建设工作。代表性的卫星系统有 Iridium 卫星系统、Globalstar 卫星系统、Orbcomm 卫星系统、SpaceX 卫星系统、O3b、OneWeb 卫星系统、Starlink、Telesat、LeoSat 等。其中，Iridium 卫星系统已于 1998 年 11 月宣布正式投入运营；SpaceX 预计 2027 年完成大约 12000 颗低轨卫星的组网任务，目前该任务已扩展至 42000 颗卫星；OneWeb 卫星系统已于 2023 年 3 月底初步完成卫星互联网的建设，其互联网的入轨卫星总数已达到 618 颗。

相较国外的建设进程，我国在卫星网络上的布局稍显滞后。我国于 2019 年末陆续开展了行云工程(计划发射 80 颗)、虹云工程(计划发射 156 颗)、鸿雁工程(计划发射 300 多颗)、天仙星座(计划发射 96 颗)等星座的试验，以期建设天基物联网[1]。然而，我国的星座计划在数量、规模等方面与国外仍有差距。

为促进我国卫星互联网产业的蓬勃发展，卫星互联网于 2020 年被正式纳入“新基建”发展规划。同年 2 月，银河航天(北京)科技有限公司发射的 5G 卫星完成 3 分钟以上的视频通话测试。6 月，北京联通与银河航天 5G 专网与低轨宽带卫星的融合测试工作圆满完成，这标志着我国初步具备通过低轨卫星互联网链路开通 5G 基站的能力。9 月，首个纳入卫星互联网的“新基建”项目，北京九天微星科技发展有限公司卫星智能智造工厂正式投入运营。

国外卫星互联网计划发展相对比较早，在持续的技术积累与商业化进程中，在统一任务规划、统一站网资源调度等方面已经具备了天然的优势。欧洲航天局、哈里斯公司和泰利斯阿莱尼亚航天公司共同开展了有关软件定义卫星的研究，以进一步提升卫星的在线处理和资源灵活管理能力[2]。例如，由中国科学院软件研究所牵头开发的“天智一号”是配备云计算平台的软件定义卫星，用于测试在轨数据处理能力等关键技术[3]；欧洲通信卫星公司和欧洲航天局共同开发的 Eutelsat Quantum 配备软件可重构有效载荷，可在覆盖范围、功率、频率和带宽上进行灵活的在轨重构[4]；洛克希德·马丁公司的 SmartSat 基于 SDN 技术，具备灵活在轨任务更新能力[5]。

世界各国都在大力推动卫星网络的虚拟化能力。欧洲航天局率先在 H2020 项目中开展星上载荷虚拟化研究，通过借助 SDN 和 NFV 技术，为相关业务提供星载虚拟网络功能，推动星地融合的进一步快速发展[6]。2020 年 3 月，美国北方天空研究所发布的《卫星地面网络虚拟化》指出：在测控领域，Kratos 和 Amergint 等公司引领了一种新的趋势，即将传统的硬件设备转变为虚拟化生态系统[7]。这些公司提供的虚拟化解决方案包括调制解调器、灵活网格功能、广域网优化工具、数据处理等；在甚小口径卫星终端(very small aperture terminal，VSAT)领域，考虑移动性、波束成形等新型网络需求，网络管理系统等借助云计算等技术正在向云端演变。卫星的星载处理能力将通过不断的努力得到进一步的提升。此外，天智一号云计算平台将软件定义的卫星资源添加到 VNF 业务流程中。具体地，云计算平台上的图像处理过程可以看作占用一定计算资源的 VNF 编排。我国成立的软件定义卫星联盟，对天基超算相关工作展开了研究。目前，已经成功发射了基于 SDN 和 NFV 技术、用于验证双星组网通信及其相关业务能力的卫星，为低轨卫星网络与地面网络的资源协同理论研究提供关键技术支撑。

总的来说，在网络水平方向，作为通信网络的典型场景，卫星通信具有广域覆盖、高速率低时延通信、支持大规模物联网连接，以及支持紧急通信与灾害应急等优势，同时将卫星通信系统和地面通信系统共建，实现天地融合的网络接入，能够进一步扩大网络覆盖范围[8]，突破现有地面网络频谱和带宽的限制。然而，卫星通信的发展面临着众多挑战。一方面，卫星网络自身节点高度动态、拓扑结构时变、星上节点资源受限、网络规模和复杂性不断增加；另一方面，随着信息交互需求在人类社会生产中的渗透，人们对通信服务的要求进一步提高，业务应用也趋于多样化[9]。这些问题和发展趋势使卫星网络亟须一种更加灵活和智能的资源调度方法，以满足不同的应用需求。

2. 卫星网络资源调度

卫星网络资源调度指在卫星网络中，通过对多样化异构资源的管理和优化，最大化利用卫星网络的带宽、存储和计算等资源，实现卫星网络资源的最优化分配和利用，进一步提高卫星网络的服务质量和性能，保障用户的需求和服务体验。

关于卫星网络资源的调度问题，早期的学者主要集中于研究单星资源调度方法[10]，包括任务优先级、卫星资源调度机制、启发式算法、带时间估计的高优先级算法和关键路径算法[11]。这些方法是简单、快速且有效的资源调度方法，然而在处理资源请求的大量数据时，这些方法往往不能有效地调度资源，反而可能导致许多资源请求任务等待较长时间或无法实现最佳的整体资源调度。

空间信息网络中的卫星定义为“信息+网络”的复杂系统，并将多源信息融合定义为任务规划与资源调度、数据采集、基本算法和高级应用[12]。在该场景下，解决多源、多类型、基于任务的动态资源调度问题的关键便是资源虚拟化。虚拟化技术的应用不仅可以消除建模中资源类别的差异，而且贴合卫星网络在时效性和准确性方面的需求，可以为快速的动态任务规划、资源调度提供新思路。其目的是在不同的网络节点统一调度可用资源。因此，随着星上机载处理能力的不断提升，虚拟化技术的应用可以在一定程度上缩小卫星节点之间资源受限且不互通的物理约束影响，降低卫星网络管理与运营过程中的开销。另外，对资源池内不同的 VNF 进行编排，可以提升卫星机载资源的通用性与鲁棒性，满足用户的不同服务质量需求。文献[13]针对 SFC 场景下的 SFP 优化构建问题，提出资源感知路由算法来部署 SFC，在考虑负载平衡和端到端延迟的同时，在流量层面对流量进行细粒度调度实现基于流量特征的差异化路由。文献[14]针对 VNF 放置过程中链路容量等路由约束带来的 SFC 部署挑战，提出一种基于 K 最短路径的 SFP 搜索的启发式方法，降低 SFC 部署的复杂性。文献[15]提出一种用于 VNF 映射和多播路由的启发式方法。这种方法根据请求大小和供应成本对服务请求进行优先级排序。文献[16]研究了弹性 VNF 放置问题，减少物理节点故障时受影响的 SFC 请求数量。

然而，近些年来，以 SFC 部署为中心的国内外卫星网络资源调度的学术研究较少，基本以资源调度和路径规划为主要研究方向。

文献[17]提出基于资源感知的 SA 算法，通过合理分配卫星网络的流表资源、计算资源和带宽资源，减少 SFC 数据流传输过程中端到端的时延和带宽消耗。文献[18]将星上 VNF 放置问题描述为整数非线性规划问题，提出一种分布式虚拟网络函数放置算法。每个卫星被视为一个代理，可以独立地为用户请求制定 VNF 放置策略。所有卫星都为用户请求并行地制定 VNF 放置策略，可以有效解决卫星边缘云中的 VNF 放置问题。文献[19]使用整数线性规划算法支持 NFV 的卫星网络部署。文献[20]提出一种考虑负载均衡的 SFC 部署算法，使用广度优先搜索，减少星间延迟，提高带宽利用率。

文献[21]设计的两种多层卫星网络 SFC 部署方法均通过 SFP 算法实现。面对天地一体化信息网络场景，文献[22]提出一个分层的多域 SFC 协调框架和域间路径计算的启发式 SFC 部署算法。文献[23]提出一种用于卫星网络的 SFC 部署方法。该方法基于 VNF 和流量缩放因子解决卫星网络硬件升级难，以及并发业务量大的问题，可以最大限度地降低业务请求时延和资源消耗量。文献[24]针对卫星节点通信和计算资源受限且异构网络拓扑规模较大的挑战，将 SFC 部署问题建模为一个整数非线性编程问题。根据服务质量要求、功能共享水平和带宽容量等参数，通过贪婪算法计算最佳 SFP。文献[25]提出一种基于动态拓扑和链路参数权重的 SFP 选择算法，并应用于多层卫星网络场景中，可以在跳数、时延、请求接受率和资源利用率方面获得较好的性能。

总的来说，卫星网络规模发展越来越大，跨多个域的异构空地综合网络各子网相互独立，需要跨域操作，这使有效的管理网络资源更具挑战性。另外，随着用户数量和业务类型的极大丰富，卫星星座不再以单一功能为主，而是侧重于更多样化的场景和更复杂的业务。现有的基于 SFC 的卫星网络资源调度大多面向底层网络，而忽略用户的服务体验。因此，如何为不同级别的垂直应用提供多样化的服务质量服务仍然是一个具有挑战性的问题。

因此，本节将意图驱动网络应用于卫星通信场景，以意图驱动的卫星网络管控架构为基础，以卫星网络资源协同调度管理为场景实例，从典型算法、实施步骤、仿真实验环境、实施效果评估等角度描述意图驱动网络在卫星通信中的应用。

10.3 卫星网络管控算法

1. 闭环强化学习算法

卫星网络上的资源极其宝贵，因此研究卫星网络的管控首先需要对卫星网络资源进行细粒度、多维度的分析，设计高效的卫星资源管理策略来保障不同意图的资源需求。通过采用资源虚拟化技术将底层的实体性资源和功能性资源转换为抽象的逻辑功能单元，对卫星网络资源进行建模。

1）功能性节点资源

假设卫星网络存在 n 个卫星，卫星集合为

$$R=\{R_1,R_2,\cdots,R_n\} \tag{10-1}$$

在 n 个卫星组成的卫星网络中，有 k 种资源，其资源聚合和转化主要考虑的是处理和存储资源，对每个卫星具备的资源能力进行表示，即

$$A_i=(a_{i1},a_{i2},\cdots,a_{ik}),\quad i=1,2,\cdots,n \tag{10-2}$$

其中，i 表示卫星的编号。

整个系统的总资源为

$$R^{\text{total}}=\sum_{i=1}^{n}A_i=\sum_{i=1}^{n}(a_{i1},a_{i2},\cdots,a_{ik})=\left(A_1^{\text{total}},A_2^{\text{total}},\cdots,A_k^{\text{total}}\right) \tag{10-3}$$

2) 链路资源

由于资源节点之间的逻辑链接关系依托实际网络系统中设备实体节点之间的物理链路存在，而链路又是信息交互和资源共享的基础，同时需要考虑链资源的属性值，如链路带宽、延时、误码率等，因此链路的属性可以采用邻接矩阵 E 表示链路是否存在及权值情况，即

$$E = \begin{bmatrix} e_{11} & e_{12} & \cdots & e_{1n} \\ e_{21} & e_{22} & \cdots & e_{2n} \\ \vdots & \vdots & & \vdots \\ e_{n1} & e_{n2} & \cdots & e_{nn} \end{bmatrix} \tag{10-4}$$

其中，n 为卫星个数；e_{ij} 为卫星 R_i、R_j 之间链路的代价权值，主要指时延代价，若 $i = j$ 则 $e_{ij} = 0$，若 $e_{ij} = \infty$ 则表示两星间无法直接通信，若 $e_{ij} = w, w \in \mathrm{R}^+$ 则表示两星可以直接通信，且代价为 w。

基于卫星网络对虚拟资源的约束，主要体现在时间约束和任务约束下，对虚拟化资源进行管理的过程，主要包括以下四种情况。

(1) 意图目标，以及优先级的约束。意图需要在多资源实体之间协同工作；具有意图优先级的需求，使用同一资源时应对需求该资源的意图进行优先级排序，保证特殊任务的完成度。

(2) 时间方面的约束。意图的活动都有持续时间，而且该持续时间可能也是变化的。

(3) 卫星资源特性的约束。对于离散资源，在同一时间不能有两个任务同时使用；对于连续资源，总和不能超过意图相关系统所能提供的总量；某些特殊资源不能被所有任务所调用。

(4) 信息传输机制的约束。卫星系统长期存在于多目标协同工作的情况，资源调度需要在不同资源实体和异构网络之间进行，应保证调度的实时性和高效性。

构建目标函数，考虑意图优化目标，即意图代价最小化或意图完成收益最大化。意图表征完成时间最小化，即

$$\min P = \min\left(aT_d + bP_{\text{rec}}\right) \tag{10-5}$$

其中，T_d 表示整体网络时延代价；P_{rec} 表示整体网络的重构代价；第一项表示整体网络时延代价；第二项表示整体网络的重构代价；a、b 表示对两种代价的侧重比，$a + b = 1$。

卫星对任务的执行受限于卫星的资源能力。由于卫星资源的受限，在任务执行时，单个卫星资源能力和卫星系统具备的资源能力必须满足

$$
\begin{cases}
P_T \leqslant P_R \\
R_{\text{dis}(i)} \leqslant P_i^{\text{total}} \\
R_{\text{sur}(i)} \geqslant 0 \\
R_{\text{dis}}^{\text{total}} = \sum_i R_{\text{dis}(i)} \leqslant R^{\text{total}}
\end{cases}
\tag{10-6}
$$

其中，P_T 为意图整体需求性能的能力权值；P_R 为对执行意图的一个或多个卫星资源具备该能力的权值和；$R_{\text{dis}(i)}$ 为卫星 i 分配给该意图的资源；P_i^{total} 为卫星 i 可重构资源的整体能力性能评估权值；$R_{\text{sur}(i)}$ 为卫星 i 剩余的资源；$R_{\text{dis}}^{\text{total}}$ 表示若意图被分解时，网络中多颗卫星聚合分配给该任务的资源；R^{total} 为卫星网络系统的资源总量。

基于网络态势感知、意图深度挖掘等技术，研究意图/态势双驱动的 SAI 优化机制，从而实现策略下发前的网络状态信息感知，预先生成粗粒度策略。在策略下发后，针对由卫星网络的高动态性导致的策略与当前网络不匹配等问题，研究细粒度策略在底层网络的部署，形成优化闭环反馈机制，实现资源分配策略自动化生成和自我优化调配。

基于强化学习的 SAI 意图环路网络规划/优化模型如图 10.3 所示，包括两种类型的智能流，即自顶向下的任务-意图-策略流，以及自底向上的数据-信息激励的网络数据流。将 SAI 意图环路模块的每一层看成一个智能体，意图转译层的职责是随着经验的积累，预测生成意图的真实性，并将网络意图输入给智能决策层，

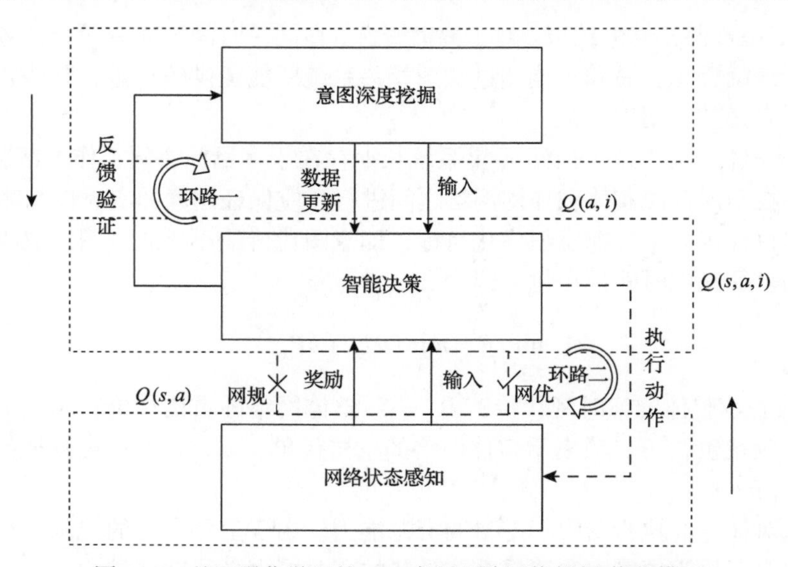

图 10.3 基于强化学习的 SAI 意图环路网络规划/优化模型

以辅助其提高决策的速度和精度，并与其不断进行交互迭代更新(环路一)。状态感知层的职责是与其对应的网络环境进行交互，根据得到的经验更新自身参数，将其存储到网络状态感知模型，同时输入智能决策层(环路二)。智能决策层既不需要对意图进行挖掘，也不需要对底层网络环境进行态势感知。智能决策层使用意图转译层输入的网络意图，以及状态感知层反馈的网络态势感知等数据进行学习，可以根据学习结果更新全局参数。

每个智能体都有自己的学习机制，通过与其他智能体交互进行学习。智能体与网络环境的相互作用可以表示为感知-动作环路。其中，智能体通过网络意图影响网络环境状态，并通过其传感器接收对环境状态的感知。智能体根据当前时间步长的感知信息选择下一个步长的动作。该动作会影响环境的状态，进而影响下一时间步智能体的输入，依此循环进行。

定义意图五元组 I_D=<领域，属性，对象，操作，结果>。假设意图挖掘层的状态空间为 $S=\begin{bmatrix} s_{11} & s_{12} & \cdots & s_{1M} \\ s_{21} & s_{22} & \cdots & s_{2M} \\ \cdots & \cdots & & \cdots \\ s_{N1} & s_{N2} & \cdots & s_{NM} \end{bmatrix}$，$s_{in}$ 表示意图五元组中第 i 个元素中的第 n 个值，例如 s_{13} 表示意图五元组中，领域属性集合中第 1 个元素中的第 3 个属性。可执行的动作空间 $A=\begin{bmatrix} a_{11} & a_{12} & \cdots & a_{1M} \\ a_{21} & a_{22} & \cdots & a_{2M} \\ \cdots & \cdots & & \cdots \\ a_{N1} & a_{N2} & \cdots & a_{NM} \end{bmatrix}$，$a_{im}$ 表示意图五元组中第 i 个元素中的可执行的第 m 个动作，N 和 M 分别为状态空间和动作空间的规模。借鉴网络熵、搜索熵，以及香农定义的信息熵的概念，以意图熵 I_E 为工具定量分析动作选择的不确定性。

定义状态 s_{ij} 的意图熵为

$$I_E\left(s_{ij}\right)=-\sum_{a_i\in A}^{m} p\left(s_{in},a_{im}\right)\log_2 p\left(s_{in},a_{im}\right) \tag{10-7}$$

其中，$p\left(s_{in},a_{im}\right)$ 为状态 s_{in} 下选择动作 a_{im} 的概率，$s_{in}\in S, a_{im}\in A$，且 $p\left(s_{in}, a_{im}\right)\geqslant 0, \sum_{i=1}^{I}\sum_{n=1}^{N}\sum_{m=1}^{M} p\left(s_{in},a_{im}\right)=1$。

意图熵可以结合不同的评价有效衡量网络系统的性能变化。熵越小，表明网络系统的稳定性越高。

下面对五元组中每个属性的元素进行重要性度量。定义状态 $s_{in}, s_{in}\in S$ 的重要

性为

$$K(s_{in})=\sum_{i=1}^{I}\sum_{n=1}^{N}\sum_{m=1}^{N}p(s_{in},a_{im})\log_2 p(s_{in},a_{im})+B \tag{10-8}$$

$$p(s_{in},a_{im})=\frac{Q^{\text{norm}}(s_{in},a_{im})}{\sum_{i=1}^{I}Q^{\text{norm}}(s_{in},a_{im})} \tag{10-9}$$

$$Q^{\text{norm}}(s_{in},a_{im})=\frac{Q(s_{in},a_{im})-Q^{\min}}{Q^{\max}-Q^{\min}} \tag{10-10}$$

其中，$B=\log_2 I$；Q^{norm}为对Q进行归一化的值；$Q^{\max}$和$Q^{\min}$为价值函数可取的最大值和最小值；$p(s_{in},a_{im})\in[0,1],\sum_{i=1}^{I}\sum_{n=1}^{N}\sum_{m=1}^{M}p(s_{in},a_{im})=1$。

由此可以选出意图五元组每个属性中重要性最高的元素，组成表征意图的五元组I_D，将其输入智能决策层。此时，意图转译层的价值函数为

$$Q_{t+1}(a_t,i_{D_t})=(1-\alpha)Q_t(a_t,i_{D_t})+\alpha\left(r_t+\gamma\max_{a_{t+1}\in A}Q(a_{t+1},i_{D_{t+1}})\right) \tag{10-11}$$

智能体与网络环境或智能体与智能体之间的相互作用可以表示为感知-动作环路。因网络环境和可执行的动作都是随机的，随机变量之间的关系可以表示为按时间展开的随机贝叶斯网络。感知-动作环可以理解为一个概率通道，智能体与网络环境或智能体与智能体之间在下一时刻步长的通道容量为

$$E:=C(A_t\to S_{t+1})=\max_{p(a_t)}I_{\text{inter}}(S_{t+1},A_t) \tag{10-12}$$

其中，$I_{\text{inter}}(S_{t+1},A_t)$为两个随机变量之间的互信息，即

$$I_{\text{inter}}(S_{t+1},A_t)=\sum_{s_{ij}\in S}p(s_{ij})\sum_{a_{ij}\in A}p(s_{ij},a_{ij})\log p(s_{ij},a_{ij})-\sum_{s_{ij}\in S}p(s_{ij},a_{ij})\log p(s_{ij},a_{ij}) \tag{10-13}$$

其中，等号右侧第一项对应于条件熵；第二项对应于标准香农熵。

香农熵测量随机变量的不确定性，一旦执行动作a，条件熵就测量s_{t+1}的不确定性。通过互信息在智能体之间进行信息互通，实现环路循环迭代执行，达到全局最优。

2. *深度优先搜索资源调度算法*

基于意图满足度的服务功能转发路径选择算法借助深度优先搜索(depth first

search，DFS)算法，将卫星网络拓扑抽象为一棵树，以源节点为根节点开始遍历。在遍历过程中，总是优先搜索最近产生的节点，并沿着一条单一的路径进行搜索，直至找到目标节点。

该算法主要通过如下三个步骤实现。

步骤 1，确定虚拟网络功能 f_1 的部署节点。遍历卫星网络拓扑，计算与源地面站和目标地面站星地距离最近的卫星节点，分别记为卫星网络空间段的源节点和目的节点，并将 f_1 部署在源节点上。

步骤 2，构建非 f_1 虚拟网络功能可部署的节点集合。遍历网络拓扑，依据资源约束条件 1、2、3，将满足条件的节点添加到集合 OBVNF_k 中。

步骤 3，选择意图满足度最大化的 SFP。采用 DFS 算法，获得所有满足约束条件的路径集合，根据路径权重公式对所有路径进行排序，选择权重最大的路径作为最优 SFP。

算法伪代码描述如下。

算法 10.1：基于意图满足度的 SFP 选择算法

输入：卫星网络有向图 $P=(N,L,T)$，SFC 无向图 $S=(F,E)$，源、目的地面站

输出：意图满足度最大的 SFP

1：初始化

2：for $f_k \in F$ do

3：　if k==1

4：　　for $n_i \in N$ do

5：　　　temp1= MinDistance (n_i, Source)

6:　　　temp2= MinDistance (n_i, Destination)

7：　　V1.deploy (temp_1)；Source=temp_1；Destination=temp_2;

8：　else

9：　　for $n_i \in N$ do

10：　　　if 满足约束条件 1，2，3

11：　　　　OBVNF_k <− n_i

12：　　　end if

13：　end if

14：for $n_i \in N$ do

15：　DFSPath (Source, Destination);

16：　P< − getoptionalpath ();

17：WeightSort ();

18：for $p \in P$ do

19： if hop ≥ VNFnum
20： p=getOptimalPath();
21： 更新网络资源信息
22： end if
23：输出最优 SFP

10.4 意图驱动卫星网络管控流程

卫星网络任务繁多、任务需求不一，其中典型的对地观测任务、测控任务和通信任务存在差异化的资源需求。利用现有的卫星网络资源条件，无法按需保障这些多样任务的服务质量需求。因此，需要用有限的网络资源满足更多的业务需求，即需要更加智能协同的资源管控方法，实现异构资源共享，提高资源利用率。

随着卫星网络范围和空间的不断拓展，网络感知能力不断增强，网络中意图规划及资源调度的问题日益复杂。以意图驱动网络为基础，提出意图驱动智能“三协”（协作、协调、协同）多维资源管理策略技术，实现网络资源自主管理、自动配置策略和性能调优。意图驱动卫星网络资源动态管理过程如图 10.4 所示。

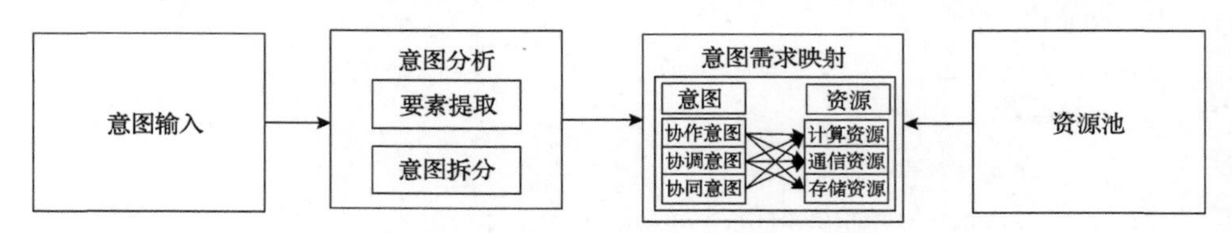

图 10.4 意图驱动卫星网络资源动态管理过程

1）意图分析模块

意图分析模块负责接收来自应用层的意图请求，并对收到的意图请求进行初步分析，完成意图要素的提取，并将需要多次执行意图请求划分成具体的子意图。

2）意图需求映射模块

意图需求映射模块接收意图要素提取模块获得的意图要素和来自数据层的网络资源状态，将意图要素映射成对卫星网络现有资源的需求。

资源池定义为卫星网络中全部可用资源的集合，模型如图 10.5 所示。构建资源池时，主要考虑计算资源、通信资源和存储资源。计算资源指对计算能力的稳定性、可靠性、复杂度、优先级等进行管理。通信资源指对链路负荷、频段、时隙、时延的稳定性、连通性、拥塞度、安全性、优先级等进行管理。存储资源指对存储空间的稳定性、可靠度、安全性、可扩展性等进行管理。将卫星网络中全部可用的资源都集中表示在资源池中，资源池位于资源分配星。资源分配星的主要职责在于通过监控网络内部卫星的变动更新资源的变化，并将这种变化记录到资源池。

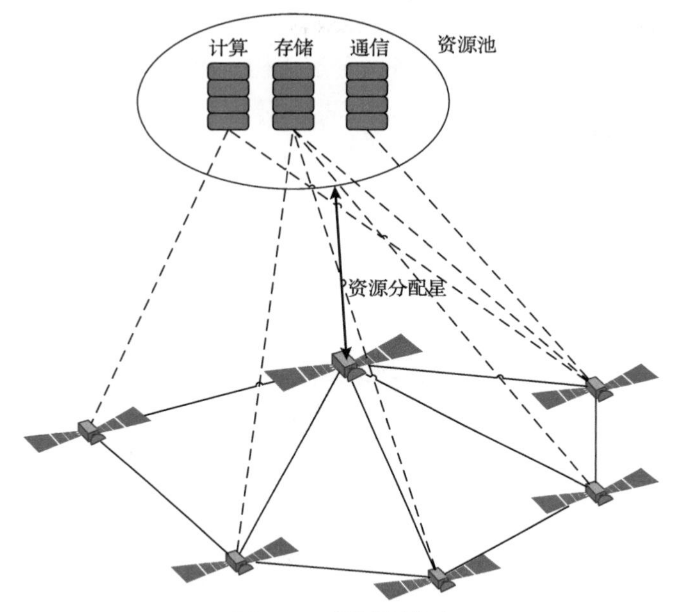

图 10.5　资源池模型

卫星网络中关于协调、协同、协作进行多意图多资源管控的研究逐渐深化。协调指为了完成某项使命，组织、编排各个分队，并赋予不同的意图。协作指配合其他分队的需要，协助同伴完成意图。协同指分队中的成员共同完成分配到的某个意图。目前，协调、协作、协同意图各行其是，不能对卫星网络系统进行统一调度和管理。因此，明确“三协”的概念和关系，以提出多卫星多意图多资源管控方法，探索意图与卫星网络资源的映射关系，提升卫星任务规划效率，同时提高卫星资源利用率。“三协”示意图如图 10.6 所示。

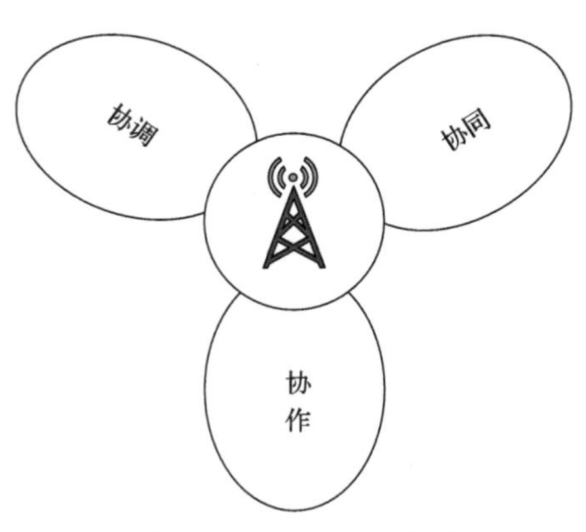

图 10.6　“三协”示意图

"三协"在卫星网络中的具体应用场景如图 10.7 所示。研究基于意图的卫星网络，"协调"意图规划、"协同"管理机制和"协作"资源匹配优化多意图与多资源的匹配问题，实现复杂作战任务的分解重构，提高资源利用率。

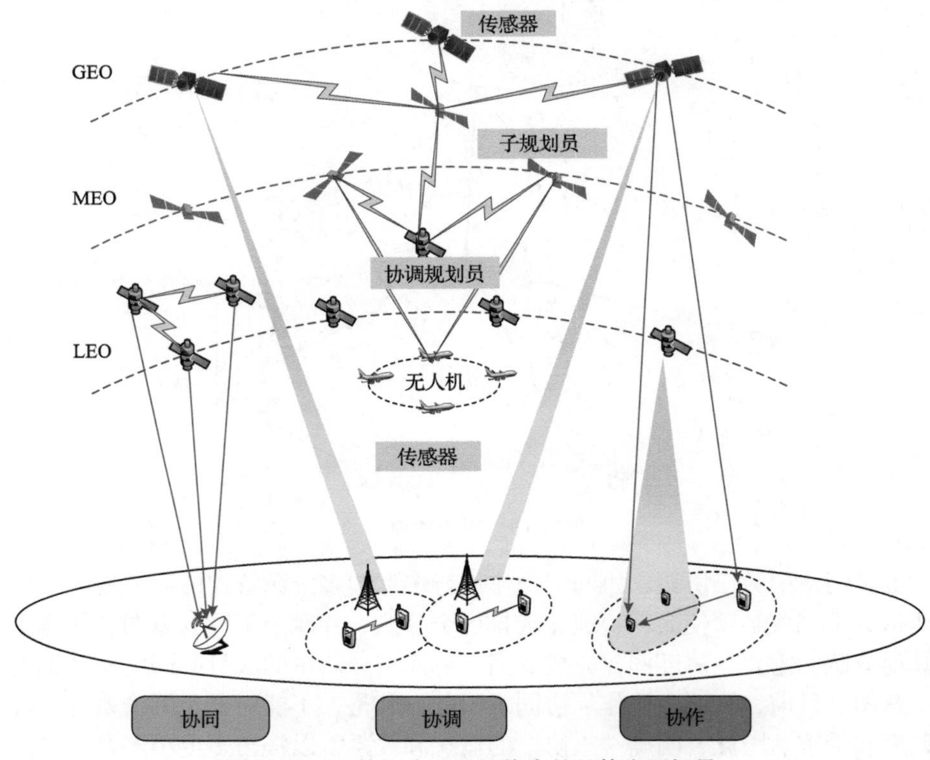

图 10.7　"三协"在卫星网络中的具体应用场景

"三协"意图资源映射图如图 10.8 所示，能够实现"三协"意图与计算资源、传输资源、存储资源等的匹配。

卫星网络中的意图复杂多样、资源多种多样。不同的意图对各维度资源的需求不一，如对地观测、数据传输、故障恢复等。这些意图需要卫星网络提供具有观测、处理、存储、传输等能力的相应资源，通过资源的整合形成网络策略。卫星网络中意图-资源管理模型如图 10.9 所示，由意图（intent）、资源（resource）、策略（policy）三部分构成，简称 IRP 模型。意图即用户向网络提出的需求。资源即网络中的节点资源、链路资源、存储资源、计算资源等。策略即意图和资源的匹配结果，将有序的资源序列与意图相匹配。三者之间具有逻辑上因果推进的链接关系。这个链接关系在 IRP 模型中表现为从意图到网络系统具备的资源能力，再到系统形成的策略为单向链路，体现网络系统资源面向意图的服务过程。

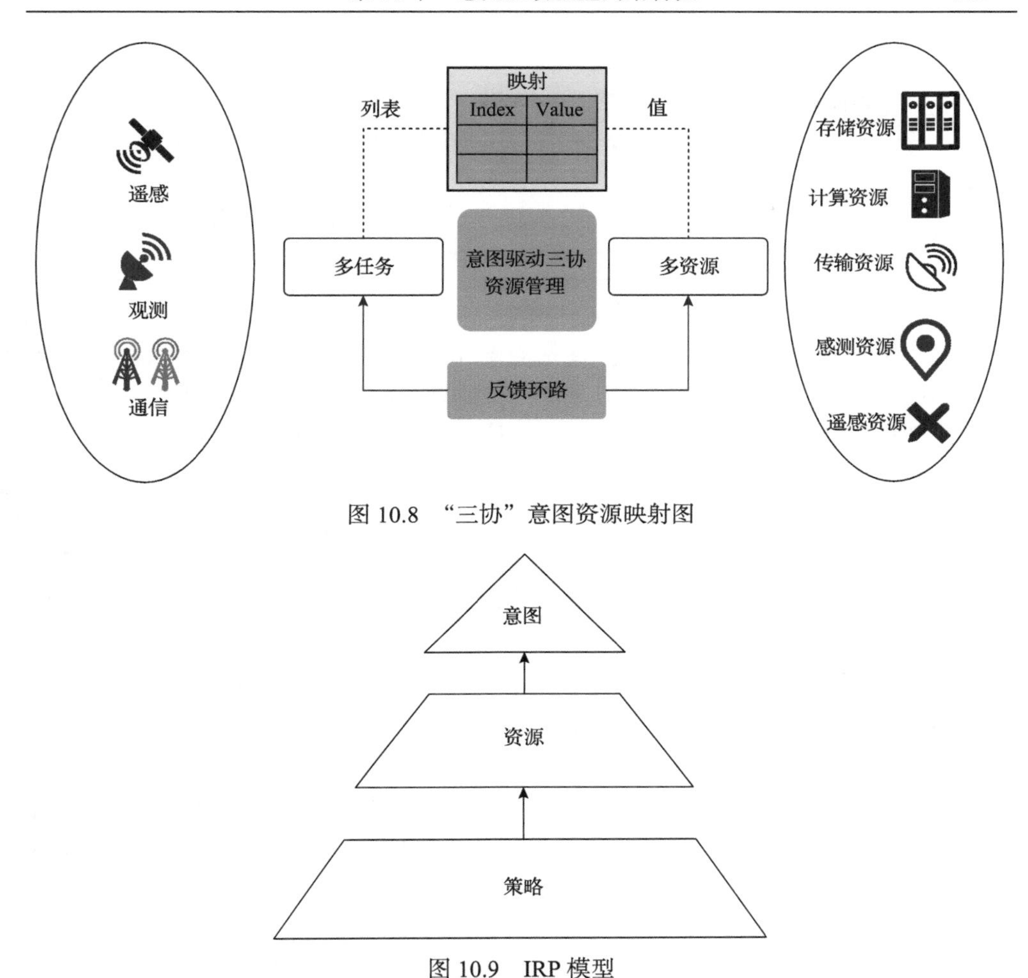

图 10.8　“三协”意图资源映射图

图 10.9　IRP 模型

10.5　意图驱动卫星网络管控系统实现

为了验证卫星网络管控系统的可行性和有效性，本节对意图驱动的卫星网络资源管理架构中的主要功能模块进行仿真验证。仿真验证环境如表 10.1 所示。

表 10.1　仿真验证环境

仿真环境	版本参数
虚拟化平台	VMware Workstation Pro 16
操作系统	Ubuntu18.04 LTS
卫星星座仿真工具	STK 11

续表

仿真环境	版本参数
卫星工具包二次开发工具	Python 3.9
网页开发工具	Le5le Topology+React
ONOS 控制器	ONOS 2.4.0
网络仿真工具	Mininet 2.3.2

意图驱动的卫星网络资源管控首先需要构建合适的卫星网络场景，由于卫星星座的设计需要考虑轨道高度、卫星倾角等物理参数，同时卫星节点之间的通信情况受到星间链路可见性的影响。为了获得更加准确的模型卫星网络拓扑结构、星间参数，本节采用卫星工具包仿真软件对卫星网络进行建模，并通过 Mininet 构建虚拟卫星网络基础设施。

卫星工具包仿真软件可以用于模拟、分析、设计空间任务和卫星系统。它为复杂海、陆、空任务的制定提供方便快捷的手段，同时支持 Matlab、Python 等编程语言的二次开发。常见的功能描述如下。

(1)卫星轨道分析和设计。分析和设计卫星轨道，包括轨道高度、轨道倾角、轨道形状、轨道速度等。使用者可以根据需要自定义轨道参数，也可以使用卫星工具包内置的常用轨道参数。

(2)通信链路分析。卫星工具包可以模拟卫星与地面站之间的通信链路，包括信号传输、接收和处理。使用者可以通过卫星工具包模拟不同频段、不同天线类型和不同地面站配置下的通信链路质量，以优化通信系统设计。

(3)任务规划和执行。卫星工具包可以帮助任务规划员设计任务，包括任务流程、任务执行时间、资源分配等，还可以监控任务执行期间的进展，以便及时发现并解决问题。

(4)碰撞分析。卫星工具包可以模拟空间物体的运动轨迹，并对不同物体之间的碰撞风险进行分析。使用者可以通过卫星工具包提供的工具评估碰撞风险，避免碰撞事故。

(5)数据可视化和分析。卫星工具包可以将分析结果以图形化的方式展示出来，使用户更直观地了解卫星系统的运行状况和性能表现。同时，卫星工具包还支持数据导出和报告生成，方便用户进行更深入的数据分析和研究。

Mininet 作为一种虚拟网络仿真器，支持虚拟网络中主机、交换机、控制器和链路的自定义创建。同时，它也提供了可扩展的 Python API。

本节利用 Mininet 和卫星工具包设计了一个卫星星座模拟真实运行的卫星网络状态。该星座由 8 个轨道组成，轨道高度为 550km，倾角为 53°。每个轨道包含 8 个均匀分布的卫星，依据其位置命名为 node*ij*，*i* 为轨道编号，*j* 为卫星编号。每个卫星包含一个发射机和一个接收机，其中发射机的频率为 12GHz，有效辐射功率为 20dBW，数据传输速率为 14Mbit/s；接收机的频率为 12GHz，功率为 20dBW。

采用 Python 对卫星工具包进行二次开发。首先，完成卫星工具包与 Python 的初次连接，关键代码如下。

```
root=app.Personality2
comtypes.client.GetModule((comptyes.GUIDE("{090D317C-31A7-4AF7-89CD-25FE18F4017C}"),1,0)))
```

然后，通过 Python 实现卫星工具包功能的自动化调用，导入并调用卫星工具包相关对象操作的依赖包，启动卫星工具包软件并创建设定的卫星星座。卫星星座示意图如图 10.10 所示。图中曲线表示卫星轨道；直线表示相连两个卫星的通信链路，即某一时刻，两颗卫星之间可以建立通信链路。

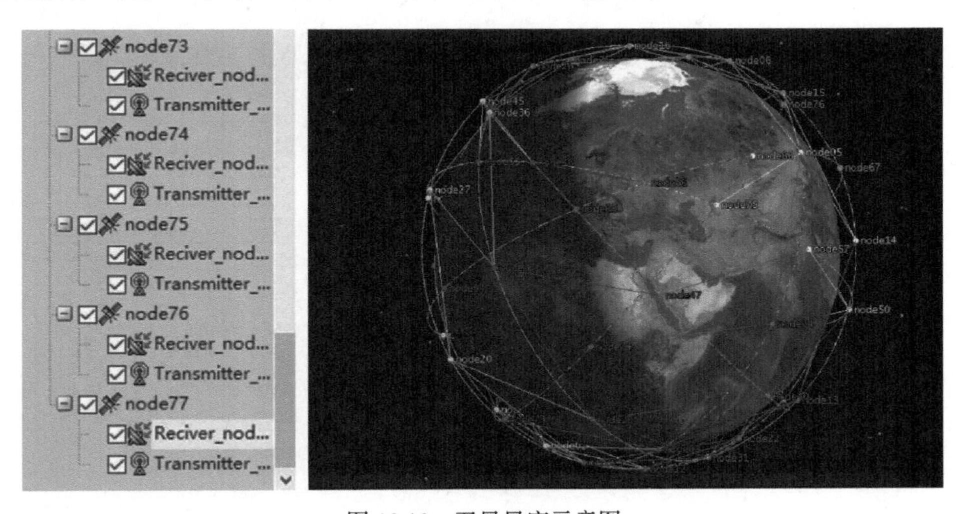

图 10.10　卫星星座示意图

为实现 Mininet 与卫星工具包的联动，实现卫星网络参数在 Mininet 拓扑中的实时更新，采用网页应用框架实现客户端与服务端的数据交互，并由该框架下的需求对象，即 request 提供相关操作。卫星工具包端通过 res=request.post (r'http://ip:8000/modify/, json=data_list) 实现链路参数的发送。Mininet 服务器端通过 modify_list=request.get_json () 接收链路参数并进行修改。

卫星节点具有转发功能，因此该模块采用 Mininet 模拟卫星网络场景，采用开源虚拟交换机模拟卫星节点。

初始化状态下，每个卫星节点均与其同轨道相邻的两颗卫星，以及相邻轨道编号相同的卫星相连，异轨星间链路默认带宽为 400Mbit，时延为 17ms，抖动为 0ms，丢包率为 0。本方案设置拓扑更新次数为 8，不同时间片对应的星间链路参数如图 10.11 所示。

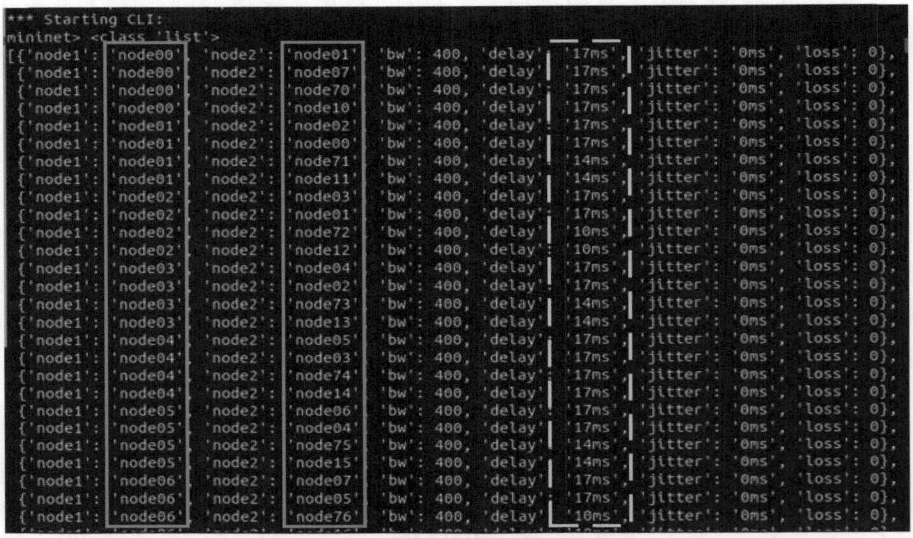

```
*** Starting CLI:
mininet> <class 'list'>
[{'node1': 'node00', 'node2': 'node01', 'bw': 400, 'delay': '17ms', 'jitter': '0ms', 'loss': 0},
 {'node1': 'node00', 'node2': 'node07', 'bw': 400, 'delay': '17ms', 'jitter': '0ms', 'loss': 0},
 {'node1': 'node00', 'node2': 'node70', 'bw': 400, 'delay': '17ms', 'jitter': '0ms', 'loss': 0},
 {'node1': 'node00', 'node2': 'node10', 'bw': 400, 'delay': '17ms', 'jitter': '0ms', 'loss': 0},
 {'node1': 'node01', 'node2': 'node02', 'bw': 400, 'delay': '17ms', 'jitter': '0ms', 'loss': 0},
 {'node1': 'node01', 'node2': 'node00', 'bw': 400, 'delay': '17ms', 'jitter': '0ms', 'loss': 0},
 {'node1': 'node01', 'node2': 'node71', 'bw': 400, 'delay': '14ms', 'jitter': '0ms', 'loss': 0},
 {'node1': 'node01', 'node2': 'node11', 'bw': 400, 'delay': '14ms', 'jitter': '0ms', 'loss': 0},
 {'node1': 'node02', 'node2': 'node03', 'bw': 400, 'delay': '17ms', 'jitter': '0ms', 'loss': 0},
 {'node1': 'node02', 'node2': 'node01', 'bw': 400, 'delay': '17ms', 'jitter': '0ms', 'loss': 0},
 {'node1': 'node02', 'node2': 'node72', 'bw': 400, 'delay': '10ms', 'jitter': '0ms', 'loss': 0},
 {'node1': 'node02', 'node2': 'node12', 'bw': 400, 'delay': '10ms', 'jitter': '0ms', 'loss': 0},
 {'node1': 'node03', 'node2': 'node04', 'bw': 400, 'delay': '17ms', 'jitter': '0ms', 'loss': 0},
 {'node1': 'node03', 'node2': 'node02', 'bw': 400, 'delay': '17ms', 'jitter': '0ms', 'loss': 0},
 {'node1': 'node03', 'node2': 'node73', 'bw': 400, 'delay': '14ms', 'jitter': '0ms', 'loss': 0},
 {'node1': 'node03', 'node2': 'node13', 'bw': 400, 'delay': '14ms', 'jitter': '0ms', 'loss': 0},
 {'node1': 'node04', 'node2': 'node05', 'bw': 400, 'delay': '17ms', 'jitter': '0ms', 'loss': 0},
 {'node1': 'node04', 'node2': 'node03', 'bw': 400, 'delay': '17ms', 'jitter': '0ms', 'loss': 0},
 {'node1': 'node04', 'node2': 'node74', 'bw': 400, 'delay': '17ms', 'jitter': '0ms', 'loss': 0},
 {'node1': 'node04', 'node2': 'node14', 'bw': 400, 'delay': '17ms', 'jitter': '0ms', 'loss': 0},
 {'node1': 'node05', 'node2': 'node06', 'bw': 400, 'delay': '17ms', 'jitter': '0ms', 'loss': 0},
 {'node1': 'node05', 'node2': 'node04', 'bw': 400, 'delay': '17ms', 'jitter': '0ms', 'loss': 0},
 {'node1': 'node05', 'node2': 'node75', 'bw': 400, 'delay': '14ms', 'jitter': '0ms', 'loss': 0},
 {'node1': 'node05', 'node2': 'node15', 'bw': 400, 'delay': '14ms', 'jitter': '0ms', 'loss': 0},
 {'node1': 'node06', 'node2': 'node07', 'bw': 400, 'delay': '17ms', 'jitter': '0ms', 'loss': 0},
 {'node1': 'node06', 'node2': 'node05', 'bw': 400, 'delay': '17ms', 'jitter': '0ms', 'loss': 0},
 {'node1': 'node06', 'node2': 'node76', 'bw': 400, 'delay': '10ms', 'jitter': '0ms', 'loss': 0},
```

(a) 时间片 1 对应的星间链路参数

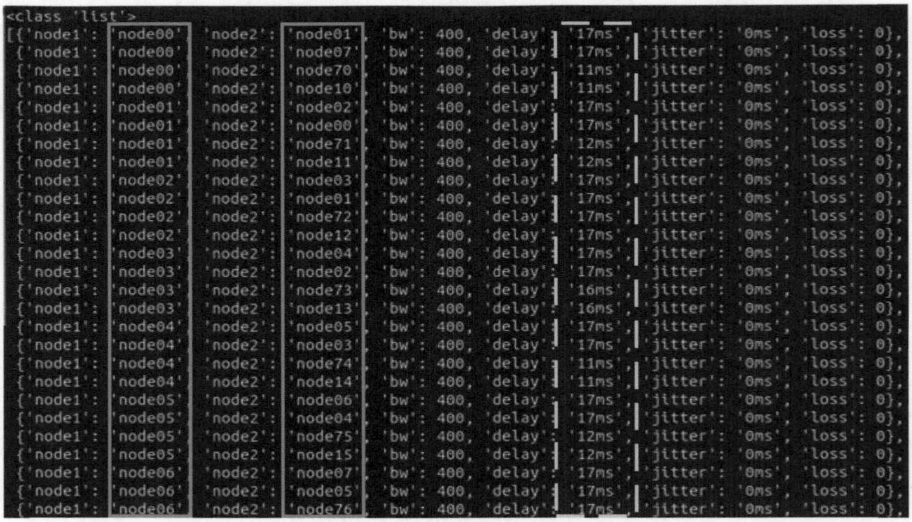

```
<class 'list'>
[{'node1': 'node00', 'node2': 'node01', 'bw': 400, 'delay': '17ms', 'jitter': '0ms', 'loss': 0},
 {'node1': 'node00', 'node2': 'node07', 'bw': 400, 'delay': '17ms', 'jitter': '0ms', 'loss': 0},
 {'node1': 'node00', 'node2': 'node70', 'bw': 400, 'delay': '11ms', 'jitter': '0ms', 'loss': 0},
 {'node1': 'node00', 'node2': 'node10', 'bw': 400, 'delay': '11ms', 'jitter': '0ms', 'loss': 0},
 {'node1': 'node01', 'node2': 'node02', 'bw': 400, 'delay': '17ms', 'jitter': '0ms', 'loss': 0},
 {'node1': 'node01', 'node2': 'node00', 'bw': 400, 'delay': '17ms', 'jitter': '0ms', 'loss': 0},
 {'node1': 'node01', 'node2': 'node71', 'bw': 400, 'delay': '12ms', 'jitter': '0ms', 'loss': 0},
 {'node1': 'node01', 'node2': 'node11', 'bw': 400, 'delay': '12ms', 'jitter': '0ms', 'loss': 0},
 {'node1': 'node02', 'node2': 'node03', 'bw': 400, 'delay': '17ms', 'jitter': '0ms', 'loss': 0},
 {'node1': 'node02', 'node2': 'node01', 'bw': 400, 'delay': '17ms', 'jitter': '0ms', 'loss': 0},
 {'node1': 'node02', 'node2': 'node72', 'bw': 400, 'delay': '17ms', 'jitter': '0ms', 'loss': 0},
 {'node1': 'node02', 'node2': 'node12', 'bw': 400, 'delay': '17ms', 'jitter': '0ms', 'loss': 0},
 {'node1': 'node03', 'node2': 'node04', 'bw': 400, 'delay': '17ms', 'jitter': '0ms', 'loss': 0},
 {'node1': 'node03', 'node2': 'node02', 'bw': 400, 'delay': '17ms', 'jitter': '0ms', 'loss': 0},
 {'node1': 'node03', 'node2': 'node73', 'bw': 400, 'delay': '16ms', 'jitter': '0ms', 'loss': 0},
 {'node1': 'node03', 'node2': 'node13', 'bw': 400, 'delay': '16ms', 'jitter': '0ms', 'loss': 0},
 {'node1': 'node04', 'node2': 'node05', 'bw': 400, 'delay': '17ms', 'jitter': '0ms', 'loss': 0},
 {'node1': 'node04', 'node2': 'node03', 'bw': 400, 'delay': '17ms', 'jitter': '0ms', 'loss': 0},
 {'node1': 'node04', 'node2': 'node74', 'bw': 400, 'delay': '11ms', 'jitter': '0ms', 'loss': 0},
 {'node1': 'node04', 'node2': 'node14', 'bw': 400, 'delay': '11ms', 'jitter': '0ms', 'loss': 0},
 {'node1': 'node05', 'node2': 'node06', 'bw': 400, 'delay': '17ms', 'jitter': '0ms', 'loss': 0},
 {'node1': 'node05', 'node2': 'node04', 'bw': 400, 'delay': '17ms', 'jitter': '0ms', 'loss': 0},
 {'node1': 'node05', 'node2': 'node75', 'bw': 400, 'delay': '12ms', 'jitter': '0ms', 'loss': 0},
 {'node1': 'node05', 'node2': 'node15', 'bw': 400, 'delay': '12ms', 'jitter': '0ms', 'loss': 0},
 {'node1': 'node06', 'node2': 'node07', 'bw': 400, 'delay': '17ms', 'jitter': '0ms', 'loss': 0},
 {'node1': 'node06', 'node2': 'node05', 'bw': 400, 'delay': '17ms', 'jitter': '0ms', 'loss': 0},
 {'node1': 'node06', 'node2': 'node76', 'bw': 400, 'delay': '17ms', 'jitter': '0ms', 'loss': 0},
```

(b) 时间片 3 对应的星间链路参数

图 10.11　不同时间片对应的星间链路参数

可以看出，node00 与 node01、node07 作为同轨道相邻卫星，星间链路时延为

17ms 保持不变；node00 和 node70、node10 作为相邻轨道相邻卫星，星间链路由 17ms 更新为 11ms。可以验证，基于卫星工具包和 Mininet 的卫星网络可以实现链路参数的动态更新。

10.6 实验结果

1. 意图分析功能模块实现

在构建底层卫星网络基础设施环境后，为了实现意图驱动卫星网络的资源协同智能管理，意图的分析和识别是关键环节。由于卫星通信网络具有多样化的应用场景，不同应用场景下主要的业务类型，以及面向的用户群体都存在差异，不同业务相对应的性能目标也各有不同。因此，意图分析模块需要具备根据业务意图输入，进行通信场景识别、用户类型识别，以及业务类型识别的多任务识别能力。

仿真采用基于 ALBERT 与 TextCNN 为共享层的多任务模型，解决卫星网络资源管控意图的识别问题[26]。模型中的多个任务并行处理，能够减少推理延时，缓解模型过拟合现象，使意图分析模块能够精准快速地进行业务识别。图 10.12 反映场景识别任务、用户类型识别任务、业务类型识别任务各单独任务，以及总任务的损失值变化曲线。图 10.13 为通信场景识别在训练集与测试集的 F_1 分数，以及精确率变化图。图 10.14 为用户类型识别在训练集与测试集的 F_1 分数，以及精确率变化图。图 10.15 为业务类型识别训练集和测试集的 F_1 分数，以及精确率变化图。

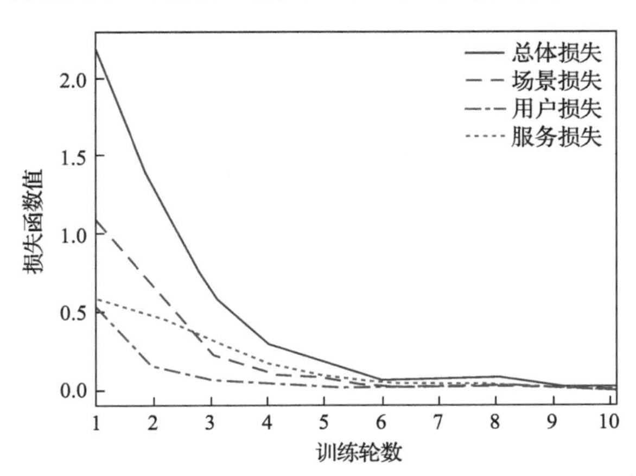

图 10.12　意图分类模型训练损失变化

从图 10.12 的损失变化曲线可以看到，基于 ALBERT+TextCNN 为共享层的多任务模型经过预训练，其收敛速度较快，在第 6 轮基本收敛，验证了方案的可行性。由图 10.13～图 10.15 可以看出，该模型在各类型任务上的识别精度均接近 1，能够较好地实现对用户任务意图的场景、用户类型，以及业务类型的识别。

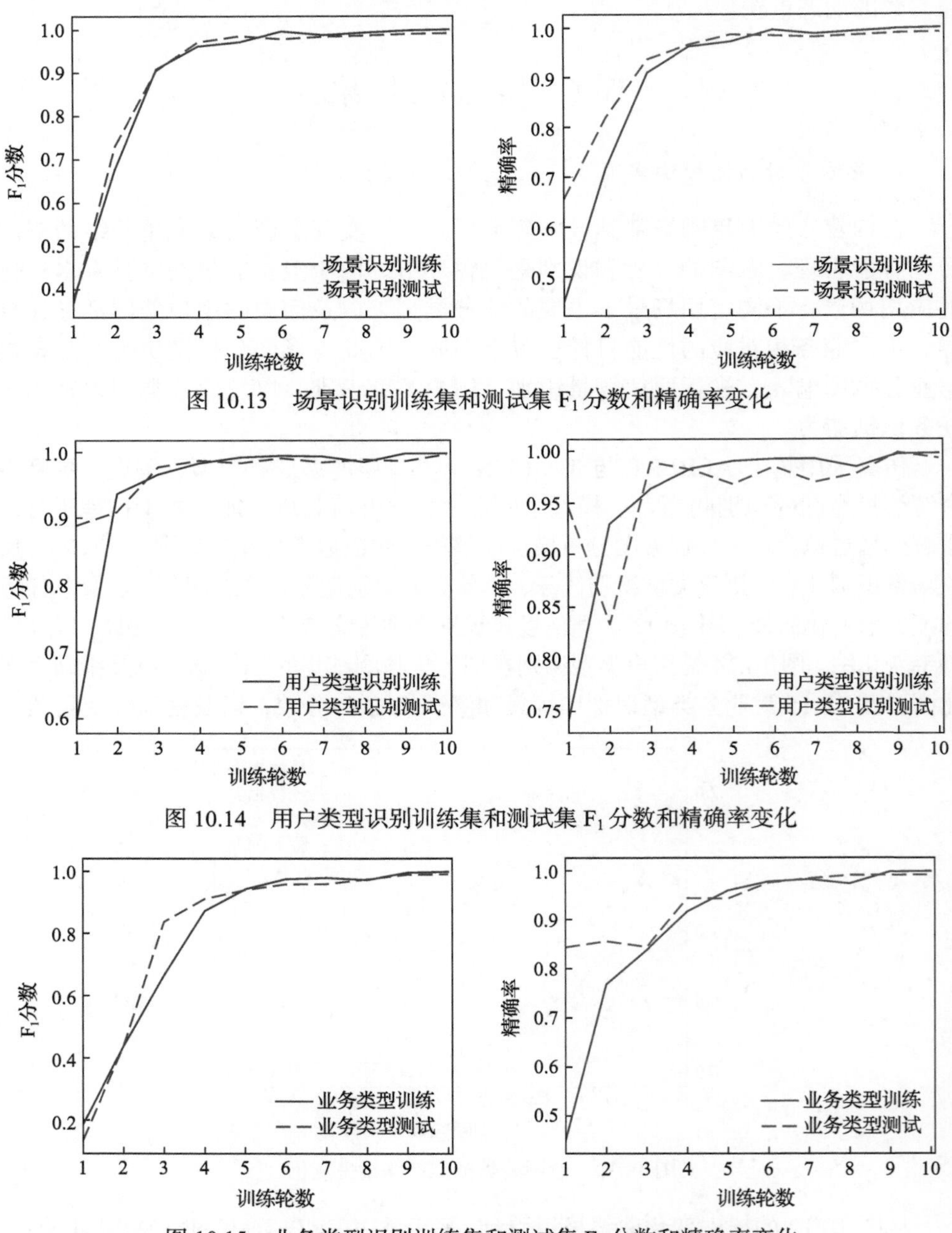

图 10.13 场景识别训练集和测试集 F_1 分数和精确率变化

图 10.14 用户类型识别训练集和测试集 F_1 分数和精确率变化

图 10.15 业务类型识别训练集和测试集 F_1 分数和精确率变化

为了进一步帮助意图需求映射模块实现业务性能目标需求到资源需求的转换，

意图分析模块还需要对用户任务意图进行要素的提取。采用 ALBERT 与 CRF 模型，其中 CRF 层用于解决 ALBERT 层标注偏置问题。这种方式兼顾模型的轻量化、上下文理解能力、序列标注能力和可解释性，能够提高意图提取任务的准确性。

意图提取仿真实验选用 ALBERT 和 LSTM 对照，意图提取模型共训练 10 轮，采用自适应梯度优化器，模型各层采用学习率及权重衰减率如表 10.2 所示。基于 LSTM 的意图提取模型学习率为 0.01。

表 10.2　意图提取模型学习率及权重衰减率

项目	学习率	权重衰减率
ALBERT 层	0.0001	0.01
线性层、CRF 层	0.01	0.01

实验结果如图 10.16 和图 10.17 所示。

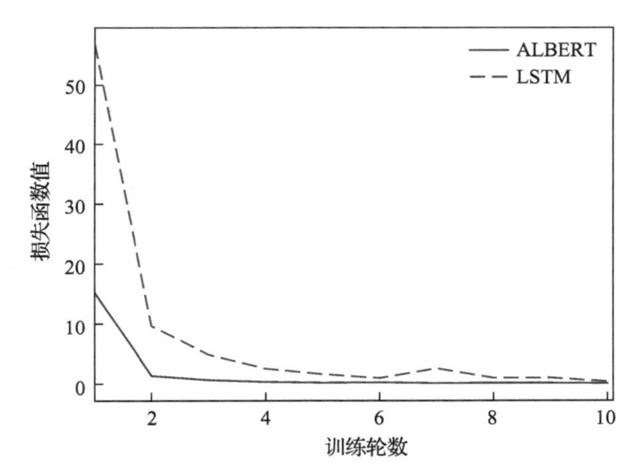

图 10.16　不同模型训练损失变化图

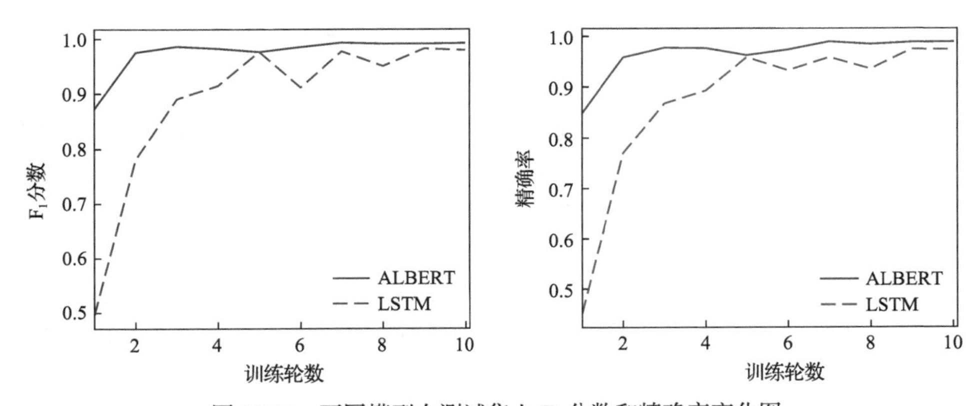

图 10.17　不同模型在测试集上 F_1 分数和精确率变化图

由图 10.16 模型损失函数变化的对比可知，基于 ALBERT 训练损失下降较快且更平滑。由图 10.17 可知，基于 ALBERT 的意图提取模型在精确率，以及 F_1 分数的抖动更小、更平稳。因此，基于 ALBERT 预训练模型对文本语义信息的提取要优于 LSTM，同时基于 ALBERT 的意图提取模型能更准确地提取用户任务意图中的参数。

2. 资源调度策略制定功能模块实现

在经过意图分析获取意图关键信息后，资源调度策略制定模块需要根据意图关键信息指导资源调度系统完成基于 SFP 的资源调度。在虚拟卫星网络基础设施构建的模块中，SDN 控制设施监控网络资源使用情况，为资源调度策略的制定提供资源信息支撑。SFC 通过创建一个 SFP 为其中的 SF 分配可用的计算资源，从而实现资源管理和 SF 的最佳部署[27]。

意图门户是基于 Le5le Topology 设计的，具有一个简单直观的意图输入界面(图 10.18)。

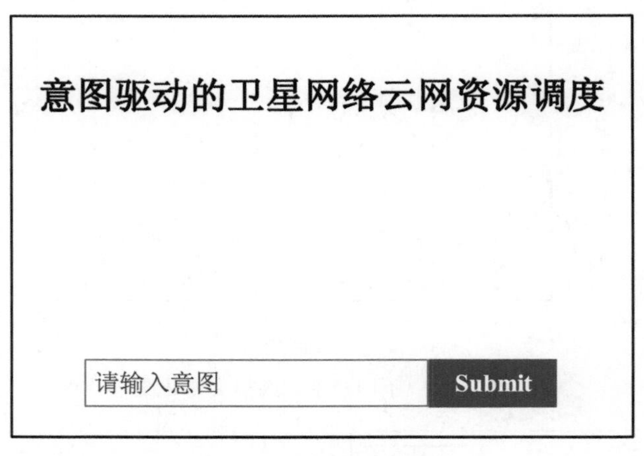

图 10.18　意图门户界面

用户通过前端页面在意图输入框输入自然语言的形式表述意图。例如，“从西安地面站到北京地面站调一条重要的数据业务，时间要求为 2022 年 12 月 7 日 11 时 13 分至 2022 年 12 月 7 日 12 时 12 分。”前端输入的用户意图以 HTTP 请求 POST 操作的方式发送至意图解析模块。

意图提交后，意图解析模块将 JSON 格式的意图解析结果发送至意图解析结果展示界面，如图 10.19 所示。由于用户意图解析生成的 19 个规范意图元组中包含部分冗余信息，因此系统前端界面中仅显示 14 个关键的意图元组。

意图解析结果

Intent id	100	request time	2022-12-7-11:13
status	● Running		
Intent input	将从西安地面站到北京地面站调一条重要的实时数据传输业务，时间要求为2022年12月7日11时13分至2022年12月7日12时12分。		

● Intent translate result

parse result confirm

requestSource: 100	serviceType: IP	vnName: data
netType: ip	vnType: chain	vnStatus: 正常
servicestartTime: 2022-12-7-11:13	servicestopTime: 2022-12-7.12:12	Bandwidth: 350
vnDelay: 100	vnPriority: 2	vnLinksflag: ture

serviceTerminalInfoList:

[{"terminalIp":"10.0.0.1","terminalPort":80,"otherInfo":"),　VNFset: RadioAccesS-FW-Encrypting-NAT

{"terminalIP":"10.0.0.2","terminalPort":8080,"otherInfo":""}]

图 10.19　数据传输业务意图解析结果示意图

在 4×5 的卫星网络场景下调用基于 SFP 的资源调度算法，策略生成结果示意图如图 10.20 所示。其中，粗线为 SFP。

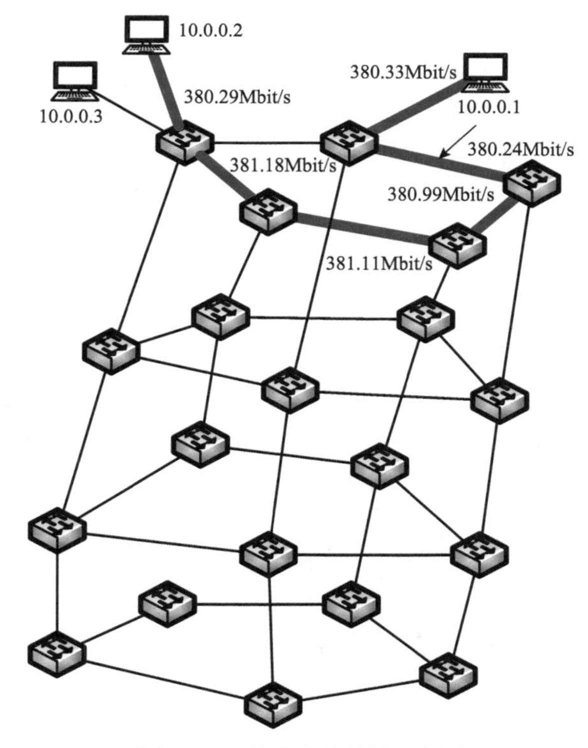

图 10.20　策略生成结果示意图

为评估该算法功能的正确性，本节设计一个由 8 个节点、10 条链路的小型拓扑图作为虚拟网络基础设施。其链路带宽限制为 400M。以数据传输业务为例，其对应的 SFC 包含 4 个虚拟网络功能。意图解析结束后，通过 ONOS API 调用该算法，节点 10.0.0.1 与节点 10.0.0.2 之间生成的 SFP 如图 10.21(a)中粗线所示，跳数为 4，满足虚拟网络功能部署需求。当该路径中存在流量时，节点 10.0.0.1 与节点 10.0.0.3 之间的 SFP 如图 10.21(b)中粗线所示，在满足虚拟网络部署需求的同时，仅比之前的 SFP 多一跳。

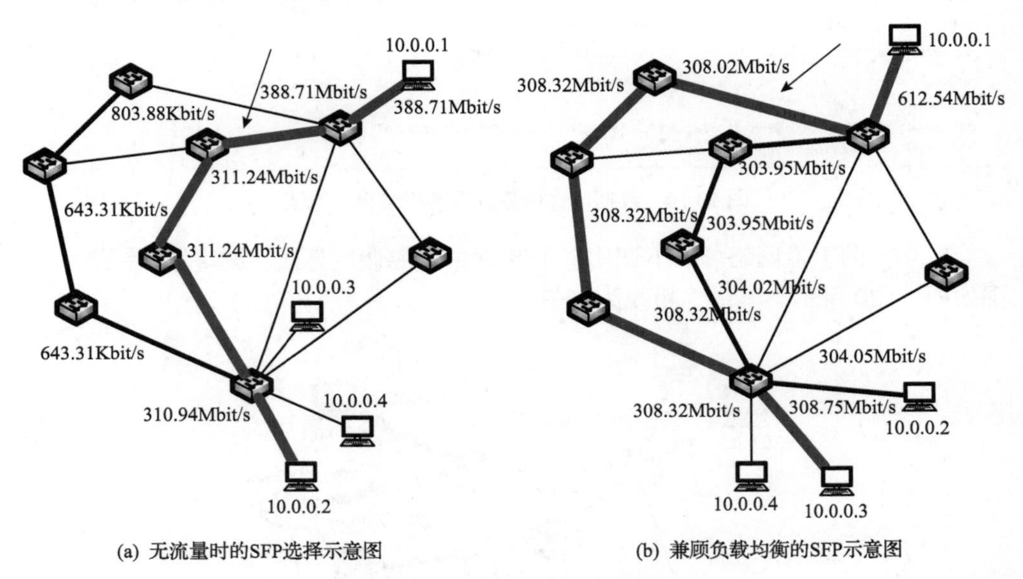

(a) 无流量时的SFP选择示意图　　(b) 兼顾负载均衡的SFP示意图

图 10.21　服务路径选择示意图

3. 效能评估

卫星网络资源管控的主要工作是通过高效的业务管理、状态监测，以及网络设备的管理实现高效的网络性能管理，从而保障卫星网络对外的稳定服务。因此，卫星网络资源管控的目标是性能管理，主要包括业务管理和网络资源监控。具体而言，网络资源及管控将业务管理中获取的业务时空变化信息及其统计特征，以切片方式进行技术指导，同时通过监测系统内的设备资源状态，将实时的资源状态信息传递给资源管控模块，使资源管控技术模块完成资源调度策略与资源状态信息的适配，从而高效地进行资源重构和资源分配。

为了多维度、全面地评价管控系统的性能和效率，本节定义用户满意度、资源利用率和网络智能性三个评价指标。

1)用户满意度

用户满意度可以定义为用户意图到达率和系统响应策略所消耗的时间，具体

计算方式可以表示为

$$R_{\text{satisfaction}} = \frac{P_s}{T_{\text{total}}} \tag{10-14}$$

意图到达率可以定义为到达卫星通信网络基础设施的信息量 i_s 与以自然语言形式输入的用户意图所包含的总信息量 I_s 的比值，即

$$P_s = \frac{i_s}{I_s} \tag{10-15}$$

意图到达率也可以描述为意图识别的全面性、准确率、网络参数与期望网络状态的匹配度。

系统响应策略消耗的时间 T_{total} 用于描述用户意图下发到执行过程所消耗的总时间。消耗的时间越少，表示系统的灵敏度越高，响应速度越快，即用户的意图满意度越高。

策略响应消耗的时间包括意图识别时延 T_{ident}，意图转译时延 T_{trans}，策略生成、优化消耗的时间 T_{policy}，以及卫星通信网络系统对可执行策略的响应时延 T_{resp}，即 $T_{\text{total}} = T_{\text{ident}} + T_{\text{trans}} + T_{\text{policy}} + T_{\text{resp}}$。

2）资源利用率

由数据采集获取一定时间内多个任务的带宽资源、虚拟计算资源、虚拟存储资源和虚拟内存资源的使用情况。

任务占用的带宽资源、虚拟计算资源、虚拟存储资源和虚拟内存资源可以表示为 B_t、C_t、M_t、S_t，其中 t 表示任务编号。

从历史数据中获取卫星节点 i 可提供的资源总量为 C_i、S_i、M_i，节点 i 和节点 j 之间的链路带宽资源为 $a_{ij}B_{ij}$，其中 a_{ij} 取 1 或 0，用于描述星间可见性。

节点 i 的资源利用率定义为

$$R_x = \text{Min}\left\{\frac{\sum_{t=0}^{N} x_t}{x_i}\right\}, \quad i \in (0, N] \tag{10-16}$$

其中，x 表示虚拟计算资源、虚拟存储资源和虚拟内存资源；N 表示卫星节点个数，在实现用户目标网络状态的前提下，节点资源利用率越高越好。

星间链路的资源利用率定义为

$$R_B = \text{Max}\left\{\frac{\sum_{t=1}^{T}\beta_{ijt}B_t}{B_{ij}}\right\}, \quad i \in (0,N]; j \in (0,M] \tag{10-17}$$

其中，N、M 为卫星节点的个数；β_{ijt} 取 0 或 1，表示任务 t 是否占用节点 i 和节点 j 之间的链路带宽资源，在实现用户目标网络状态的同时，链路资源利用率在不超过 0.8 的情况下，越高越好。

3) 网络智能性

(1) 网络智能化评估指标。

对于意图驱动卫星网络智能化能力等级的评估，要充分考虑从网元到整网端到端网络的系统范围。

参考文献[28]，从智能化的通用实现过程抽象出广泛适用的 5 个分级维度。

①需求映射：将网络操作人员对应用功能的效果或目标需求转换为网络设备可以理解并执行的具体指令过程。

②数据采集：采集智能化应用功能所需的原始输入数据过程。

③分析：基于采集的数据，进行数据分析，感知网络当前运行环境、业务状态、用户行为和体验等，或基于历史数据预测上述内容的未来变化趋势，并为智能化应用功能的实现提供决策依据或选项的过程。

④决策：基于分析过程推理得到的决策依据或选项，选择并确定网络、业务配置、调整策略的过程。

⑤执行：基于决策过程确定的策略，在网络中生效执行对应配置、调整的过程。

上述分级维度不仅适用于系统维度，也适用于不同子系统的智能化评估。

(2) 网络智能化评估方法。

从智能化卫星网络系统和网络管理人员在每个维度的参与程度考虑，卫星网络的网络智能化能力等级描述如下。

L0 级别：从需求映射、数据采集、分析、决策到执行的卫星网络管理全流程，均通过人工操作方式完成，没有任何阶段实现智能化。

L1 级别：执行过程基本由网络管理系统自动完成，少数过程需要人工参与；在预先设计的业务类型场景下，依据人工定义的规则由工具辅助自动完成数据采集；分析、决策、需求映射全部由人工完成；仅在少数类型业务场景下会通过工具辅助实现采集和执行流程的智能化，不支持完整流程的智能化闭环。

L2 级别：执行过程由网络管理系统自动完成；大部分业务场景下，系统依据人工定义的规则自动采集数据；在预先设计的部分业务场景下，系统根据静态策略/模型完成自动分析过程；人工完成其他过程。整体来看，部分业务场景下可实现从数据采集、分析、执行的智能化，决策和需求映射仍依赖人工，不支持完整流程的智能化闭环。

L3 级别：执行和数据采集过程由网络管理系统自动完成，其中部分业务场景下系统自定义采集规则；大部分业务场景下，系统自动完成分析过程，其中特定业务场景下分析策略／模型由系统自动迭代更新，形成动态策略；在预先设计的场景下，系统可辅助人工自动完成决策过程；人工完成其他过程。整体来看，部分业务场景下除了需求映射依赖人工，其他流程可实现智能化，系统在人工辅助下接近形成完整流程的智能化闭环。

L4 级别：执行、数据采集和分析过程全部由网络管理系统自动完成，其中采集规则由系统自定义，分析策略／模型由系统自动迭代更新，形成动态策略；大部分业务场景下，系统自动完成决策过程；在预先设计的部分业务场景下，系统可自动完成需求映射。整体来看，在部分业务场景下，系统已形成完整的智能化流程闭环，部分业务场景仅需人工参与需求映射。

根据上述分级准则可以看出，智能化等级 Level 的划分主要依据各维度的自动化程度 Auto，以及应用场景范围 Sce，且 $\text{Level} = \text{Auto} \times \text{Sce}$。对该参数进行数字化处理，$\text{Auto} \in \{0, 0.5, 1\}$，其中 0 表示手动，0.5 表示半自动，1 表示全自动；$\text{Sce} \in \{0.25, 0.75\}$，其中 0.25 表示少数场景，0.75 表示多数场景。

智能化评估结果如图 10.22 所示。

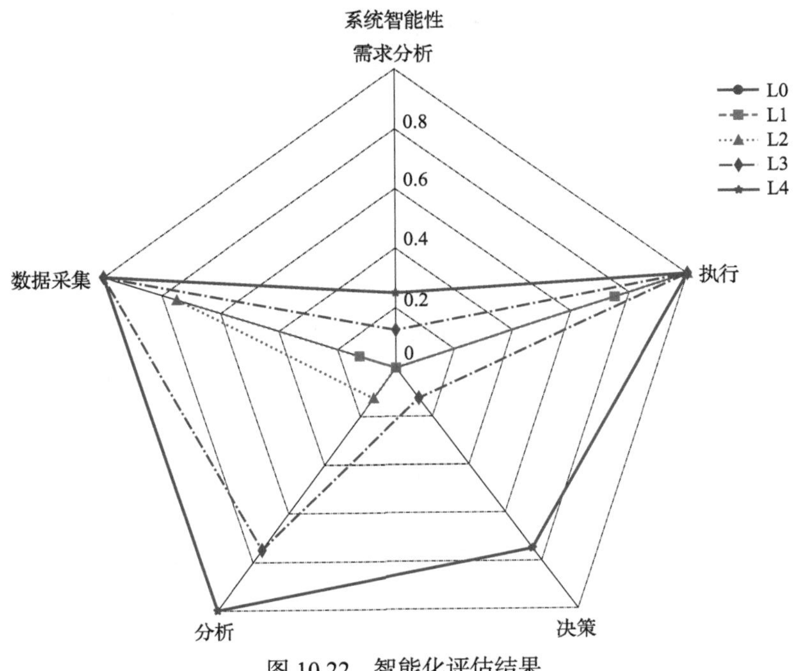

图 10.22　智能化评估结果

本节设计的意图驱动的卫星网络资源调度系统在部分场景下可以通过意图解析功能模块依据预设映射规则完成用户意图到目标网络状态信息的转换，且该功能的实现使用 AI 方法，具有一定的智能性。依托 ONOS 控制器，该系统可实现拓扑、节点和链路状态信息的自动采集，如链路剩余带宽、流表信息等。同时，该系统也可以根据预先设计的资源调度算法分析网络拓扑中的链路状态，自动生成 SFP 策略，完成数据的传输。

依据上述对该系统的分析，意图驱动的卫星网络资源调度系统智能性蛛网图如图 10.23 所示。它表示意图驱动的卫星网络资源调度系统对应的智能性。可以看出，意图驱动的卫星网络资源调度系统在 5 个分级维度均具有一定的自动化能力，系统整体的智能性处于 L2 和 L3 之间。

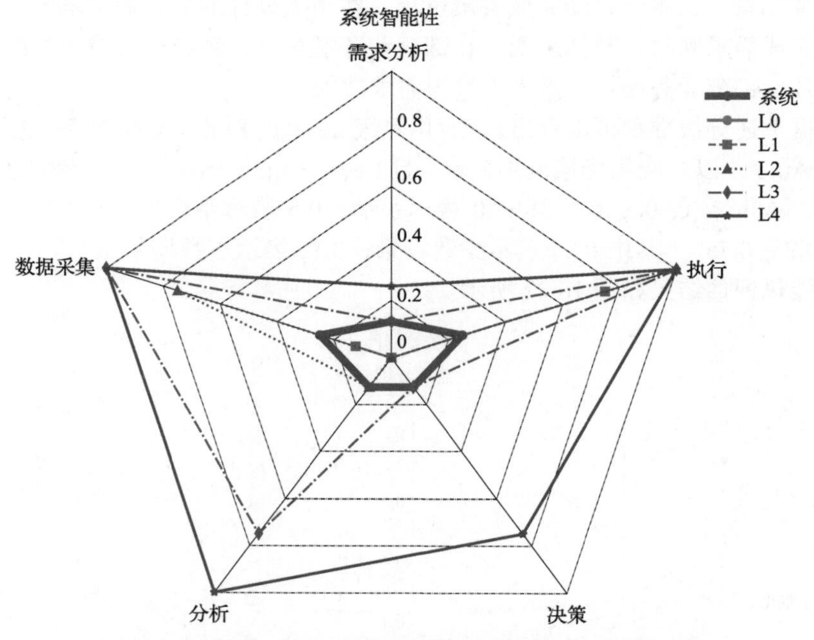

图 10.23 意图驱动的卫星网络资源调度系统智能性蛛网图

参 考 文 献

[1] 梁志锋，牛威，张轩. 商业卫星星座集群跨域协同应用关键技术及验证. 中国航天，2022，536(12): 45-51.

[2] Font N, Blosse C, Lautier P, et al. Flexible payloads for telecommunication satellites: A thales perspective//The 32nd American Institute of Aeronautics and Astronautics International Communications Satellite Systems Conference, San Diego, 2014: 4382-4392.

[3] Chinese Academy of Sciences. China's 34th launch of 2018 places five satellites in orbit. https://space.skyrocket. de/doc_sdat /tianzhi-1.htm/[2023-3-8].

[4] Chinese Academy of Sciences. Chameleon satellite to revolutionize telecom market. https://space. skyrocket.de/doc_sdat/ eutelsat-quantum.htm/[2023-3-8].

[5] Lockheed Martin. Lockheed Martin's first smart satellites are tiny with big missions. https://news. lockheedmartin.com/[2023-3-8].

[6] H2020. Virtualized hybrid satellite-terrestrial systems for resilient and flexible future networks. https://cordis.europa.eu/project/id/644843/[2023-3-8]

[7] 卫星通信. 卫星地面段的虚拟化. https://www.satbb.com/nsr/[2023-3-8].

[8] 大唐移动通信设备有限公司．6G 愿景与技术趋势白皮书．https://www.ambchina.com/data/ upload/image/20211124/[2021-11-24].

[9] 郑爽，张兴，王文博．低轨卫星通信网络路由技术综述．天地一体化信息网络，2022，3(3)：97-105.

[10] Wolfe W J, Sorensen S E. Three scheduling algorithms applied to the earth observing systems domain. Management Science, 2000, 46(1): 148-166.

[11] Dixit S, Guo Y, Antoniou Z. Resource management and quality of service in third generation wireless networks. IEEE Communications Magazine, 2001, 39(2): 125-133.

[12] Li B, Liu C Y, Zhang Y B. Space-based information port and its multi-information fusion application. Journal of China Academy of Electronics and Information Technology, 2017, 24(3): 251-256.

[13] Pei J N, Hong P L, Xue K P, et al. Resource aware routing for service function chains in SDN and NFV-enabled network. IEEE Transactions on Services Computing, 2018, 14(4): 985-997.

[14] Hamann M, Fischer M. Path-based optimization of NFV-resource allocation in SDN networks// 2019 IEEE International Conference on Communications, Shanghai, 2019: 1-6.

[15] Alhussein O, Do P T, Ye Q, et al. A virtual network customization framework for multicast services in NFV-enabled core networks. IEEE Journal on Selected Areas in Communications, 2020, 38(6): 1025-1039.

[16] Mohan P M, Gurusamy M. Resilient VNF placement for service chain embedding in diversified 5G network slices// 2019 IEEE Global Communications Conference, Waikoloa, 2019: 1-6.

[17] 徐媚琳，贾敏，郭庆．基于 SDN/NFV 的卫星互联网服务功能资源分配研究．天地一体化信息网络, 2022, 3(1): 44-49.

[18] Gao X Q, Liu R K, Kaushik A, et al. Dynamic resource allocation for virtual network function placement in satellite edge clouds. IEEE Transactions on Network Science and Engineering, 2022, 9(4): 2252-2265.

[19] Cai Y B, Wang Y, Zhong X X, et al. An approach to deploy service function chains in satellite

networks// IEEE/IFIP Network Operations and Management Symposium, Taipei, 2018: 1-7.

[20] Sun G, Xu Z, Yu H F, et al. Low-latency and resource-efficient service function chaining orchestration in network function virtualization. IEEE Internet of Things Journal, 2019, 7(7): 5760-5772.

[21] Li T X, Zhou H C, Luo H B, et al. Service function chain in small satellite-based software defined satellite networks. China Communications, 2018, 15(3): 157-167.

[22] Li G L, Zhou H C, Feng B H, et al. Horizontal-based orchestration for multi-domain SFC in SDN/NFV-enabled satellite/terrestrial networks. China Communications, 2018, 15(5): 77-91.

[23] 潘成胜, 梁芷铭, 石怀峰, 等. 面向并发业务的卫星网络服务功能链优化算法. 计算机工程, 2021, 47(3): 196-201.

[24] Wang G C, Zhou S, Zhang S, et al. SFC-based service provisioning for reconfigurable space-air-ground integrated networks. IEEE Journal on Selected Areas in Communications, 2020, 38(7): 1478-1489.

[25] Li T X, Zhou X, Yan S, et al. Service function path selection methods for multi-layer satellite networks. Peer-to-Peer Networking and Applications, 2022, 15(5): 2161-2178.

[26] Zhang L L, Yang C G, Ouyang Y, et al. ISFC: Intent-driven service function chaining for satellite networks//The 27th Asia Pacific Conference on Communications, Jeju Island, 2022: 544-549.

[27] Li T, Ouyang Y, Zhang L L, et al. Autonomous intent detection for intent-driven satellite network//2023 International Wireless Communications and Mobile Computing, Marrakech, 2023: 1649-1653.

[28] 曹汐, 余立, 马键, 等. 移动通信网络智能化分级评估方法研究//5G网络创新研讨会, 北京, 2019: 7.

第11章　技术挑战

11.1　意图通用大模型

尽管意图驱动自智网络的概念模型、闭环技术和场景应用已经得到学术界、工业界、标准界以及开源社区的广泛关注，然而，在意图智能转译的通用性和精确性、在意图策略自主映射的鲁棒性和时效性、在全域网络状态精细感知的低开销和高精度等关键难题上，以及在完全实现“意图-策略-配置”自顶向下的按需意图实现和自底向上的韧性意图保障等意图全生命周期的闭环设计上，迫切需要业界广泛关注和深入探讨和研究。另外，本书列举了大量的结合具体应用场景的意图驱动自智网络的应用实例，然而，面向低空经济和空天地海全域全场景的按需网络服务需求，意图驱动自智网络将面临新的模型、技术和应用实践等挑战。

首先，意图需要处理歧义性。用户在不同文化背景下可能有不同的表达方式，包括词序、主谓宾的排列等。准确地映射用户意图需要考虑并处理这些语法差异。相同的词语在不同文化中可能具有不同的含义。意图转译模型需要能够理解并适应这些文化因素。此外，意图往往是上下文相关的，需要考虑对话中的前后文信息。准确跟踪和理解对话中的变化，以便正确地转译用户意图，是一个复杂的任务。其次，歧义可能来源于语法结构、词义选择，以及上下文缺失。同时，针对某些语言或特定领域的训练数据有限，可能导致模型在这些情况下性能下降的问题。因此，不平衡的数据分布可能使模型在一些常见情境下表现良好，而在其他情境下表现不佳。

意图转译的性能可能受到领域差异的影响。模型需要在不同领域中学到通用的规律，同时适用于特定领域。在网络业务中，意图数据类别多样、结构不同的问题日益突出，意图转译系统需要具有较强的泛化能力，以适应不同的用例和用户表达方式。难以全面提取出用户意图信息，而且只能在设计的模型中发挥作用，提出的意图表征方法不具备通用性且可迁移性较差，难以弥合意图形式多样造成的预期行为和网络配置之间的差距。这可能需要大规模的多样化数据，确保模型能够在广泛的场景中表现良好。生成型预训练模型等人工智能大模型发展如火如荼，在智能问答等领域已经展现出巨大的发展潜力。大模型指包含超大规模参数(通常在十亿个以上)的神经网络模型，具有规模巨大、多任务学习、计算资源强大，以及数据丰富的特点。这种规模巨大的模型具有强大的表达能力和学习能力。相对于传统人工智能模型，大模型在意图转译、策略生成等方面的优势明显。

将大模型与意图驱动网络相结合，构建的意图驱动网络大模型能够根据用户的具体场景需求，提供定制化的网络服务。通过大模型强大的学习能力，可以实现高动态网络环境下服务保障和策略的自主生成。然而，意图驱动网络大模型如今仍然存在技术挑战。大模型应用挑战如图 11.1 所示。

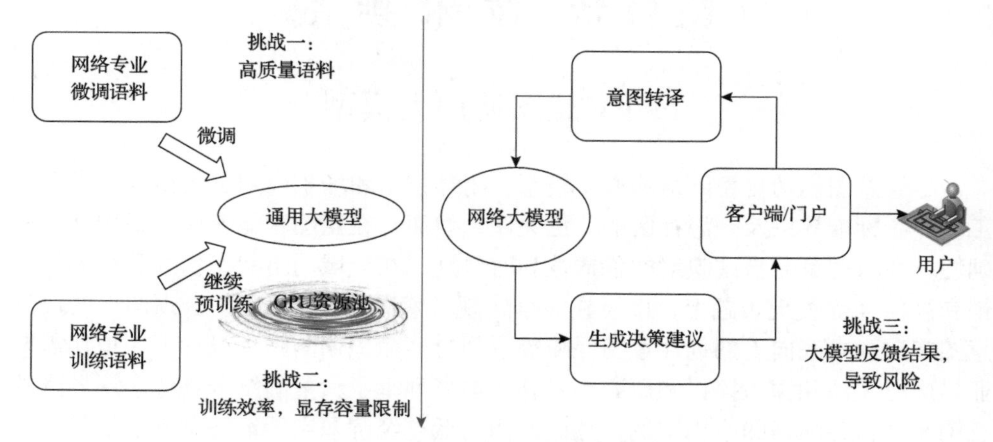

图 11.1　大模型应用挑战

(1) 大模型和意图驱动网络之间的结合还存在数据可用性，以及语料质量问题。未来网络数据维度高、数据类型多、数据量巨大、缺失数据多、不同设备厂家数据格式不统一，这些因素导致现存的数据质量不高，这成为大模型在意图驱动网络运维中的第一道门槛。同时，由于动态网络场景复杂多样，具有随机性和多变性的特点，导致现存数据特征缺乏，使大模型训练可能无法收敛或者效果较差。如何提高数据集质量，更好地结合大模型提供的强大分析、判断、预测等能力，赋能网元、网络和业务系统，并将其与网络的设计、建设、维护、运行和优化等工作内容结合起来，是意图驱动自智网络需要解决的重要问题。

(2) 大模型存在参数复杂、数据集规模大的特点，导致训练效率低下且对显存容量要求高的问题。为解决上述问题，实现大模型的快速优化，提高训练效率，降低大模型在不同网络场景下迁移的成本至关重要。同时，由于网络管理设备难以满足大模型所需的软硬件需求，需要思考如何降低大模型的性能要求，以实现大模型在意图驱动网络广泛应用。

(3) 大模型会产生完全捏造的信息，既不准确也不真实，导致大模型反馈结果存在“幻觉”，使策略生成结果可能存在风险。当大模型得到的决策输出没有任何事实的支持，就可能输出错误结果。这可能是训练数据错误或不足，甚至模型本身的偏见所导致的。在网络管理中，若出现决策失误，将造成重大的损失。因此，研究更多约束条件、结合人类反馈、提升大模型透明度等实现“幻觉”识别和纠正是关键的技术挑战。

为解决上述挑战，意图网络大模型研究框架如图 11.2 所示。结合大模型与知

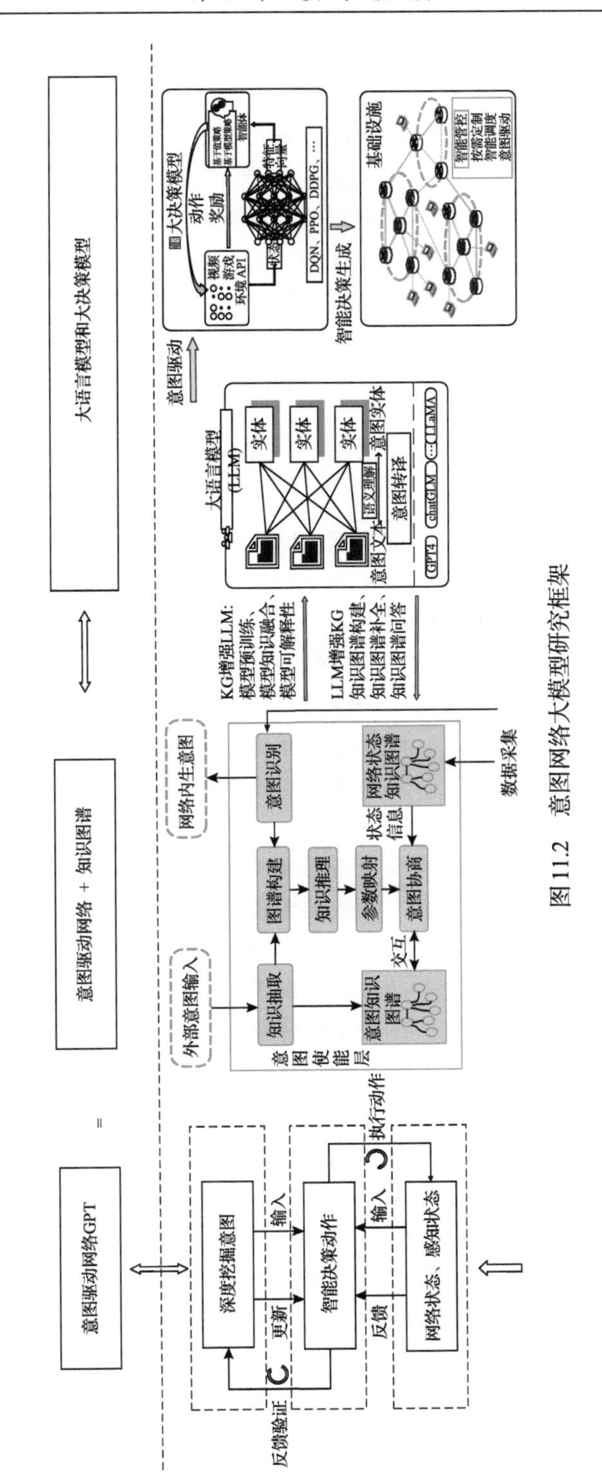

图 11.2 意图网络大模型研究框架

识图谱，可以形成异构多模任务意图的理解大模型、多域动态网络态势的感知大模型与任务网络泛化的强化学习大模型。

在意图驱动自智网络中，大模型可以利用其强大的预测和生成能力处理和理解复杂的数据模式，而知识图谱则提供结构化和可解释的知识表示。这种结合允许网络系统响应现有的数据流，预测和适应用户的意图和需求。

在深入研究意图网络大模型时，基于 Agent 框架实现大小模型协同与交互是关键。大模型可以处理宽泛、高维度的数据，小模型可以针对具体问题进行优化。大小模型协同工作的方式能够使系统在保持高效运行的同时，提供深度定制化的服务。同时，大模型在意图策略自主生成和闭环验证等环节也将发挥重要作用。

11.2 意图全生命周期

随着信息技术的飞速发展，意图驱动网络已成为网络治理方式的重要革新。在意图驱动网络全生命周期中，涉及的关键技术众多，虽然单点技术不断取得突破，但是仍然存在以下问题亟待解决。

(1) 为保证意图全生命周期的正确性和一致性，在现存的闭环技术中，当意图形式变化后，都需要进行正确性、一致性验证。这导致意图闭环管理存在时效性问题。与人工智能、大数据、云计算等技术的结合，可以进一步增强闭环验证技术的功能和性能。通过这些技术的集成，可以实现更加智能化的网络验证，为用户提供更加高效、便捷的网络体验。

(2) 在智能意图转译方面，现存技术多针对专一网络场景。当场景需要迁移时往往要进行复杂的内部模型调整，导致缺乏普适性。同时，模型覆盖率较低，泛化学习能力差，在意图输入进行变化后，难以输出正确的结果。意图转译输入形式多种多样，可能出现异常输入、边界情况等，需要保证系统能够正常输入，防范潜在的错误和异常输入。此外，意图转译需要能够实时响应用户意图，并对用户意图进行回复和执行。

在策略自主生成方面，现存技术可生成的策略粒度较粗，在面对复杂网络场景时，生成的网络策略对网络进行管控和调整可能导致时间复杂度过大，造成巨大的网络时延，影响网络的正常运行。根据历史策略学习生成新策略的能力较为薄弱，需要结合前沿技术进行优化。同时，网络策略基于机器学习等方式生成，存在可信性问题，无法保障网络策略的正确性和精确性。

(3) 在意图闭环验证的领域内，当前的验证技术仍然初级，缺乏智能化、场景过于受限且验证覆盖范围狭窄，这些因素共同导致较小的效益提升。因此，须将验证技术与其他先进技术融合。此外，由于网络环境的动态性，以往的验证策略无法保证对实时网络环境依然有效，因此验证的及时性至关重要。闭环验证在系统的安全性方面和传统安全验证不同，它不能直接验证系统对各种安全攻击的防御能力。为此，系统在面对潜在的安全威胁时，要能够维持其鲁棒性。例如，结合人工智能、大数据和云计算等技术，可以大幅增强闭环验证的功能与性能。通过集成这些技术，我们可以实现更高层次的网络自动化验证，从而为用户提供效率更高、更为便捷的网络服务。

(4) 5G、人工智能、云计算、大数据和物联网的加速发展催生了海量数据。据预测，全球数据圈 2025 年将增至 175ZB，数据的增量将带来更多的安全隐患。以 5G 为例，预计未来每平方千米可能超过 100 万个连接，智能终端设备规模成倍扩大，物联网设备延展连接，技术架构不断演变，使排查网络入侵的源头变得越发困难。目前市场上的态势感知系统溯源能力较为薄弱，大多数情况下，防御只能做到感知攻击存在，但是对于何时攻击、受害“点位”、攻击者真实身份、意图等一无所知，加之复杂的数据使信息处理更加困难。这些问题都成为追踪溯源、强化态势感知防御能力的挑战。

态势感知的工作机制主要面临以下问题。

(1) 零散式的“漏洞扫描+修补整改”的工作机制难以抵御复杂环境下的安全威胁，防御系统下各子系统之间的耦合度较低，导致信息要素共享不及时、各系统视角片面、无法完整还原体系化的网络攻击链条，影响对新型基础设施安全风险的全局性判断，缺乏动态特性的积极防御能力。

(2) 模型和工作机制的更新速度赶不上技术和多面威胁的快速演化。技术的快速发展导致网络架构随之变化，攻击检测特征的数量和类型呈指数级增长，影响态势感知的理解和预测，不断形成并维持最新的有效认知机制较为漫长。

同时，现有的研究往往只关注某一单点技术，缺乏对全生命周期闭环的全面考虑。这意味着，虽然在某些技术上取得显著的进步，但将这些技术整合到一个完整的解决方案中时，却面临着巨大的挑战。此外，不同场景和不同组织对于这些关键技术的需求和解决方案也存在差异。例如，金融行业可能更注重数据安全和隐私保护，制造业可能更关注网络的稳定性和实时性。缺乏统一的标准和规范，这种差异使不同组织之间的统筹协作变得困难，无法充分发挥意图驱动网络的效益。

为解决上述问题，未来研究应关注意图全生命周期闭环，包括意图实现与意图保障两条主线，存在用户空间、数字空间、物理空间三个空间，囊括三个环路。在意图实现过程中，意图管理器在接收到一个新的意图或一个现有意图的更新时，将用户的意图转化为系统可以理解和处理的形式，执行相应的操作并生成合适的策略回应。在意图保障过程中，需要确保系统能够准确地识别和处理用户的意图，对系统进行实时监测和分析，提供可靠的策略和可实现的操作反馈，对系统进行闭环优化。

意图全生命周期的用户空间允许用户声明意图、报告网络状态、评估网络结果。数字空间桥接用户空间和网络空间，包含转译、优化、分析、反馈等关键步骤，根据意图需求验证意图，并及时采取措施纠正错误。物理空间中的物理/虚拟网元按照功能的维度进行解耦，形成独立的功能模块。

在未来第六代移动通信系统(6th generation mobile communication system，6G)网络环境中，意图全生命周期管理有望成为网络运维管理的核心组成部分，为实现高度智能化和自动化的网络服务提供支持。6G 网络预计将引入更高的数据速率、更低的延迟，以及更广泛的连接性，这将使网络系统更加复杂，同时为提供个性化和智能化服务创造条件。意图全生命周期管理能够帮助网络系统更好地理解和预测用户需求，提前准备好资源和服务。

11.3　意图驱动跨域协同

1. 跨域协同中意图部署前的挑战

随着信息通信技术的飞速发展，具有不同特征的网络形态不断涌现，逐渐形成异构网络并存的局面。一方面，网络空间与物理空间加速融合，传统的陆地互联网逐步向空天环境和海洋环境延伸，形成卫星网络、无人机集群网络、海洋信息网络等具有各自拓扑特征和业务需求的网络形态；另一方面，网络空间与垂直行业相互渗透，蜂窝车联网、工业互联网等与人类生产活动息息相关的网络形态不断涌现，带来车辆、机器等全新网络应用需求。

体制异构性是异构网络融合共生的根本瓶颈。为允许不同形态的网络采取适合其自身特征的网络体制，需要解决异构网络体制互联互通的问题。然而，不同网络体制在标识空间、寻址方式、路由组织和报文格式等方面存在巨大的差异，一种网络体制下的报文无法直接在另一种网络体制下转发。但是，协议转换往往存在语义缺失、效率低下和安全性差等弊端，特别是当报文需要跨多个体制各异的自智系统时，多次协议转化会进一步放大上述弊端。因此，在意图转译过程中建立统一的语义信息是异构网络融合共生的首要挑战。

在差异化网络体制下实现高效的内容传输，是异构网络融合共生需要解决的核心挑战。异构网络融合共生的根本目标是通过高效的内容传输，促进数据流通从而释放数据价值。但是，在多种网络体制并存的复杂网络环境中，如何利用意图转译模型内容标识、如何从多个自智系统中快速地发现目标内容、如何实现跨自智系统的高效内容传输，均面临诸多挑战。

2. 意图部署后服务保障的挑战

随着移动通信网络迅速发展，终端的种类、数量和服务类型越来越多，传统网络服务管控系统难以满足6G网络灵活性和动态服务要求。意图驱动网络虽然可以在一定程度上缓解上述问题，提高网络的灵活性，但是意图部署之后的服务保障仍然存在如下挑战和困难。

(1)传统网络服务管控系统很难实现对整个网络的实时监测，无法获取底层各类资源的动态数据。

(2)现有的网络协议拓展性差，服务能力受到限制，难以面对复杂的多场景管控对象。

(3)大量人工配置与决策使网络极易发生故障，人工判别故障修正流程烦琐导致网络恢复速度慢，最终影响用户的服务体验。

对于单域服务质量与全域服务质量的对齐问题，现有的意图驱动网络关键技术主要关注单域网络中的服务质量优化，然而在多域协同的网络环境中，单域最优并不意味着全局最优。不同单域网络之间可能存在资源竞争、信息交互等问题，导致全域服务质量难以保证。因此，如何实现单域服务质量与全域服务质量的对齐是当前亟须解决的问题之一。

多域网络资源协同实现困难，跨域网络涉及多种网络形态和异构资源，包括计算资源、存储资源和通信资源等。这些资源分布在不同的物理空间和网络域中，具有复杂的依赖关系和交互机制。因此，要实现多域网络资源的协同管理，需要对各种资源进行全局优化和动态调度。然而，由于资源的异构性和动态性，如何有效分配和利用资源成为一大挑战。

为解决多域网络服务保障问题，针对跨域网络涉及的多个领域和不同实体，需要建立有效的协同机制，包括数据共享、服务协同等，以确保各领域之间能够顺畅地交互和协作，在每个网络域内开发相应的自适应算法和智能决策机制，实现域内的自主控制和智能优化。此外，跨域网络涉及各种类型的资源，包括计算资源、存储资源、通信资源等。为了实现资源的有效利用和动态调度，需要开发相应的管理平台和调度算法，以确保资源能够根据需求进行动态分配。同时，还需要加强跨域合作与交流，推动相关标准的制定和实施，促进不同组织之间的协作与共享，实现全行业意图驱动网络。

意图驱动跨域网络自智系统架构如图11.3所示。网络功能管理模块负责控制和管理所在域中的各类资源。控制器负责执行管理命令，形成可配置的文件指导网络功能链的构建。各个网络域具备不同的网络功能，同一个网络节点可承载多样的网络功能。具体网络功能与实际物理节点之间的映射关系由网络功能物理部署部分完成。

跨域网络涉及多个领域和不同实体，需要建立有效的协同机制，包括数据共享、服务协同等，以确保各领域之间顺畅地交互和协作。在每个网络域，开发相应的自适应算法和智能决策机制，实现域内的自主控制和智能优化。此外，跨域网络涉及各种类型的资源，包括计算资源、存储资源和通信资源等。为实现资源的有效利用和动态调度，需开发相应的管理平台和调度算法，确保资源根据需求进行动态分配。

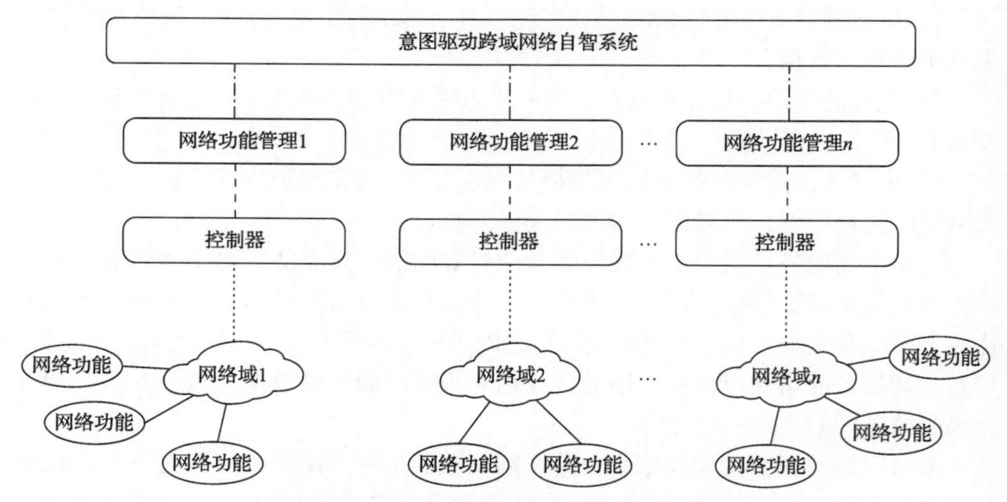

图 11.3　意图驱动跨域网络自智系统架构

结合作者团队近六年来的研究和实践，本书初步澄清了与意图驱动网络相关的基本概念和自智分级等内涵，基于已开展的意图场景介绍了意图驱动网络的关键环路技术，并列举了面向地面移动通信网络和卫星网络等部分意图驱动网络的应用实例。本书为实现意图驱动自智网络提供了有限的实现架构和关键技术参考，真正实现“服务随心所想、网络随需而变、资源随愿共享”的网络完全自智还任重道远。面向千行百业全场景的按需服务需求和全域网络的差异化特性等，作者坚信意图驱动网络是未来网络实现人在环路外的完全自智的关键候选技术。希望业界关注和一起努力，实现意图驱动纵向跨层的意图策略智能转译和横向跨网的端到端全局意图策略自主生成，期待完全实现意图驱动的网络完全自智。